Die Nähmaschine.

Ihr Bau und ihre Benutzung.

Für

Nähmaschinen-Fabrikanten, Besitzer von Nähmaschinen,

Techniker und Ingenieure

von

Dr. Rudolph Herzberg,

Civil-Ingenieur.

Mit 7 großen Figurentafeln in Steindruck.

Berlin.

Verlag von Julius Springer.

1863.

ISBN-13: 978-3-642-64916-5 e-ISBN-13: 978-3-642-64932-5
DOI: 10.1007/978-3-642-64932-5

Reprint of the original edition 1863

Dem ausgezeichneten Technologen,

Herrn Karl Karmarsch,

Dr. ph., erstem Direktor und Professor an der polytechnischen Schule zu Hannover ꝛc. ꝛc.

Inhaber des königl. hannoverschen Guelphenordens vierter Klasse, des königl. preußischen Rothen Adler-Ordens dritter Klasse, des Ritterkreuzes des königl. sächsischen Verdienstordens und des Ritterkreuzes des königl. bairischen St. Michaels-Ordens; Ehrenmitgliede der königl. Landwirthschafts-Gesellschaft zu Celle, des großherzogl. hessischen Gewerbevereins, des Vereins zur Ermunterung des Gewerbsgeistes in Böhmen, des polytechnischen Vereins für das Königreich Bayern, des Gewerbevereins für das Herzogthum Nassau, der frankfurtischen Gesellschaft zur Beförderung der nützlichen Künste und ihrer Hülfswissenschaften, des polytechnischen Vereins zu Würzburg, des Gewerbevereins zu Dresden, des Apothekervereins im nördlichen Deutschland, der polytechnischen Gesellschaft zu Leipzig, des sächsischen Ingenieur-Vereins, des Lokal-Gewerbevereins zu Hannover, des Gewerbevereins zu Göttingen; Korrespondenten der k. k. geologischen Reichsanstalt zu Wien; korrespondirendem Mitgliede des niederösterreichischen Gewerbevereins; auswärtigem Mitgliede der pfälzischen Gesellschaft für Pharmazie und Technik; korrespondirendem Ehrenmitgliede der naturforschenden Gesellschaft zu Emden; u. s. w.

als ein Zeichen

innigster Hochachtung und Verehrung

gewidmet

vom

Verfasser.

Die Vorrede

soll gewöhnlich das Erscheinen des Buches rechtfertigen. Dies wird hier um so leichter, als mir weder in der deutschen, noch französischen oder englischen technischen Litteratur eine die Nähmaschine in umfassender Weise behandelnde Schrift bekannt ist. Ich nehme natürlicher Weise aus die in einzelnen technischen Journalen sich findenden kurzen und meist ganz oberflächlichen Aufsätze, welche gewöhnlich nur die Beschreibung einer besonderen, in der oder jener Hinsicht verbesserten Nähmaschine geben, ohne einmal auf die Art der Thätigkeit der einzelnen Theile, auf die beim Bau die Nähmaschinen allgemein geltenden Grundsätze und auf die aus Erfahrung sowohl, als aus theoretischen Gründen hergenommenen Größenverhältnisse näher einzugehen. So ist z. B. an keiner mir bekannten Stelle die eigenthümliche Wirksamkeit der sogenannten Fadenführung, ohne welche das Zustandekommen einer ordentlichen Naht nicht gedacht werden kann, nur erwähnt, geschweige gründlich auseinandergesetzt werden. Die deutschen und französischen Journale können zudem nicht einmal als Quellen angesehen werden, weil sie mit wenigen Ausnahmen in dieser Abtheilung technischer Abhandlungen nur Uebersetzungen aus englischen und amerikanischen Zeitschriften liefern. Diese letzteren waren es also allein und unter ihnen besonders The Practical Mechanics Journal und The Scientific American, welche ein geringes Material zu liefern vermochten; hauptsächlich ist aus der in der ersteren Zeitschrift enthaltenen History of Sewing-Machine, welche in einer ausführlichen Aufzählung aller in England auf Verbesserungen und Erfindungen von Nähmaschinen genommenen Patente besteht, einiges geschichtliche entnommen werden. Im übrigen konnte ich mich nur auf die Erfahrungen stützen, welche ich während einer langen, einzig und allein dem Studium der Nähmaschine gewidmeten Zeit gesammelt hatte.

Alle Arten der im folgenden beschriebenen Maschinen sind in großer Anzahl unter meiner Leitung angefertigt und dem praktischen Gebrauche übergeben worden, so daß keine der angeführten Construktionen sich nicht in der Praxis bewährt hätte.

Indem ich voraussetzte, daß das Buch auch in solche Kreise seinen Weg nehmen würde, welche nicht aus eigentlich technisch gebildeten Fachmännern bestehen, habe ich einige Theile desselben breiter und populärer behandelt, als es technisch gebildeten Lesern lieb sein dürfte. Ich habe Rücksicht genommen nicht nur auf diejenigen Nähmaschinen-Fabrikanten, welche keine besondere technische Ausbildung erhalten haben, und auf die in Nähmaschinen-Fabriken beschäftigten Arbeiter und Monteure, sondern auch auf diejenigen Industriellen, welche auf der Nähmaschine allerhand Gegenstände anfertigen lassen und denen daher daran gelegen sein muß, den Bau, die Anwendung und die Behandlung ihrer Maschinen genau kennen zu lernen. Namentlich in Rücksicht auf diese letzte Klasse von Lesern habe ich jedesmal aus den Eigenthümlichkeiten jeder besondern Art der Nähmaschine die industriellen Zwecke abgeleitet, zu welchem sie mit besonderem Nutzen zu verwenden wäre, und so den Käufern von Nähmaschinen ein Mittel an die Hand gegeben, die richtige Wahl zu treffen.

Berlin, im März 1863.

Dr. Rudolph Herzberg.

Inhalt.

Druckfehler-Verzeichniß.

Seite 31 u. 32 lies statt: Fig. 22 **A, B, C, D, E** bezüglich: Fig. 22 **E, A, B, C, D.**
" 33 Z. 2. v. u. schalte vor Fig. 28 ein: Taf. II.
" 36 Z. 13. v. u. lies **k** statt K.
" 63 Ende der Z. 12 v. u. füge hinzu (Fig. 59).
" 78 Z. 16 v. o. lies **d** statt **a.**
" 82 Z. 17 v. u. lies Taf I statt Taf. II.
" 85 Z. 9 v. o. lies b statt d.
" 90 Z. 19 v. o. lies Taf. IV statt Taf VI.
" 90 Z. 4 v. u. lies Fig. 11 Taf. V statt Fig. 6 Taf. V.
" 91 Z. 12 v. o. lies Fig 2 statt Fig. 4.

Einleitung.

Nachdem schon lange vorher die Handarbeit des Spinnens und Webens durch die Erfindung der Spinnmaschinen und mechanischen Webstühle ganz in den Hintergrund gedrängt worden ist, hat man verhältnißmäßig spät durch die Einführung der Nähmaschine einen weiteren Schritt gethan in der Herstellung von Bekleidungsgegenständen und ähnlichen Artikeln durch die Maschinen. Die ganze Reihe der mechanischen Operationen, durch welche die Rohstoffe nach und nach in die zum Gebrauch fertigen Gegenstände dieser Art umgewandelt werden, kann also jetzt durch die Thätigkeit von Maschinen ausgeführt werden. Ursprünglich sollte die Nähmaschine nur diejenigen Nähte anfertigen, welche weniger zur Befestigung der verschiedenen Zeugstücke aneinander, sondern vielmehr zur Verzierung der äußern Fläche des Zeuges dienen, und sie war also anfänglich eigentlich eine Stickmaschine. Die Erfindung dieser Maschinen wurde während der ersten Hälfte unseres Jahrhunderts in England und Frankreich gemacht. Erst später wurde die wirkliche Nähmaschine, welche besonders zum Zusammennähen der Stoffe dienen sollte, in Amerika gemacht. Da daselbst wegen der Kostspieligkeit aller Art Handarbeit das Bedürfniß von Maschinen zum Nähen sehr groß war, so wurden dieselben bald von einer Vollkommenheit hergestellt, welche ihre Einführung in alle der Näharbeit bedürfenden Zweige der Industrie ermöglichte und erleichterte. Während der Jahre 1850, 51 und 52 begannen die drei größten Nähmaschinenfabriken in den Vereinigten Staaten ihre Thätigkeit und behielten für einige Jahre fast allein den Handel mit solchen Maschinen in ihren Händen. Trotz der Anfeindungen der arbeitenden Klassen machte das Maschinennähen in kurzer Zeit einen fast eben so wichtigen Theil der Industrie aus, als Maschinenspinnen und -weben; es entstanden bald große Etablissements, die mit Hülfe von Hunderten von Nähmaschinen Stiefeln, Kleider, Wäsche &c. anfertigten, und in den letzten drei bis vier Jahren haben Familien angefangen, die Nähmaschine zum häuslichen Gebrauch einzuführen. Denselben Gang, welchen die Anwendung dieser ausgezeichneten Erfindung unseres Jahrhunderts in Amerika genommen hat, hat sie auch in den europäischen Ländern, vorzüglich in England, Frankreich und Deutschland gemacht, nur daß hier die Erfindung nicht nur erst später bekannt geworden ist, sondern sich auch langsamer verbreitet hat. So ist in diesen Ländern zum Beispiel eine „Familien-Nähmaschine" fast jetzt noch ein Wahn, woran allerdings der Umstand Schuld hat, daß die mittlern Klassen des Volkes und die nur in mäßigen Verhältnissen sich befindenden Familien den bis jetzt noch verhältnißmäßig hohen Preis nicht erschwingen können, während in Amerika die Nähmaschine fast schon ein nothwendiger Artikel der Haushaltung und an manchen Orten sogar schon das Erlernen des Maschinennähens ein Theil des regelmäßigen Unterrichts in den öffentlichen Mädchenschulen geworden ist. Man kann wol behaupten, daß drei Viertel aller Näharbeit in New-York auf Nähmaschinen angefertigt wird.

Die schnelle Verbreitung der Nähmaschine hat dieselbe ihrem Werthe zu verdanken und zwar ihrem großen Werthe nicht nur für die, welche sie bauen und verkaufen, sondern auch für die, welche sie kaufen und gebrauchen, und für das Publikum im allgemeinen. Der Nutzen, welchen die Nähmaschinenfabrikanten beim Beginn dieser neuen Industrie zogen, betrug im Durchschnitt 100 %, ja an manchen Orten ist er bis auf 150 und 200 % gestiegen. Die enorme Höhe des Profits verringerte sich jedoch, ist aber immer noch beträchtlich genug, um den Verkauf von solchen Maschinen zu einem äußerst vortheilhaften Geschäfte zu machen. Im Durchschnitt beträgt der Nutzen jetzt noch 50 bis 70 %. — Unter denjenigen, welche Nähmaschinen verwenden, haben sowohl die, welche auf Maschinen Kleider, Schuhe, Hemden ꝛc. anfertigen lassen, um diese Gegenstände in den Handel zu bringen, als auch die auf der Maschine diese Gegenstände herstellenden Arbeiter und Arbeiterinnen selbst reichlichen Gewinn aus der Erfindung der Nähmaschine gezogen. Was zuerst die Arbeiter betrifft, so ist ihr Lohn dadurch bedeutend erhöht worden. Eine einfache Näherinn kann kaum die Hälfte der Summe verdienen, welche ihr die Arbeit auf der Nähmaschine einbringt, und dies nur durch härtere, angestrengtere Beschäftigung. Man muß aber nicht glauben, daß sich dabei die Zahl der mit Nähen beschäftigten Arbeiter vermindert hat, wie man dies aus der bedeutenden Leistungsfähigkeit der Nähmaschine, welche mehre Arbeiter ersetzt, schließen sollte; vielmehr haben die verringerten Kosten der Herstellung die Nachfrage nach fertigen Kleidern u. s. w. so gesteigert, daß mehr Maschinennäher und -näherinnen verlangt werden, als vorhanden sind. Es ist eine allgemeine Erfahrung, daß im Handel die Nachfrage nach einem Artikel in viel höherem Grade steigt, als sein Preis herabgesetzt worden ist. Der Glaube im Volke, daß die Erfindung von Maschinen, welche gewisse Arten von Handarbeit entbehrlich machen, viele Menschen ihrer Nahrung beraube, ist sehr irrig; alle neuen Erfindungen sind neue Nahrungsquellen und ihre Verbreitung kann verzögert, aber nicht verhindert werden.

Die Schnelligkeit der Herstellung von Näharbeit durch Maschinen hat natürlich diejenigen Fabrikanten von Nähwaaren am meisten bereichert, welche sich Nähmaschinen anschafften, bevor deren allgemeine Einführung den Preis der gefertigten Waaren herabgesetzt hatte. Allerdings hat die Maschine noch nicht alle Artikel, welche auf ihr angefertigt werden, im Preise erniedrigt und dies gilt am meisten in Deutschland, wo z. B. der Preis von Zeugstiefeln für Damen fast unverändert geblieben ist, während er sich in Amerika um 10 bis 15 % verringert hat. Ehe nicht die Erniedrigung der Arbeitskosten eine Ermäßigung des Preises der fertigen Waaren aller Art zur Folge gehabt haben wird, eher wird der volle Werth und die Wichtigkeit der Nähmaschine nicht allgemein anerkannt werden. Ist auch jetzt schon der Gewinn, welchen das Publikum aus dieser Erfindung gezogen hat, ein reichlicher, so wird er in Zukunft doch unvergleichlich größer sein. Die 10000 Nähmaschinen, welche während der Jahre 1857 und 58 in England thätig waren, haben in diesem Zeitraum das englische Nationalvermögen um 1½ Millionen £ Sterl. vermehrt. Bedenkt man, daß die Erfindung in Amerika wohl zehnmal mehr verbreitet ist, als in England, so ergiebt sich schon hieraus, welchen mächtigen neuen Fortschritt in der socialen Entwickelung der Menschheit die Nähmaschine bezeichnet.

I. Die Bildung der Naht.

A. Die Handnaht.

Die Naht, welche die Hand mittels Nähnadel und Faden herstellt, hat in den meisten Fällen den Zweck, zwei Stücke Zeug längs einer geraden oder krummen Linie zu vereinigen. Die Beschaffenheit der Naht selbst ist verschieden je nach dem speciellen Zwecke, den sie erfüllen soll. Im wesentlichen unterscheidet man drei verschiedene Arten: 1) die Reihnaht, 2) die überwendliche oder Ueberhandnäht und 3) die Steppnaht. Die letztere Art der Naht (Taf. II Fig. 17) hat an der obern und untern Seite des Stoffs ein verschiedenes Ansehen, indem dort sich Stich an Stich reiht, während hier jeder Stich die Hälfte des vorhergehenden deckt. Eine Abart des Steppstichs ist der Rückstich (Fig. 18), welcher aus jenem entstanden gedacht werden kann, wenn man sich auf der obern Seite zwischen je zwei Stichen einen leeren Raum von der Länge eines Stichs und auf der untern Seite daher jeden Stich nur das letzte Drittel des vorhergehenden Stichs deckend vorstellt. Die überwendliche Naht (Fig. 20) wird von Stichen gebildet, die sich wie eine Schraubenlinie um den Rand des Stoffs legen, indem der Faden dicht am Rande den Stoff durchdringt. Bei der Reihnaht (Fig. 19) endlich läuft der Faden abwechselnd von oben nach unten und von unten nach oben durch den Stoff und die Stiche lassen auf der obern Seite Lücken zwischen sich, welche an der untern Seite von Stichen gedeckt werden, und umgekehrt. Diese Naht hat den Nachtheil, daß sie sich mit Leichtigkeit lösen läßt, indem man den Faden einfach aus dem Zeuge herauszieht, weil zwischen Faden und Zeug sehr wenig Reibung stattfindet. Diese Eigenschaft macht sie aber wiederum als provisorische Naht unentbehrlich und die herausgezogenen Fäden können immer wieder benutzt werden. Man macht in diesem Falle die Stiche auf der obern Seite sehr lang (1 bis $1^1/_2$") und auf der untern sehr kurz ($^1/_8$"). Der so gebildete Reihstich heißt dann Heftstich, weil er beim vorläufigen Heften angewendet wird. Die gewöhnliche Reihnaht hat überdies den Vortheil sehr großer Elasticität, kann sehr schnell mit der Hand angefertigt werden und wird besonders benutzt, um Falten im Zeug zu bilden.

Die überwendliche Naht wird angewendet, um zwei Stücke Zeug mit ihren Rändern aneinander zu nähen, indem sie gestattet, daß die Zeugstücke stumpf mit den Kanten gegeneinander stoßen, ohne eine merkliche Erhöhung zu bilden. Dies ist wesentlich an Kleidungsstücken, bei denen manche Nähte mit dem Körper direkt in Berührung kommen, z. B. an Hemden, Handschuhen u. s. w., oder an anderen Gegenständen, bei denen man nicht merken lassen will, daß sie nicht aus einem Stück bestehen, z. B. an Tisch- und Betttüchern u. s. w. Bei dieser Naht ist schon mehr Reibung zwischen Faden und Stoff vorhanden, als bei der Reihnaht, und sie läßt sich deswegen schon viel schwieriger auflösen.

Die festeste Naht ist die Steppnaht und zugleich die am besten aussehende. Sie wird bei weitem am öftesten ausgeführt und kann fast bei der Anfertigung keinerlei Näharbeit entbehrt werden. Der Rückstich wird am öftesten so ausgeführt, daß die Stiche auf der obern Seite sehr kurz, auf der untern Seite sehr lang werden, und dient dann als Heftstich. Sie läßt sich in dieser Weise leichter als die Reihnaht anfertigen.

Die ersten Versuche, welche gemacht wurden, um Näharbeit mit Maschinen herzustellen, beschränkten sich, wie zu erwarten war, auf die vollkommene Nachahmung der Handnaht. Besonders war die Beschleunigung in der Herstellung der Reihnaht für die Kattunfabrikation wichtig genug, als daß man nicht bald Maschinen herzustellen versucht hätte, welche die Handarbeit verdrängen sollten. In der Beziehung hat sich eine Vorrichtung lange Zeit erhalten, welche den zwischen zwei ineinander greifenden Zahnrädern durchgehenden Kattun in regelmäßige Falten legt, so daß eine lange, den Nähfaden in einem Oehr tragende Nadel viele Reihstiche auf einmal machen kann, indem sie in eine auf dem äußern Umfang der Räder an entsprechenden Stellen eingedrehte Nuth tritt und viele Falten des Stoffs auf einmal durchsticht. Diese Vorrichtung hat vielfache Abänderungen erhalten und ist so lange in Anwendung geblieben, bis sie von den modernen Nähmaschinen verdrängt worden ist. Im Jahre 1755 wurde die Nadel mit zwei Spitzen und dem Oehr in der Mitte erfunden, die anfänglich nur dazu bestimmt war, beim Handnähen das fortwährende Umkehren der Nadel zu vermeiden. Bald verwendete man diese Nadel auch zur Herstellung von Maschinen, welche selbstständig die Handnaht ausführen sollten, nachdem man vorher Nähmaschinen ausgeführt hatte, welche mit gewöhnlichen Handnähnadeln arbeiten sollten, aber ohne praktischen Erfolg. Auf dem Prinzip der doppelspitzigen Nadel beruhen fast alle Nähmaschinen, welche die Handnaht nachahmen. Der Nähfaden ist gewöhnlich mit seinem Ende im Oehr befestigt und die auf- und abschießende Nadel wird von zwei Zangen geführt, von denen eine über, die andere unter dem Zeuge thätig ist und von denen immer eine die Nadel losläßt, wenn die andere sie erfaßt hat. Der Anzug des Fadens wird dabei entweder durch die ausfahrende Nadel selbst bewirkt, ähnlich wie beim Handnähen, oder es sind besondere Arme thätig, welche, nachdem die Nadel mit dem Faden das Zeug durchstochen hat, den Faden ergreifen und ihn ausfahrend anziehen. Auf diesem Prinzip beruht auch die zur Zeit ihres Bekanntwerdens so großes Aufsehen erregende Heilmann'sche Stickmaschine, in welcher eine große Anzahl der doppelspitzigen Nadeln gleichzeitig in Bewegung sind. In eben der Weise hat man auch die sogenannte Schuhmachernaht (Taf. VI Fig. 19) ausgeführt, welche eigentlich nur eine doppelte, mit zwei Fäden hergestellte Reihnaht ist, bei welcher sich in jedem Stichloch die Fäden kreuzen, so daß die von dem einen Faden gelassenen Stichlücken von dem andern ausgefüllt werden. Natürlich ist dann für jeden Faden auch eine besondere Nadel nöthig und für jede Nadel je eine Zange auf jeder Seite des Stoffs, so daß also im Ganzen vier Zangen wirksam sind, von denen sich aber eine recht gut ersparen läßt. — Die Wirksamkeit der die Nadeln erfassenden und wieder loslassenden Zangen ist nicht ganz sicher und man ist deswegen auf die Idee gekommen, Nadeln mit einem Häkchen und einer kurzen Spitze, nach Art der Häkelnadeln, anzuwenden, welche ohne Faden das Zeug durchstechen, ohne ganz hindurch zu dringen, und erst beim Rückgang den Faden durch das vorher gebildete Loch hindurchziehen. Die Nadel kann also hier am Ende eines Stabes befestigt sein und macht ihre Bewegung mit großer Sicherheit. Um so die Schuhmachernaht zu bilden, müssen die zwei Nadeln mit zwei Fäden auf entgegengesetzten Seiten des Stoffes arbeiten. Ist dieser Stoff sehr fest und hart, so werden die Stichlöcher mit einem styletartigen Instrument vorgestochen, damit die Nadeln nicht zu sehr angestrengt zu werden brauchen. Jedoch hat sich auch diese Art zu nähen nicht bewährt und alle diese Maschinen, mögen sie mit Haken= oder doppelspitziger Nadel nähen, mögen sie Steppnaht oder überwendliche Naht oder Reihnaht hervorbringen, sind von nur geringer praktischer Bedeutung. Bei allen Handnähten kann der zu vernähende Faden höchstens so lang genommen werden, als sich die Hand vom Zeug zu entfernen vermag. Wird der Faden länger genommen, so wird die Herstellung der Naht langwierig und unbequem, weil bei jedem Stich der ganze Faden durch das mit der Nadel gemachte Loch gezogen werden muß. Dieser Uebelstand ist auch bei den erwähnten Maschinen bis jetzt noch nicht beseitigt und kann wohl als die Hauptursache angesehen werden, weswegen sie bis jetzt nur noch wenig in Aufnahme gekommen sind. Die Länge des Fadens wird bei ihnen immer sehr beschränkt bleiben und die daraus folgende häufige Unterbrechung der Arbeit sehr zeitraubend und störend sein. Würde aber auch dieses Hinderniß überwunden werden können, so würde bei Anwendung eines sehr langen Fadens dieser sich bald sehr abnutzen, weil er dann wieder sehr oft durch die Stichlöcher im Zeuge hindurch muß, und außerdem würde jeder Stich sehr lange Zeit zu seiner Bildung nöthig haben.

B. Die verschiedenen Arten der Maschinennaht.

Da man bald einsah, daß die Herstellung der Handnaht mittels Maschinen auf schwer oder gar nicht zu beseitigende Hindernisse stoßt, so kam man auf den Gedanken, andere Nahtarten zu erfinden, welche für die Herstellung auf Maschinen passender wären und dabei doch die wichtigste Eigenschaft der überwendlichen und Steppnaht besäßen, nicht auflösbar zu sein, außerdem aber gestatteten, einen mindestens mehre Ellen langen Faden zu verwenden. Eine der besten solcher Nähte, welche nur mittels eines einzigen Fadens hergestellt wird, zeigt Taf. VI Fig. 22 und 23. Die zweite dieser Nähte unterscheidet sich von der erstern nur dadurch, daß die an der untern Seite des Stoffes liegen=

den Schleifen ein halbes Mal um sich selbst gedreht sind. Eine Naht, welche sich ebenfalls nur wenig von diesen unterscheidet, ist in Fig. 24 dargestellt; wegen der Stichlücken, die sie zeigt, ist ihr Ansehen nicht so regelmäßig und schön, als das der andern Nähte und gleichwohl ist zu ihrer Herstellung nur unbedeutend weniger Garn nothwendig als bei jenen; sie hat dafür den Vorzug, auf der untern Seite des Stoffes nicht so dick aufzuliegen, als jene, besonders als die zweite derselben. Sind schon Maschinen, welche diese Nähte ausführen, nur selten gebaut und noch seltener in Anwendung gekommen, so ist dies noch mehr bei folgenden Nähten der Fall, zu deren Herstellung zwei Fäden nöthig sind. Sie gehören allerdings auch zu den unauflöslichen Nähten, zeigen auf der Oberseite des Zeuges einen einfachen, flach aufliegenden Stich, ihre Herstellung ist aber meist so schwierig und die Mechanismen der dazu gebrauchten Maschinen sind so komplizirt, daß an eine allgemeine Einführung dieser nicht zu denken ist. Fig. 20 zeigt eine Art Steppstich mit verknotetem untern Faden, welcher die untere Seite der Naht dick aufliegend macht und ihr ein unregelmäßiges Ansehen giebt. Dies ist schon weniger bei der in Fig. 25 abgebildeten Naht der Fall, deren unterer Faden zu einfachern und nicht so dick aufliegenden Knoten geschlungen ist, und noch weniger bei der ähnlichen, in Fig. 26 dargestellten, deren unterer Faden abwechselnd die Schlingen des obern Fadens einfach bindet und sie mit einem Knoten festhält.

Die einzige praktische unauflösliche Maschinennaht ist die aus ebenfalls zwei Fäden hergestellte sogenannte Maschinensteppnaht, welche wir in der Folge immer kurz durch Steppnaht bezeichnen wollen, weil wir uns später noch viel mit ihr beschäftigen werden. Es sei deshalb ihrer an dieser Stelle nur einfach Erwähnung gethan. Eine ihr sehr ähnliche, aber aus drei Fäden hergestellte Naht zeigt Fig. 21, welche auch eine Ansicht der untern Seite enthält. Dieselbe ist ebenfalls wegen ihrer unbequemen Herstellungsweise nicht in Aufnahme gekommen.

Die bisher aufgeführten Nähte sind als unauflösliche bezeichnet worden. Damit ist nicht gesagt, daß sie überhaupt nicht aufgelöst werden könnten, sondern nur, daß beim Ziehen an den Enden der Fäden die Naht von selbst sich nicht auftrennt, ohne daß dabei der Faden oder bei einer Zwei- oder Dreifadennaht nur einer der Fäden zu zerreißen braucht. Daher besitzen die unauflöslichen Nähte auch die Eigenschaft, immer noch dauerhaft und fest zu bleiben, wenn auch hier und da einmal ein Stich aufgetrennt oder der Faden an einer Stelle verletzt ist; sie werden also immer da angewendet werden müssen, wo es auf lange Dauer und große Festigkeit der Naht ankommt. Von ihnen unterscheiden sich wesentlich die auflöslichen Nähte, die man aber in zwei Abtheilungen, die schwer und leicht auflöslichen, zu sondern hat.

Die erstern sind dadurch zu charakterisiren, daß sie sich nicht lösen, wenn man einfach am Ende des Fadens der nur aus einem Faden hergestellten Naht, oder wenn man nur am Ende eines Fadens der aus zwei oder mehr Fäden hergestellten Naht zieht. Unter diesen schwer auflöslichen Nähten steht die sogenannte Grover & Baker-Naht obenan; wir kommen, da sie einer ausgedehnten Anwendung fähig ist, noch näher auf sie zurück. Fig. 27 zeigt eine ihr sehr ähnliche Naht, deren Herstellungsweise mittels schief durch das Zeug stechender Nadeln schon nicht geeignet ist, das Augenmerk der Praktiker auf sie zu lenken, wenn auch die Naht selbst nicht den Uebelstand aufwiese, daß sie den Nähstoff zu sehr durchlöchert und ein Aufreißen desselben leicht bewirkt. Ein sehr einfacher, dauerhafter, wenig Garn verbrauchender und schön aussehender Stich, welcher in diese Kategorie gehört, ist in Fig. 28 dargestellt, jedoch besitzt auch hier wieder die ihn hervorbringende Maschine nicht die nöthige Einfachheit und Sicherheit. Diesen Uebelstand besitzt auch die in Fig. 30 gezeichnete Naht, welche sich ebenfalls durch Schönheit, Elasticität und Dauerhaftigkeit auszeichnet. Dieselbe besitzt dabei die Eigenthümlichkeit, daß sie sich mittels zweier in einander arbeitender Nadeln ausführen läßt, welche auf derselben Seite des Nähstoffes spielen; man hat deswegen auch diese Naht benutzt, um Sohlen am Schuhwerk zu befestigen. Nicht ganz in diese Abtheilung der Nähte gehörig und schon in die der leicht auflöslichen hinüberweisend ist die Naht der Fig. 31. Sie ist, wie die vorhergehende, auch aus zwei Fäden gebildet, von denen der eine, wenn an seinem Ende gezogen wird, die Naht löst, der andere aber nicht; sie besitzt außerdem keine sonderlichen Vorzüge, verbraucht viel Garn, zersticht den Nähstoff sehr und hat kein sehr schönes und gleichmäßiges Ansehen.

Sie bildet den Uebergang zu der Reihe der leicht auflöslichen Nähte, in welcher die einfache Ketten- oder Tambourirnaht obenan steht. Diese ist die dritte, welche in der Praxis eine ausgedehnte Anwendung gefunden hat und soll ebenfalls später einer genauern Betrachtung unterworfen werden. Außer ihr sind noch folgende zu erwähnen, die aber sämmtlich theils wegen der Schwierigkeit und Unsicherheit ihrer Ausführung, theils weil sie der Tambourirnaht in Bezug auf Einfachheit, Aussehen und Garnverbrauch nachstehen, bis jetzt fast noch gar keine praktische Verwendung gefunden haben. Die Naht Fig. 29 zeigt, wie auch die andern dieser Gattung, auf der einen Seite einen schönen Steppstich, aber auf der untern Seite eine dick aufliegende und viel Garn verbrauchende Kette. Die Naht der Fig. 36 unterscheidet sich von der der Fig. 37, daß in jener die Schlinge der an der untern Seite liegenden Kette bei jedem Stich scheinbar verknotet ist, in dieser aber nur bei jedem zweiten Stich. Die Nähte Fig. 38 und 39 zeigen ebenfalls eine bei jedem Stich verknotete Kette, welche aber deswegen doch nicht weniger auflöslich ist, als die einfache Kettennaht. Hier ist auch der Singer'schen Kettenstichmaschine Erwähnung zu thun, weil sie zur Zeit ihres Erscheinens auf der Pariser Industrie-Ausstellung dadurch so großes Aufsehen erregte, daß sie nach je 7 einfachen Kettenstichen einen Knoten bildet, welcher aber keineswegs die Naht mehr befestigt.

Es sind nur noch zwei Nahtgattungen zu erwähnen, welche beide den überwendlichen Stich der Handnaht, aber zu zwei verschiedenen Zwecken, ersetzen sollen, einmal, wenn zwei Stücke Zeug so zusammengenäht werden sollen, daß sie mit ihren Kanten stumpf zusammenstoßen, das andere Mal, wenn wie z. B. bei Knopflöchern die Kante des Zeuges umnäht werden soll, damit sie nicht ausfasert. Nähte der ersten Art, mittels zwei Fäden hergestellt, zeigen sich in Fig. 32, 33 und 34; alle sind Modifikationen der Steppnaht, hervorgebracht nur durch Veränderlichkeit in der Richtung der Stiche; die zuerst aufgeführte möchte wegen ihrer größern Einfachheit und Gleichförmigkeit den Vorzug vor den andern verdienen. Die in Fig. 35 abgebildete Naht ist schon wegen der Anwendung von fünf Fäden als für den praktischen Gebrauch unpassend anzusehen.

Unter den überwendlichen Maschinen- oder Knopflochnähten sind wieder die unauflöslichen von den schwer und leicht auflöslichen zu unterscheiden. Zu den unauflöslichen gehört die in Fig. 42 dargestellte Knopflochnaht, welche eine etwas veränderte Steppnaht ist und auch auf einer gewöhnlichen Steppmaschine mit geringer Veränderung des Mechanismus hergestellt werden kann. Eine schwer auflösliche Knopflochnaht zeigt Fig. 43. Dieselbe ist ebenfalls aus zwei Fäden gebildet und ist eine etwas veränderte Nachahmung der Grover & Baker-Naht.

Endlich sind in Fig. 40 und 41 zwei leicht auflösliche Knopflochnähte abgebildet, welche als modificirte einfache Kettennähte zu betrachten sind und ebenso wie diese mit nur einem Faden hergestellt werden.

In der Geschichte der Nähmaschinen spielen die sogenannten Knopflochmaschinen eine große Rolle und dies ist sehr erklärlich aus dem Grunde, weil die Anfertigung der Knopflochnaht mit der Hand sehr mühsam und zeitraubend ist. Alle Bemühungen, eine praktische Knopflochmaschine zu Stande zu bringen, sind bis jetzt vergeblich gewesen und es ist deshalb gerechtfertigt, nach den Gründen zu fragen, weswegen die Versuche bis jetzt gescheitert sind. Die Nähnadeln nämlich, welche in der Maschine arbeiten, sind im Verhältniß zu den Handnähnadeln sehr stark, aus Gründen, die später angeführt werden sollen. Bei der Knopflochnaht durchsticht die Nadel aber den Nähstoff dicht an seinem Rande und die sehr dicht aneinander liegenden und sehr großen Stichlöcher geben demnach Gelegenheit, daß die Naht häufig ausreißt. Hierzu kommt noch, daß gerade sehr weiche Stoffe, bei denen dieser Uebelstand von nicht so großer Bedeutung ist, wegen der allzugroßen Biegsamkeit und Schlaffheit ihres Randes von vorn herein nicht gut auf der Maschine mit einer überwendlichen Naht versehen werden können, und daß bei sehr festen Stoffen, welche sich wegen der Steifigkeit und Unbiegsamkeit ihres Randes besser für die Arbeit auf der Maschine eignen würden, der erwähnte Uebelstand sich in seinem ganzen Umfange geltend macht.

Wie gesagt, haben von allen bisher auf Maschinen hergestellten Nähten nur die erwähnten drei, die einfache Kettennaht, die Grover & Baker-Naht und die Steppnaht, in ausgedehnter Weise eine praktische Anwendung gefunden. Besitzen sie auch nicht alle drei denselben Grad von Dauerhaftigkeit, so haben sie doch die wesentliche Eigenschaft gemein, daß sie ohne häufige, durch Ersetzen des zu Ende gegangenen Fadens herbeigeführte Unterbrechungen angefertigt werden können. Die Stichbildung dieser Nähte erfüllt ferner die Bedingung, daß der zur Naht verwendete Faden aus demselben Stichloche, in welches er durch die Nadel hinabgeführt worden ist, auch wieder herauskommt. Der Faden bildet also an der untern Seite des Stoffes eine Schlinge, welche daselbst in verschiedener Weise je nach der verschiedenen Art der Naht befestigt wird. Entweder jede so gebildete Schlinge wird von der darauf folgenden festgehalten, indem diese durch die Oeffnung jener hindurch geht (Taf. I Fig. 17); oder es wird zur Befestigung dieser Schlingen ein zweiter, besonderer Faden verwendet, welchen man zum Unterschiede von jenem, welcher die Schlingen bildet und der obere Faden heißt, den untern Faden nennt. Die Befestigung durch diesen untern Faden kann ebenfalls auf zweierlei Art geschehen: entweder derselbe kommt, nachdem er durch die Schlinge gegangen ist, auch wieder durch dieselbe zurück und bildet so eine zweite Schlinge (Fig. 18), welche wiederum dadurch, daß beim folgenden Stich die Schlinge des obern Fadens durch sie hindurch geht, festgehalten wird; oder der untere Faden geht einfach durch die Schlinge des obern vollständig hindurch (Taf. II Fig. 16). Es scheint auf den ersten Blick, als träte bei dieser letztern Naht ein ähnlicher Uebelstand ein, wie bei der Handnaht, daß nämlich der untere Faden bei jedem Stich seiner ganzen Länge nach durch die Schlingenöffnung des obern Fadens hindurch muß; aber es ist zu entgegnen, daß man mit Leichtigkeit diese Schlingenöffnung so erweitern kann, daß auch ein sehr langer, etwa auf einem Spülchen befindlicher Faden passiren kann.

Die erste der so eben genauer beschriebenen Nähte, welche nur aus einem Faden gebildet wird, heißt einfache oder Einfaden-Kettennaht oder Tambourirnaht, und ein einzelner Stich derselben einfacher oder Einfaden-Kettenstich oder Tambourirstich; die zweite, welche aus zwei Fäden gebildet wird, Doppel- oder Zweifaden-Kettennaht oder nach ihren Erfindern Grover & Baker-Naht, und ein einzelner Stich derselben Doppel- oder Zweifadenketten- oder Grover & Baker-Stich; die dritte endlich, welche ebenfalls mittels zweier Fäden hergestellt wird, heißt Steppnaht und ein einzelner Stich derselben Steppstich.

Die Tambourirnaht, welche die einfachste derselben ist, hat gegen die andern auch den Vortheil, daß sie mit den einfachsten Mitteln herzustellen ist, weil man es bei ihr nur mit einem Faden zu thun hat. Sie hat zu ihrer Herstellung ungefähr $3^{1}/_{2}$ bis 4 mal so viel Garn nöthig, als sie selbst lang ist; eine verringerte Stichlänge und eine vergrößerte Stärke des zu durchnähenden Stoffes erhöht dies Verhältniß etwas. Sie ist eine leicht auflösliche Naht und ein mitten in der Naht vorkommender sogenannter Fehlstich c (Taf. I Fig. 17) kann Veranlassung zur gänzlichen Auflösung der Naht geben. Ein solcher Fehlstich wird dadurch hervorgebracht, daß bei der Anfertigung der Naht eine Schlinge von der darauf folgenden nicht gefaßt und festgehalten wird. Dies ist ein Hauptübelstand der Tambourirnaht und man wendet sie deswegen auch nur selten da an, wo es auf sehr große Festigkeit und Dauerhaftigkeit ankommt. Gleichwohl hat man Versuche gemacht, sie bei der Herstellung von Säcken u. s. w. anzuwenden, und gefunden, daß sie, wenn von Anfang an fehlerfrei, wegen ihrer bedeutenden Elasticität soviel und mehr aushielt, als die Handnaht. Das Zusammennähen der Kattunstücke in Kattunfabriken geschieht fast ausschließlich mit dieser Naht und sie hat sich hierbei besonders in Bezug auf Festigkeit, selbst wenn sie aus Baumwollengarn hergestellt war, außerordentlich bewährt. Meist jedoch wird sie als Ziernaht verwendet und zwar sowohl ihre obere als ihre untere Seite: ihre obere Seite an Mützenfuttern, Mänteln, Mantillen, Halsbinden ꝛc., ihre untere ebenfalls an diesen Gegenständen, ganz besonders aber an Handschuhen.

Die Zweifadenkettennaht bildet fast in allen Beziehungen den Uebergang von der Tambourir- zur Steppnaht: in der Ansicht ihrer obern Seite stimmt sie mit diesen überein, auf der untern Seite aber bildet sie eine Art aus zwei Fäden zusammengesetzter Kette. Sie hat zu ihrer Herstellung ungefähr 5 bis 6 mal so viel Garn (je nach der Stärke des zu nähenden Zeuges und nach der Länge der Stiche) nöthig, als sie selbst lang ist. Dieser bedeutende Garnverbrauch ist natürlich eine mißliche Sache da, wo Seide zur Naht verwendet werden muß; allerdings wird der Uebelstand dadurch gemildert, daß in den meisten Fällen nur die obere Seite der Naht sichtbar ist, weswegen zum untern Faden Baumwolle oder Leinengarn verwendet werden kann, wodurch nun die Doppelkettennaht nicht theurer wird, als die durchweg aus Seide hergestellte einfache Kettennaht. Jene ist wegen ihrer schwieriger zu bewirkenden Auflösung bei weitem anwendbarer als diese in den Fällen, wo sie viel auszuhalten hat. Kommt wirklich ein Fehlstich in ihr vor (Taf. I Fig. 18), so ist man allerdings im Stande, von dieser Stelle an das vorhergehende Stück der Naht aufzuziehen, aber die Naht löst sich doch nicht leicht von selbst bloß durch den Gebrauch des Gegenstandes, an welchem sie sich befindet. Ein Fehlstich kann aber bei ihr auf doppelte Weise entstehen: entweder die Schlinge des untern Fadens c wird von der darauf folgenden des obern Fadens nicht gefaßt und dann wird sich die Naht nicht weiter von selbst lösen, weil ja die Schlinge e durch die Schlinge c festgehalten wird, während sich diese durch Reibung in der fest zusammengezogenen Schlinge e hält; oder die Schlinge des obern Fadens b wird von der darauf folgenden des untern Fadens f nicht gefaßt und in diesem Falle wird durch den Anzug des obern Fadens beim Nähen selbst sich die Schlinge b ganz aus dem Zeuge herausziehen und auch die Schlinge f geht dann durch den Anzug des untern Fadens beim Nähen selbst verloren, wodurch also nun ein Stich gh entsteht, welcher die doppelte Länge der andern Stiche hat und außerdem noch eine Fehlschlinge d der oben beschriebenen Art enthält, welche von selbst nicht mehr Anlaß zu einer weitern Auflösung der Naht giebt. Die Doppelkettennaht kann deswegen recht gut auch da angewendet werden, wo es auf Festigkeit und Dauerhaftigkeit ankommt, also an Herren- und Damenkleidern, Mützen, Zeugstiefeln, Handschuhen u. s. w.; besonders an Korsetten, an denen sie zugleich den Zweck des Verzierens und der Befestigung erfüllt, ist sie sehr beliebt. Zum Verzieren der Mäntel, Mantillen, Mützen, Halsbinden, Handschuhe ꝛc. wird meist die untere Seite dieser Naht benutzt, welche sich auch ganz besonders dazu eignet, theils weil sie durch Anwendung von zwei Fäden zweifarbig hergestellt werden kann, theils weil die Kette das Ansehen einer aufgenähten Schnur annimmt, wenn man den untern Faden von gehöriger Stärke nimmt und seine Spannung beim Nähen so gering als möglich läßt. Allerdings ist auch diese auf der untern Seite so dick aufliegende Naht z. B. bei Kleidungsstücken der Abnutzung sehr unterworfen; aber dieser Uebelstand kann wiederum dadurch sehr verringert werden, daß man den untern Faden äußerst dünn wählt, wodurch die Kette fast das Ansehen eines einfachen Fadens erhält.

Die Steppnaht ist die vollkommenste Naht, welche auf der Nähmaschine hergestellt werden kann. Sie vereinigt die Vortheile der Ein- und Zweifadenkettennaht, ohne ihre Nachtheile zu besitzen. Allerdings hat sie, wenn sie nicht vollkommen hergestellt wird, den Nachtheil, daß der, sämmtliche Schlingen des obern Fadens durchziehende untere Faden mit Leichtigkeit herausgezogen werden kann, wodurch dann die ganze Naht mit einem Male gelöst würde; aber man hat es auch in seiner Gewalt, den untern Faden von den Schlingen des obern mit in den Nähstoff hinein ziehen zu lassen, wodurch dann die Naht das Ansehen der Fig. 16 (rechts) auf Taf. II erhält, welche die wirkliche, vollkommene Maschinensteppnaht darstellt, die nun selbst mit Mühe nicht mehr gelöst werden kann, am allerwenigsten sich von selbst löst. Damit ist auch der Vortheil erreicht, daß die Naht auf ihren beiden Seiten gleich aussieht. Es kann auch hier ein Fehlstich vorkommen, welcher dadurch entsteht, daß der untere Faden die Schlinge des obern Fadens nicht passirt; dieselbe zieht sich dann durch den Anzug des obern Fadens beim Nähen selbst ganz aus dem Zeuge heraus, so daß ein Stich von der doppelten Länge der andern entsteht, ohne daß aber dadurch Gefahr eintritt, daß sich die Naht weiter löse. Die Garnlänge, welche diese Naht verbraucht, ist verhältnißmäßig gering; sie beträgt ungefähr 2½ mal so viel, als die Länge der Naht bei mittelstarkem Stoff. Ist die Stichlänge verhältnißmäßig groß und die Zeugstärke verhältnißmäßig gering, so wird man annähernd den Garnverbrauch einer Stepp-, Einfaden- und Zweifadenkettennaht im Verhältniß von 2, 3 und 4 annehmen können. Auch in dieser Beziehung ist also die Steppnaht die vortheilhafteste. Sie findet daher bei allen Näharbeiten als Zier- und Befestigungsnaht die ausgedehnteste Anwendung. Man gebraucht sie zur Anfertigung von Weiß- und Bettzeug, Damen- und Herrenkleidern, Mützen, Halsbinden, Manschetten, Handschuhen, Korsetten, Zeug- und Lederschuhwerk, aller Arten Sattlerarbeit, selbst Sättel, Tornister, Helme, Degenkoppel ꝛc. Die Naht ist für die dichtesten und schwersten Stoffe fest genug und, wenn auch nicht von der Elasticität wie die Kettennähte, so doch elastisch genug, um Waschen und Bügeln ohne Nachtheil auszuhalten.

Es sei schließlich noch erwähnt, daß man das Ende dieser drei Nähte dadurch noch besonders befestigt, daß man, die letzte Schlinge des obern Fadens erweiternd, diesen ganz durch das Stichloch nach unten hindurch zieht und ihn dann noch, wenigstens bei der Grover & Baker- und Steppnaht, mit dem untern Faden verknüpft. Eine einfache und sichere Befestigung des Endes einer Steppnaht kann auch dadurch hervorgebracht werden, daß man drei oder vier Stiche auf der Naht zurücknäht.

C. Die Stichbildung.

Zur Bildung einer Naht gehört vor allen Dingen ein Faden und eine Nadel, welche in einem Oehr jenen aufnimmt. Die Nadel unterscheidet sich wesentlich von einer gewöhnlichen Handnähnadel dadurch, daß sie das Oehr dicht an der Spitze trägt, während sich bei dieser das Oehr an dem der Spitze entgegengesetzten Ende befindet. Das Oehr theilt also die Maschinennadel in eine kurze konische Spitze und einen langen cylindrischen Schaft. Jene ist meist rund und darf nicht zu kolbig sein, sondern schlank, damit sie auch dichtere Stoffe, wie Leder, Pappe 2c., leicht durchdringt. Den Gebrauch, zum Vorstechen der Stichlöcher in besonders festen Stoffen ein besonderes Instrument ohne Oehr und Faden anzuwenden, ist theilweis wieder verlassen worden. Dafür hat man, um ein leichteres Durchdringen zu ermöglichen, die Spitze zwei-, drei- und vierkantig gestaltet, so daß sie gewissermaßen schneidend wirkt, dann aber auch nicht mehr für lockere und weiche Stoffe, als Tuch, Seidenzeug, Baumwollenstoff u. s. w., verwendet werden darf. Besonders sind die zweischneidigen Nadeln mit schwertförmiger Spitze in Aufnahme gekommen (Fig. 22 auf Taf. II), deren flache Seiten, wie der gezeichnete Querschnitt durch die Spitze zeigt, eine zur Naht schräge Richtung hat, wodurch also auch das von der Nadel gebildete Stichloch eine schräge Lage erhält und die Stiche selbst sich schräg legen, so daß die Naht der sogenannten Schuhmacher-Naht ähnlich wird (Fig. 23). Die Länge der Spitze (immer bis zum Oehr gerechnet) schwankt zwischen $^1/_8$ und $^1/_4$". Es treten Fälle auf, welche eine besonders kurze oder lange Spitze wünschenswerth machen; im allgemeinen jedoch ist die Nadelspitze möglichst kurz zu wählen, weil der Hub der Nadelbewegung desto größer wird (siehe später!), je länger die Nadelspitze ist, und doch alle Bewegungen einer Maschine, besonders wenn sie sehr schnell arbeitet, auf möglichst geringe Größe zu beschränken sind. Andererseits ist es wieder vortheilhaft, die Spitze etwas länger zu machen, damit sie öfter wieder angeschliffen werden kann, wenn sie abgenutzt ist. Das Oehr der Nadel ist ein cylindrisches Loch, dessen Kanten abgerundet sind. Es ist sehr wesentlich, daß die innere Fläche des Oehrs vollkommen glatt ist, damit der Faden, welcher nicht wie bei der Handnähnadel während vieler Stiche seine Lage im Oehr unverändert beibehält, sondern bei jedem einzelnen Stich in ihm hin- und hergleitet, durch die Reibung nicht zu sehr angegriffen, dadurch rauh wird und endlich reißt. Das Oehr muß auch aus diesem Grunde verhältnißmäßig weit sein, um dem Gleiten des Fadens kein Hinderniß entgegenzusetzen. Damit sich ferner der Faden recht sanft um die Kanten des Oehrs herumlege, müssen diese etwas gebrochen sein, wodurch das Oehr nach beiden Seiten hin etwas konisch erweitert erscheint. Fig. 24 auf Taf. II zeigt in f ein rein cylindrisches Oehr vergrößerten Maßstabs, in welchem der Faden offenbar mehr angestrengt wird, als in dem konisch erweiterten Oehr c. Da die Weite des Oehrs im Verhältniß zur Stärke des Nähfadens größer ist, als bei der Handnähnadel, und sich nach der Oehrweite wieder die Stärke des Nadelschafts richtet, indem die Wandungen des Oehrs so stark sein müssen, daß die Festigkeit der Nadel nicht leidet, so folgt hieraus, daß man zu einem Faden von bestimmter Stärke eine Maschinennadel von größerer Dicke verwenden muß, als die Handnähnadel hat. Dieser Umstand bewirkt, daß das Stichloch im Verhältniß zur Fadenstärke zu groß ist, und dies ist, wenn auch bei weichen und lockern Stoffen, wie Tuch, Seiden-, Wollen- und Baumwollenstoff u. s. w., ganz ohne Bedeutung, so doch ein ziemlich bedeutender Uebelstand bei festen und harten Stoffen, z. B. Leder. Besonders wenn die Stiche sehr klein sind, reißt dann der Stoff längs der Naht leicht aus. Gerade die Naht, welche der Schuhmacher mittels des Pfriems ausführt, zeichnet sich dadurch aus, daß der Faden das von dem Pfriem im Leder verhältnißmäßig klein gebildete Loch nicht nur vollkommen ausfüllt, sondern sogar zusammengepreßt darin sitzt, während der Faden einer Nähmaschinennaht mehr oder weniger Spiel in dem Stichloch des Nähstoffes hat. — Um die Bewegung der Nadel mit dem an beiden Seiten derselben anliegenden Faden durch den Nähstoff noch mehr zu erleichtern, hat man ihr an beiden Seiten des Schafts vom Oehr an je eine kleine Rinne von solcher Länge gegeben, daß diese noch bei der tiefsten Stellung über den Stoff hervorragt. Die Länge dieser Vertiefung, welche man Nadelrinne oder -nuth nennt, beträgt zwischen 7 und 11''' je nach der verschiedenen Konstruktion der Maschine. Die Tiefe der Nuth hängt natürlich von der Stärke der Nadel selbst ab; man macht sie so tief als möglich, soweit die Festigkeit der Nadel nicht auf schädliche Weise durch sie beeinträchtigt wird. Man verlängert sogar die Nuth noch über das Nadelöhr hinaus nach der Spitze zu um $^1/_{12}$ bis $^1/_8$'', weil auch beim Rücktritt der Nadel aus dem Nähstoff der Faden von dem Oehr nach der Spitze zu an der Nadel anliegt a e (Fig. 21).

Die Nadel ist mit dem Schaftende in dem sogenannten Nadelschieber befestigt und die Länge, um welche das Oehr von diesem absteht, hängt wesentlich von der Konstruktion der Maschine ab. Im allgemeinen gilt die Regel, diesen Abstand so gering wie möglich zu machen, weil die Nadel, je kürzer sie eingespannt ist, desto größere

Widerstandsfähigkeit besitzt: man geht ungern über 1" hinaus, höchstens bei Maschinen, die nur mit starken Nadeln zu nähen haben, bis zu 13 und 14'''. Der Theil der Nadel, welcher im Nadelschieber eingespannt ist, also nicht mit dem Nähstoff in Berührung kommt, ist gewöhnlich etwas stärker als der übrige Theil des Schafts und, was die Hauptsache ist, für die Nadeln verschiedener Stärke gleich dick. Hierdurch wird erreicht, daß die dünnen Nadeln bedeutend an Festigkeit gewinnen, dann aber auch, daß dünne und dicke Nadeln mit Leichtigkeit und ohne besondere Vorrichtung so eingespannt werden können, daß die Spitzen sämmtlicher genau in einer bestimmten geraden Linie sich auf- und niederbewegen. Gleichwohl kommen auch viel Nadeln ohne diese Verstärkung in Gebrauch, weil dieselbe den Preis merklich erhöht, mag die Nadel aus einem Stück hergestellt oder der Kolben durch Umlöthen von Messing gebildet sein. Die Härte des Stahls, aus welchem die Nadel besteht, darf nicht so groß sein, daß sie bei der geringsten Biegung zersplittert; sondern die Nadel muß elastisch sein, also auch nicht so weich, daß sie Biegungen bleibend annimmt. Nur der Theil des Schafts, welcher im Nadelschieber sitzt, kann weicher sein und ist meist angelassen. Die Stärke der Nadeln schwankt zwischen $^1/_{64}$ und $^1/_{12}$" je nach der Beschaffenheit des zu vernähenden Garns und Zeugs. Die feinsten Nadeln würden schon in dünnem Leder nicht mehr aushalten. Da die verschiedensten Garne und Nähstoffe durcheinander verarbeitet werden müssen, so thut man gut, um nicht so oft mit der Nadel wechseln zu müssen, eine etwas stärkere Nadel auch für feinere Garne und dünnere, weichere Stoffe zu benutzen.

Wenn die Nadel mit dem Faden das Zeug durchstochen, ihre tiefste Stellung erreicht hat, in welcher der Faden auf beiden Seiten der Nadel straff in der Nuth liegt, und sie geht nun wieder nach oben, so wird der Faden in dem Nähstoff durch Reibung festgehalten und muß also, vom Oehr gehoben, eine gekrümmte Form annehmen. Dadurch entsteht also eine Oeffnung zwischen Faden und Nadel, eine Art Fadenschlinge a (Fig. 25), welche nun von einem spitzen Gegenstande erfaßt wird, damit die Operationen mit dem obern Faden unter dem Stoffe vorgenommen werden können, welche zur Bildung des Stichs nöthig sind. Ist nun auf beiden Seiten die Nadel gleich beschaffen, so ist auch kein Grund vorhanden, daß sich die Oeffnung des Fadens auf der einen oder der andern Seite bilden solle, und es wird der Fall eintreten, daß auf beiden Seiten der Nadel je eine gleich große

2*

Oeffnung entsteht. Von diesen zwei Oeffnungen wird natürlich jede einzelne kleiner, als wenn sich nur eine einzige Oeffnung auf einer Seite der Nadel gebildet hätte, und deswegen hat man die Nuth an der Seite der Nadel, an welcher die Oeffnung entstehen soll, die zur Stichbildung nöthig ist, verkürzt (ab Fig. 21). Dadurch bekommt der Faden das Bestreben, sich an dieser Seite von der Nadel zu entfernen und die Oeffnung zu bilden a und b (Fig. 25). Daher sind auch die Nadeln, welche auf beiden Seiten eine lange Nuth haben, eher geneigt, eine unvollkommene Schlinge zu bilden, und geben leichter zu Fehlstichen Anlaß.

Bei fehlerfreier Beschaffenheit der Nadel muß aber auch der Faden die nöthigen Eigenschaften besitzen: er muß vor allem biegsam, geschmeidig und weich sein. Ist er dies nicht, sondern hart und steif, so entsteht an der Stelle, welche bei der tiefsten Stellung der Nadel im Oehr saß, ein Knick c (Fig. 25), welcher die Schlingenbildung verhindert. Nähmaschinengarn muß durchaus ohne Steifigkeit sein und Garne, die mit Wachs, Pech 2c. bestrichen sind, können nicht angewendet werden. Seide ist daher für die Maschinennäherei tauglicher als Baumwolle und diese wieder besser als Leinengarn. Eine zweite, durchaus wesentliche Eigenschaft des Garns muß die Gleichmäßigkeit sein: wenn der Faden in der Dicke häufig und plötzlich wechselt, so ist die Schlingenbildung an diesen Stellen ebenfalls mangelhaft. Endlich muß das Nähmaschinengarn, am besten dreidrähtig, stärker gedreht sein, als gewöhnliches Handnähgarn. Man bemerkt leicht, daß zweidrähtiges Garn sich bei der Schlingenbildung gern zur Seite legt. Zu stark gedrehtes Garn kräuselt sich leicht und ist deshalb ebenfalls verwerflich. Aus alledem geht hervor, daß gewöhnliches Handnähgarn in den meisten Fällen nicht verwendet werden kann: Handnähseide, welche schon an und für sich mehr oder weniger die erforderlichen guten Eigenschaften besitzt, ist noch am besten zu verwerthen, Baumwolle schon nicht so gut und Leinengarn am wenigsten. Schon die Appretur und der Glanz der gewöhnlichen Garne führen Steifigkeit und Unbiegsamkeit mit sich, die man allerdings durch Auswaschen, Reiben und Tränken mit reinem Knochenöl bedeutend vermindern, selten ganz zum Verschwinden bringen kann.

Man ist erst verhältnißmäßig spät auf den Gedanken gekommen, die Schlinge durch eine kleine Hebung der Nadel aus ihrer tiefsten Stellung (Schlingenhub) zu bilden. Anfänglich gab man der

Nadel an der betreffenden Stelle über dem Oehr eine halbkreisförmige Biegung und über der Biegung noch ein zweites Oehr; die beiden Oehre waren auf der äußern Seite der Nadelbiegung durch die Nadelrinne verbunden, in welcher der Faden lief und von welcher er gezwungen wurde, die nöthige Biegung zu machen, um die Schlingenöffnung zu bilden, die auf der andern Seite der Nadel von dem straff in gerader Linie nach oben gehenden Faden begrenzt wird. Welche Uebelstände diese Einrichtung mit sich führt, liegt auf der Hand. Nachdem man die gerade Nadel eingeführt hatte, erfand man, um die Bildung einer guten Schlinge noch sicherer zu machen, eine Art Zange, welche den Faden an der Seite der Nadel, an welcher die Schlingenöffnung nicht gebildet werden soll, anpreßt und zur rechten Zeit wieder los läßt; jedoch hat sich auch diese Vorrichtung nicht erhalten.

Eine sichere Schlingenbildung ist das erste Erforderniß einer Nähmaschine und die Größe, um welche sich die Nadel heben muß, wenn der Apparat, der die Schlinge erfassen soll, mit seiner Spitze in die Schlingenöffnung eintritt, ist deshalb von großer Bedeutung. Da sich aber die Schlinge eines Seidenfadens leichter bildet, als die eines Baumwollfadens und diese wieder leichter, als die eines Leinenfadens; da ferner für eine verschieden gestaltete Spitze des die Schlinge erfassenden Apparats auch die Gestalt der Schlingenöffnung veränderlich sein müßte, so müßte eigentlich auch diese Größe den Verhältnissen nach geändert werden können. Dies würde aber der Nähmaschine eine sehr zusammengesetzte Einrichtung geben und man wählt deshalb eine mittlere Größe von 1/12 bis 1/8", in den meisten Fällen 1/8", weil 1/12" für Zwirn geringerer Qualität kaum noch genügt.

Hat sich die Schlinge gebildet, so beginnt die eigentliche Wirksamkeit des unter dem Stoff befindlichen Apparats, welcher die Stichbildung vollendet. Die Einrichtung und das Spiel dieses Apparats ist natürlich ein vollständig verschiedenes je nach der Natur der Naht, die angefertigt werden soll.

1. Der Einfadenkettenstich.

Die von Thimonnier, einem Franzosen, im Jahre 1830 zur Bildung des Kettenstichs zuerst angewandte Nadel mit Häkchen hat Anlaß zu vielen verschiedenartigen Konstruktionen von Tambourirmaschinen gegeben. Bei der von jenem herrührenden Anordnung wirkt die Häkelnadel von oben, während unter dem Stoff ein sich drehender sogenannter Fadenträger den von einer Rolle ablaufenden Faden dem Häkchen der Nadel zuführt, welche ihn in eine Schlinge nach oben und durch die Schlinge des vorhergehenden Stichs hindurch zieht. Die Kette liegt also dann auf der obern Seite des Stoffes, während sie bei der folgenden Konstruktion auf der untern Seite erscheint. Die Häkchennadel wirkt nämlich von unten und hat zugleich eine schwingende Bewegung, welche einestheils eine besondere Vorrichtung zur Fortschiebung des Zeuges entbehrlich macht, anderntheils erlaubt, dem über dem Zeuge befindlichen Fadenträger eine unbewegliche Stellung zu ertheilen, indem das Häkchen sich selbst den Faden herbeiholt. Der Amerikaner Singer, von Geburt ein Deutscher, führte im Jahre 1854 ein neues Prinzip ein, welches sich bis jetzt erhalten hat: seine Maschine arbeitet mit einer Nadel, deren Oehr in der Nähe der Spitze liegt, auf der einen Seite, mit einem hin- und herschwingenden Haken auf der andern Seite des Nähstoffes. Eine genauere Betrachtung der Bewegung seines Hakens zeigt, daß sie aus zwei senkrecht zu einander gerichteten Bewegungen zusammengesetzt ist; diese zwei verschiedenen Bewegungen hat man auch wohl zwei verschiedenen, mit einander arbeitenden Haken übertragen, die beide gleichzeitig die Schlinge des Fadens geöffnet halten. Ferner ist von einem andern Erfinder die schwingende Bewegung des Hakens in einer wagerechten Ebene aufgegeben und dafür die in einer senkrechten eingeführt worden; wieder ein anderer hat der Nadel die schwingende Bewegung zuertheilt und den Haken festgestellt; ein dritter läßt den an einer Plattfeder sitzenden Haken von der niedersteigenden Nadel selbst bei Seite drücken; endlich hat man über den Stoff eine Nadel mit einem Oehr an der Spitze und unter dem Stoff eine Nadel mit Häkchen arbeiten lassen, welche die gebildete Schlinge erfaßt und so lange festhält, bis die obere Nadel wieder die untere auslöst. Nach diesem System gebaute Maschinen sind noch vielfach in Gebrauch und Taf. I zeigt die Abbildung einer solchen; sie werden aber in neuerer Zeit von praktischeren, nach einem System ausgeführten Maschinen verdrängt, welches James Willcox im Jahre 1860 bekannt machte. Eine Nähmaschine dieser Art ist auf Taf. II dargestellt.

a) Mit schwingendem Haken.

Der schwingende Haken oder Schnepper besteht eigentlich nur in einer konischen Spitze bc (Fig. 21 auf Taf. I), deren Basis dreieckig ist (B). Die Spitze bildet also demnach eine dreiseitige Pyramide mit drei ebenen Seitenflächen. Die Fläche db liegt wagrecht, die Fläche dc senkrecht, so daß diese bei der von rechts nach links und links nach rechts gehenden Bewegung des Hakens dicht an der Nadel vorbei streift. Fig. 19 A zeigt den Schnepper in der äußersten rechten, C, D und E in der äußersten linken Stellung. In der ersten Lage steht die Schnepperspitze um ungefähr 1/8 bis 1/12" von der Nadel ab und man nimmt an, daß der Haken diese Stellung einnimmt, gerade wenn die Nadel ihren tiefsten Punkt erreicht hat. Hat sich nun die Nadel so weit gehoben, daß die Schlinge gebildet ist, also um 1/12 bis 1/8", so hat sich der Haken so weit von rechts nach links bewegt, daß seine Spitze dicht an der Nadel steht; die senkrechte Höhe der Spitze über dem Nadelöhr beträgt in diesem Augenblick meist 1/12", d. h. die Spitze befindet sich an der Stelle der Schlinge, wo diese die weiteste Oeffnung hat (Fig. 19 B). Hebt sich jetzt die Nadel noch mehr, so dringt auch der Schnepper immer weiter nach links, erfaßt so die Schlinge und hält sie in seiner äußersten Stellung links fest (C), während die Nadel immer höher steigt, aus dem Nähstoff heraustritt und endlich ihre höchste Stellung erreicht (D). In diesem Moment beginnt der Nähstoff eine Bewegung in entgegengesetzter Richtung zu der des Hakens und vollendet diese Bewegung, welche die Größe einer Stichlänge hat, noch ehe die Nadelspitze den Nähstoff wieder erreicht hat. Die niedersteigende Nadel erreicht endlich mit ihrer äußersten Spitze die vom Haken festgehaltene Schlinge und tritt in sie hinein (E). Damit dies um so sicherer geschehe, d. h. damit die Nadel nicht neben der Schlinge vorbeisticht, hat der Haken, nachdem er seine äußerste Stellung links erreicht hatte, eine kurze Bewegung senkrecht gegen seine seitliche Bewegung (in der Richtung des Pfeils Fig. 21 A) gemacht. Da sich die Schlinge, welche der Haken festhält, von rechts nach links verengt, so muß die Nadel, um sie sicher zu erfassen, so dicht wie möglich hinter dem Haken herunter gehen, ja man hat diesen am hintern Ende e viertelkreisförmig ausgehöhlt (die Höhlung ef verjüngt sich von oben nach unten), um dem vordern Ende der Schlinge mit der Nadel noch näher zu kommen. Sobald die Nadel die Schlinge erfaßt hat, schnellt der Schnepper zurück und zwar so schnell, daß seine obere Kante noch unter dem Nadelöhr sich fortbewegt; denn sonst würde der Haken, der dicht an der Nadel vorbeigeht, den Faden quetschen und verletzen. In dem Augenblick, in welchem die Schnepperspitze beim Rückgang die Nadel erreicht, liegt sie $^1/_{16}$ bis $^1/_{12}$" unter dem Nadelöhr. Die Rückbewegung der Nadel muß also sehr schnell geschehen und da es von Vortheil ist, alle Bewegungen einer Maschine überhaupt so langsam und klein wie möglich zu machen, so folgt daraus, daß man die Nadelspitze so lang als möglich, den Haken aber so kurz als möglich machen müsse. Den Nadeln zu diesen Einfadenkettenstich-Maschinen giebt man deshalb eine Spitze von $^1/_4$" und darüber, der hervorstehenden Spitze des Hakens stark $^3/_{16}$", bis zu der oben erwähnten Höhlung gerechnet aber $^5/_{16}$".

b) Mit sich drehendem Haken.

Hier ist es also ein sich drehender Haken, welcher die Schlinge erfaßt und so lange festhält, bis die Nadel beim folgenden Stich wieder herunter und in die Schlinge sticht. Auch hier rechnet man, muß sich die Nadel um $^1/_{12}$" gehoben haben, wenn der Haken, der von sehr spitziger Form ist, $^1/_{12}$" über dem Nadelöhr dicht hinter der Nadel vorbeistreifend, die gebildete Schlinge ergreift. Die Gestalt des Hakens zeigt Fig. 8 auf Taf. II. Sieht man ihn von vorn an (A), so dreht er sich in der Richtung entgegengesetzt der eines Uhrzeigers; B zeigt eine Ansicht von hinten; denkt man ihn sich in einer Stellung, in welcher die Spitze desselben nach aufwärts gerichtet ist, so zeigt C eine Ansicht von unten, D eine von links, E eine von oben und F eine von rechts. Er besteht eigentlich aus zwei Theilen, welche sich diametral gegenüber liegen, dem eigentlichen gekrümmten Greifer, welcher die Schlinge erfaßt, und einer gegen die Axe des Hakens etwas geneigten Schaufel, welche die gefaßte Schlinge wieder zum Abwerfen bereit legt. Diese Schaufel liegt mit ihrer hintern zur Axe senkrechten und von zwei fast radial laufenden geraden Linien begrenzten schmalen Ebene $\alpha \beta \gamma \delta$ an einer runden Scheibe, welche auf einen Vierkant der Hakenaxe aufgeschoben ist. — Hat sich die Nadel so weit gehoben, daß die Schlinge gebildet ist, so hat sich der nach links gerichtete Greifer so weit von rechts nach links bewegt, daß seine Spitze dicht an der Nadel steht (Fig. 15 A) und bei seiner Weiterbewegung hinter derselben vorbeistreift. Hebt sich die Nadel noch mehr, so tritt der Haken immer weiter in die Schlinge ein (B) und dieser beginnt schon seine Spitze von links nach rechts zu richten, wenn jene ihre höchste Stellung erreicht hat (C). In diesem Augenblicke beginnt auch das Zeug eine Bewegung von rechts nach links von der Größe einer Stichlänge zu machen und er hat seine Bewegung vollendet, kurz bevor die Nadelspitze wieder in den Nähstoff eindringt. Inzwischen ist die Schaufel auch aus ihrer wagrechten Lage in eine fast senkrechte gelangt (D) und der vordere Faden der Schlinge ist längs der gekrümmten Kante der Schaufel von dieser heruntergegleitet; der hintere Faden der Schlinge wird ebenfalls von der Schaufelkante erfaßt (E), bewegt sich dadurch nach vorn, während der frühere vordere Faden nach hinten gegangen ist, und die Schlinge legt sich endlich, nachdem sie so eine halbe Drehung um sich selbst vollführt hat, längs der Linie $\varepsilon\beta$ (Fig. 8 C) in eine durch den Zusammenstoß von Schaufel und Greifer gebildete Vertiefung, in welcher sie sich so lange hält, bis sie, wenn der Greifer die neue Schlinge erfaßt hat, endlich losgelassen und durch die Spannung des Fadens angezogen wird. Die Nadel ist bei ihrem Niedergang in die offene alte Schlinge eingetreten, hat sich in dem Augenblick, wo diese vom Haken freigegeben wird, allerdings schon wieder etwas gehoben, steht aber noch so tief, daß sie die losgelassene Schlinge auffängt und festhält. Würde diese alte Schlinge schon vom Haken losgelassen, bevor dieser die neue erfaßt hat, so könnte leicht der Fall eintreten, daß der Haken die alte Schlinge nochmals zugleich mit der neuen faßt, was unbedingt ein Zerreißen des Fadens zur Folge haben würde.

Man würde auch hier die Nadelspitze so lang als möglich machen, um die Schlinge desto sicherer von ihr ergreifen zu lassen; aber die auf ihren tiefsten Punkt niedersteigende Nadel würde dann unfehlbar auf den stählernen Haken stoßen und zerbrechen. Dies würde sogar schon bei einer Spitze von 1/8″ Länge — wie sie auch bei diesen Maschinen in Anwendung ist — geschehen, wenn man nicht dem Haken an der betreffenden Stelle (Fig. 8 E) eine kleine Aushöhlung gäbe.

Aus dem oben über die Drehung der Fadenschlinge gesagten geht hervor, daß sämmtliche Schlingen an der untern Seite der Naht um 180° gedreht sind, wodurch sich die mittels des sich drehenden Hakens hergestellte Naht von der mittels des hin- und herschwingenden Schneppers gebildeten unterscheidet.

2. Der Zweifadenkettenstich.

Der Haken oder Schnepper, welcher die beim Aufgang der Nadel gebildete Schlinge erfaßt, hat hier noch die Funktion, einen zweiten

Faden so durch die Schlinge des obern Fadens zu führen, daß auch er eine Schlinge bildet, durch welche die Nadel bei ihrem Niedergang hindurchsticht und sie auffängt. Der Haken hat zu diesem Zwecke eine etwas veränderte Gestalt. Fig. 22 auf Taf. I zeigt ihn in A von oben, in B von hinten, in C von vorn, in D von links und in E von rechts. Derselbe ist länger als der für Tambourirstich, läuft aber ebenso wie jener in eine Spitze aus und streift mit seiner vordern senkrechten und ebenen Fläche dicht an der Nadel vorbei, um die Schlinge sicher zu treffen. Die Spitze des Schneppers kann hier nicht so schlank sein wie bei jenem, weil sie eben einen zweiten Faden aufnehmen muß, welcher von hinten nach vorn gerade durch die Spitze hindurchgeht, welche also durchbohrt sein muß. Die Weite dieses Loches ist so groß, daß der stärkste Faden, welcher die untere Kette der Naht bilden soll, noch spielend hindurch geht: man rechnet $^1/_2$'''. Ehe der Faden aber in diese Oeffnung eintritt, läuft er in einer Nuth, welche sich an der hintern Fläche des Hakens wagrecht hinzieht, bis sie an den Ansatzpunkt a des Hakens gelangt und hier ebenfalls durch eine Durchbohrung wieder nach außen tritt. An diesen Punkt gelangt der vom Röllchen ablaufende Faden zuerst. Wenn der Haken durch die Schlinge des obern Fadens hindurch tritt, muß dieser letztere natürlich längs der Nuth über den untern Faden gleiten und dieselbe hat eben den Zweck, den untern Faden zu bergen und zu schützen, damit nicht unnöthige Reibung und Abnutzung beider Fäden hervorgebracht werde. Fig. 20 A zeigt den Schnepper in der äußersten Stellung rechts, mit der Spitze noch ungefähr um $^1/_8$'' von der Nadel abstehend. Man nimmt auch hier an, daß jener diese Stellung einnehme, gerade wenn diese ihre tiefste Lage erreicht hat. Hat sich nun die Nadel so weit gehoben, daß die Schlinge gebildet ist, also um circa $^1/_2$'', so hat sich auch der Haken so weit von rechts nach links bewegt, daß seine Spitze dicht an der Nadel steht (B) und zwar wiederum ungefähr $^1/_{12}$ bis $^1/_8$'' über dem Nadelöhr. Hebt sich jetzt die Nadel noch mehr, so dringt auch der Haken immer weiter vor und hält die Schlinge in seiner äußersten Lage rechts fest (C); die Nadel steigt immer weiter, tritt aus dem Nähstoff heraus und erreicht endlich ihre höchste Stellung (D). In diesem Augenblick beginnt auch das Zeug seine Bewegung im entgegengesetzten Sinne von der des Hakens und hat sich um eine Stichlänge weiter geschoben, bevor die Nadelspitze wieder in den Nähstoff getreten ist. Weiter niedersteigend erreicht diese endlich die unter dem Zeuge gebildete Schlinge des untern Fadens (E). Die Nadel darf in diesem Falle die vom Schnepper festgehaltene Schlinge des obern Fadens nicht treffen und deshalb darf diese auch nicht mit dem Haken von rechts nach links mitgenommen werden; darum ist auch dieser länger und schlanker gestaltet, damit er seiner ganzen Länge nach leicht durch die Schlinge gleiten kann. Damit die Nadel aber sicher in die Schlinge des untern Fadens hinein- und nicht vorbeisteche, muß der Haken auch hier, nachdem er seine äußerste Stellung links erreicht, eine kurze Verrückung senkrecht gegen die bisherige Bewegung c ausführen (Fig. 22); die Schlinge selbst aber bietet der Nadel dadurch einen freien Zugang, daß der Schnepper an der Stelle, wo die Nadel niedergeht, eine kleine Aushöhlung besitzt. Dieselbe muß, soweit es der Festigkeit des Hakens nicht schadet, so groß wie möglich gemacht werden und die Nadel muß so dicht wie möglich hinter der Durchbohrung der Hakenspitze und an der Wandung der Höhlung niederstechen. Sobald die Nadel die Schlinge erfaßt hat, schnellt der Schnepper zurück und zwar so rasch, daß seine obere Kante noch unter der Nadel hinweg geht. Auch hier muß die Nadelspitze die größtmögliche Länge haben; man nimmt sie gewöhnlich $^1/_4$" lang, während die Größenverhältnisse des Schneppers aus der Fig. 22 ersichtlich sind.

Man hat häufig versucht, den Haken so zu gestalten, daß er sowohl für Ein- als für Zweifadenkettenstich zugleich benutzt werden kann. Man bedient sich dann der Grundform des Doppelkettenstichhakens und verwandelt diesen nach Belieben in einen Haken für einen Faden, indem man ein kleines Stück aus Stahlblech l (Fig. 22 F) aufschraubt. Schon ein nach der äußern Kante des Blechstücks gebogener Stahldraht, welcher mit seinen beiden Enden in die beiden Durchbohrungen des Hakens gesteckt wird, muß häufig den Dienst versehen. In diesen Fällen muß jedoch die Spitze des Hakens, vom äußersten Ende bis zur ersten Durchbohrung gerechnet, länger gemacht werden als gewöhnlich, so daß sie fast die Länge des Tambourir-Schneppers von $^3/_{16}$" erreicht. Eine nicht ganz so bequeme, aber schon weniger mißliche Einrichtung besteht darin, einen gesonderten Schnepper sowohl für einfache als auch für Doppelkettennaht anzuwenden; jedoch erscheint es aus Gründen, die bei späterer Gelegenheit angeführt werden sollen, überhaupt mißlich, auf 'einer Maschine beide Nähte anzufertigen.

Der Schnepper für Zweifadenkettenstich hat ebenfalls vielfache Abänderungen erlitten. So ist er auch durch eine einfache, wagrecht hin-

und hergehende Nadel mit einem Oehr an der Spitze ersetzt worden, welche den zweiten Faden führt und ebenso wie die obere Nadel die Schlinge ihres Fadens dadurch bildet, daß sie nach Vollendung ihrer Bewegung nach links eine kleine Rückbewegung (Schlingenhub) ausführt. Diese Nadel hat später eine kreisförmige Gestalt erhalten und so ist die Modifikation des Doppelkettenstichhakens nach Grover & Baker (Taf. III Fig. 14) entstanden.

Die Nadel bildet auch hier nach Vollendung ihres Niederganges durch die wiederaufsteigende Bewegung die Schlinge, welche von der sich nach der Nadel hin bewegenden Spitze des Hakens erfaßt und so lange festgehalten wird, bis die abermals niedersteigende Nadel die von dem untern Faden, welcher auch hier vom Haken getragen wird, gebildete Schlinge ergriffen hat. Diese Form des Doppelkettenstichhakens weicht denn auch wesentlich nicht ab von der des obigen Schneppers: er hat eine Spitze zum Erfassen der Schlinge und diese Spitze ist ebenfalls durchbohrt, um den zweiten, untern Faden aufzunehmen, welcher bis zu dieser Durchbohrung in einer auf der äußern Fläche des Hakens befindlichen Nuth läuft. Der Haken ist im ganzen nahezu kreisförmig gestaltet und hat einen Mittelpunkt, um welchen er sich während seiner Thätigkeit in einer horizontalen Ebene um etwas mehr als 180° rechts und links herum dreht. Die Gestalt des Hakens ist nicht ganz kreisförmig, sondern der Halbmesser seiner innern Kreislinie agh (Taf. III Fig. 14 A) vergrößert sich nach und nach von der Spitze an um etwa $^1/_{16}$ — $^1/_{12}$", so daß diese Linie nur in der Nähe der Spitze dicht an der Nadel vorbeigeht, am hintern Ende aber um die genannte Größe von ihr absteht. Die Abbildungen zeigen den Haken in seinen richtigen Form- und Größenverhältnissen, von welchen die Konstrukteure gemeinhin nicht bedeutend abweichen. Man nimmt an, daß die von der Spitze nach dem Mittelpunkt des Hakens gezogene Linie lothrecht auf dem radialen Stück ef steht, daß also dieses mit der Richtung der Spitze parallel ist. Die Spitze, bis zur Durchbohrung gerechnet, beträgt ungefähr $^1/_8$" und die Durchbohrung selbst wie bei dem andern Haken $^1/_2$'''. Von der Durchbohrung der Spitze beginnt die an der äußern Peripherie herumlaufende Nuth, welche einen quadratischen Querschnitt hat von $^1/_2$''' — $^1/_{16}$" Breite und Tiefe. Am hintern Ende d ist der Haken etwas flach gefeilt und in der Richtung de ebenfalls durchbohrt. Durch diese Oeffnung tritt der von einem Garnröllchen ablaufende Faden zuerst, durchläuft dann die genannte

Nuth, welche bei c mit einer kleinen schmalen Brücke bedeckt ist, damit der Faden die Nuth nicht leicht verlassen könne, ihrer ganzen Länge nach und tritt endlich durch die Oeffnung an der Spitze. Die Axe des Hakens ist wie der Haken selbst ungefähr 1/8" stark.

Die Fig. 14 A und B zeigen den Haken in seiner äußersten linken Stellung, worin seine Spitze noch um 1/8" von der Nadel absteht. Diese Stellung nimmt der Haken ein, wenn die Nadel ihren tiefsten Punkt erreicht hat, und darin verharrt er so lange, bis die Nadel die Schlinge fast fertig gebildet hat, so daß seine Spitze genau in dem Moment die Nadel erreicht, in welchem die Schlinge vollendet ist. Aus Gründen, welche erst später auseinander gesetzt werden, ist hier die Schlinge erst vollständig gebildet, wenn sich die Nadel um 3/8" aus ihrer Stellung emporgehoben hat. In diesem Augenblick befindet sich die Spitze des Hakens noch um 1/12" über dem Nadelöhr (Fig. 14 C). Nun hebt sich die Nadel immer mehr und der Haken tritt immer weiter in die Schlinge des obern Fadens, bis er wiederum ungefähr dann zum Stillstand kommt, wenn das Nadelöhr den Nähstoff verläßt. (Fig. 14 E). Wiederum beginnt der Haken auch dann seinen Rückgang, wenn das Nadelöhr nach beendetem Hub und wiederbegonnenem Niedergang der Nadel das Zeug wieder erreicht. Durch die Reibung des obern Fadens, welcher die Schlinge bildet, an dem Haken selbst wird die Schlinge durch die Bewegung des letztern etwas mit gezogen und hat in dem Moment, wo die Spitze der Nadel in die horizontale Ebene des Hakens tritt, eine solche seitliche Lage, daß die Nadel die durch die Rückbewegung des Schneppers (ähnlich dem Schlingenhube der Nadel) von dem untern Faden gebildete Schlinge m n o p (Fig. 14 F) erfaßt und sie auch dann noch festhält, wenn der Haken seinen ganzen Rücklauf vollendet hat. Natürlich bewegt sich auch hier der Nähstoff um eine Stichlänge vorwärts, wenn die Nadel ihren Hub vollendet hat und wieder herabzusteigen beginnt. (Die Fig. 14 A bis F zeigen den Haken in seinen verschiedenen Stellungen, von oben und unten gesehen.)

Eine weitere, jedoch nicht sehr wesentliche Veränderung des Schneppers nach Grover & Baker ist dadurch versucht worden, daß man die Schwingungen um eine wagrechte Axe stattfinden ließ. Dadurch ist natürlich das Prinzip unverändert geblieben.

Es wirft sich die Frage von selbst auf, ob nicht auch ein Haken für Zweifadenkettenstich zu konstruiren sei, welcher eine fortwährend in derselben Richtung rotirende Bewegung habe, anstatt abwechselnd links-

und rechts herum zu schwingen. Die Frage muß allerdings bejaht werden; aber es macht sich von vorn herein ein Uebelstand bemerkbar, welcher die Anwendung eines solchen Hakens sehr beeinträchtigen würde. Der untere Faden würde nämlich, ehe er in die entsprechenden Durchbohrungen des Hakens selbst treten könnte, durch die Axe der den Haken tragenden Welle gehen müssen. Hierdurch würde die Anordnung der Maschinentheile überaus erschwert werden und man hat bis jetzt eine solche Konstruktion noch nicht ausgeführt.

3. Der Steppstich

wird gebildet, indem durch die beim Tiefgang der Nadel gebildete Schlinge der untere Faden seiner ganzen Länge nach hindurchschießt, um die Schlinge des obern Fadens, welche darauf wieder nach oben gezogen wird, zu binden. Zu diesem Zwecke ist der untere Faden auf ein Röllchen gespult, welches durch die Schlinge gehend seinen Faden mit sich führt. Da die von der Nadel auf gewöhnliche Art gebildete Schlinge nicht weit genug ist, um die Spule hindurchzulassen, so muß jene vorher erst genügend erweitert werden. Dies geschieht aber auf zweierlei Art: entweder wird die Spule mit einer Hülle, dem sogenannten Schiffchen, umgeben, dessen Vordertheil, welches zuerst in die Schlinge tritt, spitz zuläuft und sich nach hinten etwas erweitert; oder es ist ein besonderer Greifer vorhanden, welcher die Schlinge erfaßt, verlängert und über das Spülchen hinüber zieht, welches in diesem Falle selbst keine Bewegung macht. Hiernach ergeben sich die zwei verschiedenen Systeme der Steppmaschinen mit beweglichem Schiffchen und mit stehender Spule.

a) Mit beweglichem Schiffchen.

Walter Hunt ist der eigentliche Erfinder dieses Systems der an der Spitze mit einem Oehr versehenen Nadel und des beweglichen Schiffchens. Die Schiffchen haben natürlich im Laufe der Zeit sehr verschiedene Veränderungen und Verbesserungen erlitten, obgleich sie alle darin übereinkommen, daß sie eine Spitze haben, mit welcher sie die Schlinge erfassen, und sich sonst so dicht wie möglich um das Spülchen herum legen. Die Spitze und das ganze Schiffchen muß sich so nahe wie möglich an der Nadel vorbeibewegen, damit die Schlinge so wenig wie möglich erweitert zu werden braucht. Die Bewegung des

Schiffchens geschieht in einer geraden oder gekrümmten Linie, die in einer senkrechten oder wagrechten Ebene liegt; die gekrümmte Bahn ist fast immer der Theil eines Kreisbogens. Hiernach sind denn auch drei Schiffchenformen zu unterscheiden: Schiffchen für die Bewegung in einer wagrechten geraden Linie, für die in einem Kreisbogen in wagrechter Ebene und für die in einem Kreisbogen in senkrechter Ebene. Es sei schließlich noch der längst schon veralteten und auch unpraktischen Anordnung erwähnt, daß das Schiffchen, immer in derselben Richtung laufend, die Bahn eines vollständigen Kreises beschreibt.

Schiffchen für die Bewegung in einer wagrechten geraden Linie. Um genau ihre Form zu begründen, müssen wir die Art ihrer Wirksamkeit untersuchen. Das Schiffchen liegt gewöhnlich mit einer Seite gegen eine senkrechte Ebene, in welcher sich eine senkrechte Nuth zur Aufnahme der auf- und absteigenden Nadel befindet. Bewegt sich also das Schiffchen, dicht an dieser Ebene anliegend, so muß es sich auch dicht an der Nadel vorüber bewegen. Die äußere Form des Schiffchens zeigt Fig. 26 auf Taf. II und seine Spitze liegt hier in der Längsaxe des Schiffchens selbst. Dadurch erhält das Schiffchen eine symmetrische Gestalt und man kann ihm beliebig eine Bewegung von links nach rechts oder von rechts nach links geben. Ja, es ist sogar die Einrichtung getroffen worden, daß das Schiffchen an jedem der beiden Enden eine Spitze erhält, so daß es bei einem Hin- und Hergang zweimal durch eine Schlinge des obern Fadens gehen und also zwei Stiche vollenden kann. In Fig. 22 auf Taf. IV, wo die verschiedenen gegenseitigen Stellungen von Nadel und Schiffchen angegeben sind, ist angenommen, das Schiffchen bewege sich hinter der Nadel, so daß man also in die Höhlung des Schiffchens hineinblicken kann, von links nach rechts. Dies ist der gewöhnliche Fall; würde man sich die Nadel hinter dem Schiffchen denken, so würde die Bewegung des Schiffchens von rechts nach links gehen. Obgleich die Richtung dieser Bewegung im Prinzip gleichgültig ist, so ist doch die in obiger Figur dargestellte die gewöhnliche geworden. Steht die Nadel auf ihrem tiefsten Punkt, so hat das Schiffchen die äußerste Stellung links eingenommen (Fig. 22 A) und seine Spitze befindet sich dann noch $^3/_{16}$ bis $^1/_4$'' von der Nadel entfernt; ja, einige Konstrukteure reduciren diesen Abstand auf $^1/_8$ bis $^1/_{12}$''. Das Schiffchen bewegt sich nun von rechts nach links und erreicht mit seiner Spitze die Nadel, wenn diese sich so weit gehoben hat, daß die Schlinge gebildet ist (Fig. 22 B). Man nimmt bei Maschinen mit beweglichem Schiffchen, welche gewöhnlich viel mit Zwirn zu nähen haben, die aufsteigende Bewegung, welche zur Schlingenbildung nöthig ist, meist etwas größer als gewöhnlich, ungefähr ¹/₈", und macht auch den Abstand, welchen das Nadelöhr in dieser Stellung von der Schiffchenspitze hat, oft ¹/₈" groß, weil in diesem Falle durch den größern Nadelhub die Oeffnung der Schlinge vergrößert wird und also auch der Punkt, wo die Schlinge am weitesten ist, etwas nach oben rückt. Würde nun bei dem weitern Vordringen des Schiffchens die Nadel noch weiter steigen oder still stehen, so würde die untere Kante des Schiffchens bald über dem Nadelöhr fortgehen und also der Faden gezwungen sein, sich um die Kante zu legen, wodurch er jedenfalls sehr angestrengt, wenn nicht dem Zerreißen ausgesetzt sein würde. Man läßt deswegen die Nadel wieder so weit herunter gehen, daß das Oehr immer unter der Schiffchenkante bleibt; sobald also der horizontale Theil dieser untern Kante beginnt vor der Nadel vorbeizugehen (Fig. 22 C), wird diese zum Stillstand kommen können, bis das Schiffchen mit seinem hintern Ende der Nadel nahe gekommen ist (Fig. 22 D); dann beginnt die Nadel zu steigen, während das Schiffchen still steht, bis durch den Aufgang der Nadel der obere Faden so weit in die Höhe gezogen worden ist (Fig. E), daß das nun seine Rückbewegung beginnende Schiffchen nicht wieder mit der Schlinge des obern Fadens in Berührung kommen kann. Während nun die Nadel ihre aufsteigende Bewegung vollendet und wieder von dem obersten Punkt derselben nach dem tiefsten gelangt, wobei der Nähstoff, während die Nadel am höchsten steht, seine Fortbewegung zur Bildung des Stiches macht, hat das Schiffchen gerade vollständig seine Rückbewegung vollendet und das Spiel beginnt nun von neuem, wie vorher.

Man ersieht aus dem vorgehenden, daß sowohl die Bewegung der Nadel, als die des Schiffchens ein bestimmtes Gesetz verfolgt, welches nicht durch eine gewöhnliche Kurbelbewegung mit Zugstange erreicht werden kann. Hieran hat aber, was das Schiffchen betrifft, einzig und allein der Umstand Schuld, daß dieses, nachdem seine Vorbewegung vollendet ist, eine Zeitlang still stehen muß. Würde dieser Umstand beseitigt werden können, so würde auch der Anwendung einer Kurbelbewegung nichts mehr im Wege stehen. Wie wir oben gesehen haben, darf sich die Nadel erst wieder zu heben beginnen, wenn der hintere abgerundete Theil des Schiffchens an die Nadel gelangt. Da nun die Zeit, in welcher das Schiffchen von diesem Punkt bis zu seinem alleräußersten hintern Ende an die Nadel gelangt, zu kurz ist, als daß die Nadel in derselben sich so weit gehoben haben könnte, daß das Schiffchen seinen Rückgang antreten kann: so hat man den Hub der Schiffchenbewegung so vergrößert, daß das hintere Ende des Schiffchens noch um $^1/_{12}$, $^1/_8$ ja bis $^1/_4$" über die Nadel hinausgeht. Während das Schiffchen nun diesen äußersten Punkt erreicht und wieder von demselben zur Nadel zurückkehrt, hat die Nadel Zeit, so weit, wie nöthig ist, zu steigen. Hierdurch ist also die Kurbelbewegung des Schiffchens ermöglicht, um so mehr, da diese die Eigenthümlichkeit besitzt, gegen Ende des Hubes sich bedeutend zu verlangsamen.

Auch die Bewegung der Nadel hat man zu vereinfachen gesucht. Hat sich nämlich die Nadel so weit gehoben, daß die Schlinge gebildet ist, so muß sie sich wieder tiefer bewegen, damit das Oehr unter der untern horizontalen Kante des Schiffchens bei dessen Weiterbewegung bleibt. Dieses wiederholte Niedergehen der Nadel kann vermieden werden, wenn das Oehr, nachdem die Schlinge schon gebildet ist, von selbst schon unter der untern Kante des Schiffchens steht (Taf. IV Fig. 22 A). Der Punkt, auf welchen das Nadelöhr bei der tiefsten Stellung der Nadel hier gelangt, liegt allerdings dann um $^1/_{12}$ bis $^1/_8$" tiefer, als der entsprechende Punkt, wenn man von dieser Vereinfachung der Nadelbewegung absieht, und zugleich muß hierbei das Schiffchen so beschaffen sein, daß seine Spitze um $^1/_{12}$ bis $^1/_8$" nach abwärts gebogen ist, damit der Abstand des Nadelöhrs von dieser Spitze in dem Moment, wo diese in die gebildete Schlinge eintritt, unverändert bleibt. Hierdurch verliert das Schiffchen seine symmetrische Form.

Es ist bis jetzt nur von der äußern Form des Schiffchens gesprochen worden und es sei noch bemerkt, daß dasselbe an allen Punkten durchaus sauber und glatt polirt sein muß, damit der Faden der Schlinge so leicht wie möglich darüber hinweg gleitet. Das Stahlblech, aus welchem das Schiffchen gepreßt wird, wählt man so dünn, als es unbeschadet der Festigkeit geschehen kann, ungefähr $^1/_{24}$ bis $^1/_{16}$". Je dünner das Blech ist, desto mehr Raum ist im innern, desto größer kann das Spülchen sein und ein desto längerer Faden wird also vom Schiffchen aufgenommen. Das Spülchen besteht aus einer stählernen Axe a b (Fig. 28) mit kurzen gehärteten Spitzen a und b, vor welchen zwei runde Scheiben sitzen, zwischen denen das Garn aufgespult ist.

Die Scheibchen sind nach außen eben abgedreht, nach innen etwas abgerundet. Die Abrundung derselben bewirkt, daß beim Aufspulen die Fäden einer Lage sich in die Zwischenräume der Fäden der darunter befindlichen Lage legen. Die Spitzen des Spülchens laufen in zwei kleinen konischen Vertiefungen, von denen die eine in einem festen, am vordern Ende des Schiffchens angelötheten Stahlstück, die andere in einem beweglichen Stöpsel liegt, welcher in einem andern am hintern Ende des Schiffchens eingelötheten Stahlstück mittels einer kleinen Spiralfeder nach vorn gedrückt wird. Das Spülchen wird beim Einsetzen zuerst mit dem hintern Ende nach e gebracht und dann längs einer Nuth in die zweite Vertiefung eingedrückt. So ist das Spülchen durch einen elastischen Druck gegen Bewegungen in der Richtung seiner Längsaxe gesichert und kann sich ruhig mit Ueberwindung einer geringen Reibung an den Axenspitzen drehen. Man hat auch den beweglichen Stöpsel an das vordere Ende des Schiffchens gebracht (Fig. 29), wodurch die Einrichtung ihrem Prinzip nach allerdings nicht geändert wird, aber die Spülchen von größerer Länge wie bisher angewandt werden können. Deswegen ist die obige ältere Einrichtung fast überall verworfen und die neuere angenommen worden. Das ganze Schiffchen ist häufig mit einer Deckplatte versehen. Das Spülchen mit seinem Faden ist jedoch auch ohne Deckplatte geschützt genug, wenn nur die Flanschen des Spülchens nicht zu groß sind, so daß sie außer Berührung mit der Ebene bleiben, längs welcher das Schiffchen hin- und hergleitet. — Um den Druck, welcher auf die Spitzen der Spülchen wirkt, nach Belieben und mit Leichtigkeit vergrößern und verringern zu können, hat man auch die Einrichtung gemacht, daß das Stahlstück am hintern Ende des Schiffchens (Fig. 28), welches den Stöpsel und die Spiralfeder enthält, in der Richtung der Schiffchenaxe durchbohrt und mit Muttergewinde versehen ist; in diesem Stück befindet sich ein ebenfalls mit Gewinde und hinten mit einem geriffelten Scheibchen versehenes zweites Stück, welches nun erst den beweglichen Stöpsel und die dazu gehörige Spiralfeder enthält. Das geriffelte Scheibchen reicht bis dicht an die gerade Fläche des Schiffchens und kann mit dem Finger gedreht werden, wodurch der Zweck der Veränderung des Druckes erreicht wird. Der Nachtheil dieser Einrichtung besteht darin, daß das Spülchen in seiner Länge etwas beschränkt werden muß; sie thut aber gute Dienste für den Fall, daß sich die Spitzen der Spülchen leicht abnutzen. — Gleichwohl haben alle diese Einrichtungen den Nachtheil, daß sich erstens die wenn auch gehärteten Spitzen des Spülchens bald ablaufen, noch mehr aber, daß die Vertiefung des fest eingelötheten und also natürlich weichen Stahlstücks sich pfannenartig erweitert. Dadurch verringert sich bald der Druck gegen die Spülchen und dasselbe fängt an, in der Richtung seiner Axe zu wackeln. Die letztbeschriebene Einrichtung hilft diesem Uebelstande nur zum Theil ab und man hat deshalb die Spülchen mit Spitzen ganz zu beseitigen gesucht und dafür Spülchen mit cylindrischen Zapfen in Anwendung gebracht (Fig. 26). Das im vordern Ende des Spülchens eingelöthete Stahlstück ist dann vollständig durchbohrt, so daß der Zapfen sich darin spielend drehen kann. Der andere Zapfen des Spülchens liegt in einer am hintern Ende des Schiffchens befindlichen offenen Pfanne, welche aber durch eine Klappe von dünnem Stahlblech verschlossen wird. Diese Klappe liegt in einem Schlitz e des Schiffchens, dreht sich um eine Schraube und ist mit einem kleinen Vorsprung versehen, mittels welcher die Klappe geöffnet und geschlossen werden kann. Dieser Vorsprung der Klappe hindert, wie man leicht begreift, wenn man die Lage des Fadens um das Schiffchen herum genauer betrachtet, das letztere nicht, ohne Anstoß und Hinderniß durch die Schlinge hindurch zu schlüpfen. Bei dieser Einrichtung ist es nun allerdings nöthig, daß die Spülchen eine kleine Bewegung in der Richtung ihrer Axe zu machen vermögen. Man nimmt deswegen den äußern Abstand der Spülchenflanschen etwas kleiner (gewöhnlich um $^1/_{16}$''), als den innern Abstand der beiden eingelötheten Stahlstücke des Schiffchens. Die Flanschen der Spülchen sind hier auch nach außen abgerundet, damit, wenn der vom Spülchen ablaufende Faden dasselbe abwechselnd gegen das vordere und hintere Stahlstück andrückt, die entstehende Reibung so gering als möglich ist. Der in der Spitze des Schiffchens befindliche Zapfen des Spülchens kann nur kurz sein, damit sich das Spülchen desto leichter in das Schiffchen einsetzen läßt, aber nicht unter $^1/_8$''; der andere Zapfen hingegen kann etwas länger genommen werden. Den Durchmesser der Zapfen wähle man $^1/_{16}$ bis $^1/_{12}$'' groß. Da die Zapfen mit Spiel in ihren Lagern laufen, so hat man auf dem Boden des Schiffchens eine schwache Blattfeder angeschraubt, die gegen den Rand der vordern Flansche des Spülchens schleift und so eine zu große Beweglichkeit in der Richtung senkrecht gegen die Axe verhindert. Gleichwohl wird hierdurch diese Beweglichkeit des Spülchens nicht völlig aufgehoben, besonders das Hin- und Herrücken in der Richtung der Axe nicht, und hierdurch entstehen Unregelmäßigkeiten in der Spannung des vom Spülchen ablaufenden Fadens, dererwegen man diese Einrichtung des Schiffchens wieder verlassen hat. Ueberhaupt ist der Zielpunkt aller möglichen Konstruktionen des Schiffchens immer der, daß man die Spannung des Fadens allerdings nach Belieben ändern könne, aber so, daß sie sich von selbst nicht zu ändern im Stande ist. Dies ist aber mehr oder weniger bei allen Schiffchen der Fall. Der Faden besitzt nämlich immer die Spannung, welche nöthig ist, um die bei der Drehung des Spülchens entstehende Reibung zu überwinden. Der Hebelarm aber, unter welchem die unter der Spannung des Fadens dargestellte Kraft angreift, um das Spülchen zu drehen, wird, je mehr das Spülchen Faden abgiebt, desto kleiner und da die zu überwindende Reibung gleich bleibt, so muß die Spannung des Fadens wachsen, wenn das Spülchen vom Garn leerer wird. Je kleiner demnach der Durchmesser der Axe im Verhältniß zum Durchmesser der Flanschen des Spülchens ist, desto größer ist der Unterschied der Spannung des Fadens, wenn das Spülchen noch voll ist und wenn es fast leer gelaufen ist. Dieser Umstand gebietet deswegen, die Axe nicht so dünn zu machen, als man es in der Rücksicht, so viel Garn wie möglich auf das Spülchen zu bringen, machen würde; man wählt $^1/_{12}$ bis $^1/_8$" als Axendurchmesser. Hierdurch wird der Uebelstand etwas gemildert, aber nicht beseitigt und man hat deswegen noch eine andere vollständigere Abhülfe gesucht. Dieselbe scheint dadurch erreicht zu sein, daß man die Feder, welche bei den erwähnten Spülchen mit Zapfen gegen den Rand der Flansche schleift, gegen das auf dem Spülchen befindliche Garn selbst schleifen läßt (Fig. 26 K). Aber da erstens diese Feder eben nur bei Spülchen mit Zapfen, welche noch andere üble Eigenschaften besitzen, anzuwenden ist, und indem zweitens das Garn, wenn es etwas steif ist, gern lose auf dem Spülchen wird und sich dann mit der Feder verwickelt: hat man auch diese Einrichtung wieder verlassen, so daß die in Fig. 29 dargestellte Konstruktion immer noch die gebräuchlichste und beste ist. Die durch die besprochenen Mittel hervorgebrachte Spannung des Fadens ist einestheils noch nicht genügend in den meisten Fällen, anderntheils muß auch der Faden aus dem Innern des Schiffchens nach außen geleitet werden. Deswegen ist die obere Fläche des Schiffchens dicht an der Kante mit einer Reihe kleiner Löcher i h versehen, durch welche der Faden gezogen wird. Dieselben haben einen Durchmesser, so daß auch der stärkste Faden, mit welchem genäht werden soll, noch spielend hindurch geht; man rechnet schwach 1/24". Das innere der Löcher muß sehr sauber und glatt sein und die Kanten dürfen keine Schärfen und Scharten enthalten. Entweder man leitet den Faden abwechselnd von innen nach außen und von außen nach innen, oder er geht durch jedes Loch von außen nach innen und gelangt immer wieder ins innere, indem er durch einen neben der Löcherreihe befindlichen Schlitz h tritt: in jedem Falle aber muß der Faden natürlich durch das letzte Loch, durch welches er tritt, von innen nach außen laufen. Dadurch wird die Spannung des Fadens bedeutend vergrößert und man hat die Aenderung der Spannung dadurch, daß man den Faden durch mehr oder weniger Löcher führt, in der Gewalt. Würde man aber den Faden direkt von dem Spülchen nach den Löchern leiten, so würde der Winkel, welchen der Faden mit der Axe des Spülchens macht, sehr veränderlich werden, wenn der Faden von einem Ende des Spülchens bis zum andern abläuft, und dadurch auch die Spannung sich fortwährend ändern. Auch diesem Uebelstande hat man abzuhelfen gesucht, indem man den Faden zuerst durch einen an der untern Fläche des Schiffchens befindlichen Schlitz f von innen nach außen leitet, ihn dann um die obere Kante g des Schiffchens gehen und endlich in die gegenüberliegende Löcherreihe eintreten läßt. An der Stelle, an welcher sich der Faden um die obere Kante g legt, ist diese abgerundet und tritt etwas von der ebenen Fläche des Schiffchens zurück, damit der Faden selbst nicht auf der Führungsebene des Schiffchens schleift und abgenutzt wird. Dies ist die einfachste Art, den Faden nach Belieben zu spannen; man hat noch viele andere Einrichtungen versucht, ist aber immer wieder auf die besprochene zurückgekommen.

Die beschriebene Schiffchenform ist nicht die ursprüngliche gewesen; die zuerst angewendeten hatten einen viereckigen Querschnitt und das Spülchen lag in ihrem innern lose, so daß Verwirrungen des Fadens und plötzliche Aenderungen in der Spannung desselben häufig eintraten. Erst später gab man der Axe des Spülchens eine feste Lage, wenn auch nicht gleich anfänglich in der vortheilhaftesten Weise. Ein Erfinder hat sogar versucht, die Axe des Spülchens senkrecht zu der des Schiffchens zu legen, wodurch allerdings das letztere sehr kurz, aber wiederum auch sehr hoch wird, so daß die Nadel eine übermäßige Länge erhält. Es braucht nicht erwähnt zu werden, daß diese Anordnung sich nirgends Eingang verschafft hat.

Schiffchen für die Bewegung in einem horizontalen Kreisbogen. Das Schiffchen liegt hier mit einer Seite gegen eine cylindrische Fläche, in welcher sich die vertikale Nuth für die Bewegung der Nadel befindet und deren horizontale Durchschnittslinie der Kreisbogen ist, in welchem die Bewegung des Schiffchens stattfindet. Die Form der Schiffchen, wie sie bisher beschrieben ist, kann auch hier verwendet werden; nur muß die eine sonst gerade Fläche des Schiffchens jetzt nach der cylindrischen Führungsfläche, auf welcher das Schiffchen gleitet, abgerundet werden, ja man kann sich schon damit genügen lassen, nur die Spitze des Schiffchens hiernach abzurunden (m n Fig. 26). Jedoch ist man auch wiederum vollständig von der gewöhnlichen Schiffchenform abgegangen und hat das Schiffchen cylinderförmig gestaltet (Fig. 30). Auch hier ist die Wandung so dünn als möglich (1/32 bis 1/24") und nur die Spitze ist massiv, weil das Schiffchen nicht aus Blech gepreßt, sondern aus Rundstahl durch Bohren und Abdrehen hergestellt ist. Am hintern Ende ist das Schiffchen nicht abgerundet, sondern stumpf etwas schräg abgeschnitten. Die Spitze ist auch hier nach der Führungsfläche abgerundet, wodurch die Fläche h entsteht, welche eben durch ihr Anliegen an der Führungsfläche auch mit dazu dient, das runde Schiffchen, welches sich sonst leicht um die Längsaxe drehen würde, in der richtigen Lage zu erhalten. Wollte man diese Schiffchenform auch für eine geradlinige Bewegung verwenden, so würde diese Abrundung nicht nöthig sein, es würde also auch die Fläche nicht entstehen und das Schiffchen würde leicht aus seiner richtigen Lage kommen. Dies ist ein Grund, weswegen man diese Form bei einer geradlinigen Bewegung nicht häufig anwendet. Jedoch kann man auch diese Fläche h an einem solchen Schiffchen hervorbringen, wenn man nur der Spitze eine etwas andere Form giebt. An der entgegengesetzten Seite, an welcher sich die Fläche h befindet, läuft eine 1''' breite Spalte k parallel der Axe in der Wandung fast bis zu dem Punkte, wo die cylindrische Höhlung des Schiffchens anfängt nach der Spitze zu sich zu verjüngen. In diesen Spalt ist aber wieder ein flaches Stahlstück c e von der Breite und Länge des Spalts und von der Dicke der Schiffchenwandung geschoben, welches ihn also wieder vollständig ausfüllt. Dies Stahlstück trägt an seinen Enden rechtwinklig angesetzt je eine cylindrische Scheibe von dem innern Durchmesser des Schiffchens. In dem der Spitze zu gelegenen Stück dieses Bügels ist der unter dem Druck einer kleinen Spiralfeder stehende bewegliche Zapfen f, welcher die Vertiefung für die eine Spülchenspitze enthält, in dem andern Stück, welches zugleich als Deckel des Schiffchens dient, ist die Vertiefung für die andere Spülchenspitze befindlich. Der von dem Spülchen ablaufende Faden tritt durch die gebogene längliche Oeffnung ik nach außen und dann durch eine Löcherreihe in einem dünnen langen Stahlstück lm, welches parallel mit der Axe und senkrecht auf die Oberfläche des Schiffchens aufgelöthet ist, so daß die obere Kante dieser Rippe mit an der Führungsfläche schleift und dadurch die Lage des Schiffchens ebenfalls noch sicherer macht. Der Faden tritt auch hier von unten nach oben durch das erste Loch, steigt wieder von oben nach unten &c., bis er aus dem letzten Loch von unten nach oben emporkommt. Die längliche Oeffnung ik ist deswegen nach oben gekrümmt, damit der Faden in nicht zu schliefem Winkel von dem Spülchen abläuft. Wenn man das Spülchen in das Schiffchen einsetzen will, so muß man es zuerst in den Bügel bringen, das Ende des Fadens durch die Oeffnung ik von innen nach außen führen und endlich den Bügel in das Schiffchen schieben.

Der Vortheil dieser Schiffchen besteht vornehmlich darin, daß die Nadel nicht so tief hinunter zu steigen braucht, indem keine Kante vorhanden ist, um welche sich der Faden legen könnte. Die Nadel braucht also, wenn sie sich zur Schlingenbildung gehoben hat, sich nicht wieder beim Durchschuß des Schiffchens durch die Schlinge zu senken, sondern nur still zu stehen; ja sie kann sogar langsam weiter steigen, muß aber immer noch fern von dem Punkte ihrer höchsten Stellung sein, wenn das Schiffchen die Schlinge verläßt.

Schiffchen für die Bewegung in einem vertikalen Kreisbogen. Für diese Bewegung muß das Schiffchen selbst nach dem Kreisbogen gekrümmt sein, welchen es beschreibt (Fig. 27). Es ist klar, daß, wenn die sonstigen Dimensionen dieser Schiffchen mit denen gerader übereinstimmen, diese größere Spülchen aufzunehmen vermögen als jene. Aus diesem Grunde hat man oft gerade Schiffchen auch für die Bewegung in einem vertikalen Kreis benutzt, jedoch muß dann die Nadel, da ihr Oehr immer unter der untern Kante des Schiffchens bleiben muß, sich zu tief hinunterbewegen und deswegen aus ihrer Befestigung zu weit hervorstehen, was immer zu vermeiden ist. Eine cylindrische gerade Schiffchenform würde den Zweck schon eher erfüllen und ist auch hier und da schon in Anwendung gekommen. Man sieht, daß bei allen gekrümmten Schiffchen der Uebelstand eines zu kleinen Spülchens sich geltend gemacht. Man hat deswegen den Versuch gemacht, das Spülchen ganz wegzulassen und das Garn, in eine Art Knäuel gewickelt, in das Schiffchen zu legen, welches dann gewöhnlich von allen Seiten geschlossen ist. Das Garn muß in diesem Falle sehr gleichmäßig zu einem Knäuel aufgespult sein und man bedient sich dazu iner eigenthümlichen Vorrichtung. Der Faden läuft dann vom innern des Knäuels ab, so daß die äußersten Garnlagen die letzten im Schiffchen bleiben. Wie sehr auch bei dieser Einrichtung die Menge des Garns, welche das Schiffchen zu fassen vermag, die übertrifft, welche ein Spülchen aufnehmen kann, so entsteht doch zu oft eine Verwirrung des Garns im innern, als daß diese Methode sich größern Eingang zu verschaffen gewußt hätte.

Die Schiffchen bewegen sich in einer je nach der Form ihrer Bahn verschiedenartig ausgearbeiteten Vertiefung und erhalten ihre Bewegung von einem sogenannten Treiber. Um die Wirksamkeit dieses richtig aufzufassen, hat man zu bedenken, daß das Schiffchen an keinem Punkte mit diesem befestigt sein kann, weil es seiner ganzen Länge durch die Fadenschlinge hindurch gehen muß. Der Treiber kann nur mit den Punkten des Schiffchens in Berührung sein, an welchem sich augenblicklich die Schlinge nicht befindet, also am Anfang der vorschreitenden und am Ende der rückläufigen Bewegung mit dem hintern, am Ende der vorschreitenden und am Anfang der rückläufigen Bewegung mit dem vordern Theil. Die ursprüngliche Einrichtung bestand auch dieser Wirksamkeit gemäß aus zwei vollständig unabhängig von einander arbeitenden Treibern, von denen immer der eine das Schiffchen fortstieß, während der andere es am Ende der Bewegung in Empfang nahm, ganz ebenso wie bei dem Schuß des Weberschiffchens. Bald wurde man aber auf den Unterschied zwischen dem Weber- und Nähschiffchen aufmerksam, daß die Länge jenes bedeutend geringer, die Länge dieses nur ganz unbedeutend geringer ist, als der Weg, den es zurückzulegen hat: man verband die beiden Treiber zu einem Stück, welches die nöthige Bewegung ausführte und das Schiffchen mit sich nahm. Das Schiffchen hatte nämlich an seinem vordern Ende sowohl wie an seinem hintern eine Oeffnung, in welche je ein entsprechender Stift des Treibers eingriff und zwar so, daß der eine Stift in seiner Vertiefung saß, während der andere das Schiffchen frei ließ. Endlich führte Morey im Jahre 1849 die jetzige Gestalt des Treibers ein, an welchem die beiden Stifte ganz fehlen, wodurch natürlich auch die entsprechenden Oeffnungen des Schiffchens entbehrlich werden, und welcher einfach zwischen zwei vorspringenden Knaggen das Schiffchen birgt

Der hintere Knaggen preßt das Schiffchen nach vorn und der vordere Knaggen, welcher an der konischen Spitze des Schiffchens wirkt, nach hinten. Da nun aber das Schiffchen im Treiber nicht ganz fest sitzt, sondern Spiel hat, so wird immer zwischen dem einen Ende jenes und dem entsprechenden Vorsprung dieses Spielraum für den Durchgang des Fadens sein, wenn das andere Ende mit dem entsprechenden Vorsprung in Berührung ist. Die Form der Treiberknaggen ist vielfach verändert worden und es werden im folgenden mehrere Beispiele derselben aufgeführt werden. Man hat sogar den Treiber noch mehr vereinfacht und den Knaggen an der Spitze des Schiffchens fortgelassen; der hintere Knaggen drückt dann beim Rückgang des Schiffchens gegen einen Vorsprung dieses, welcher aber so gestaltet ist, daß er bei Vollendung der nach vorn gehenden Schiffchenbewegung dem Anzug der Schlinge kein Hinderniß entgegensetzt. Diese Einrichtung ist jedoch schon aus dem Grunde nicht zu empfehlen, weil sie der Schiffchenspitze zu viel Spiel in seiner Beweglichkeit nach oben läßt. Eine nur unwesentliche Verbesserung besteht darin, daß man den Treiber zur Aufnahme von Schiffchen verschiedener Größe tauglich macht; daß man ihm nach vollendetem Vorgang eine kleine Rückbewegung giebt, damit die angezogene Schlinge möglichst frei von dem Schiffchen abgezogen werde; endlich daß man das Schiffchen bei Anwendung einer Art Kurbelbewegung schneller vorwärts als rückwärts gehen läßt, um den Stillstand der Nadel in ihrer tiefsten Stellung abzukürzen. In anderer Beziehung hat man, um das Schiffchen nicht auf seiner Bahn schleifen zu lassen, es in eine Art Pfanne, die am Treiber angebracht ist, gelegt: dadurch entsteht aber wieder der Uebelstand, daß der obere Faden, welcher zwischen dem Schiffchen und seiner Unterlage hindurch muß, zu sehr gerieben und angestrengt wird. Ueberhaupt gehen alle Bestrebungen dahin, die Reibung des Fadens an der äußern Fläche des Schiffchens zu vermindern, wo möglich ganz zu beseitigen. Man hat daher noch einen besondern beweglichen Haken angebracht, welcher statt der Schiffchenspitze die Schlinge ergreift und weit genug geöffnet hält, daß das Schiffchen, ohne mit der Schlinge in Berührung zu kommen, hindurch schießen kann. Dadurch ist denn zugleich die Nothwendigkeit eines Stillstandes der Nadel beseitigt und dieselbe kann also mittels einer Kurbel in Bewegung gesetzt werden. In neuester Zeit hat man diesen Haken, mit dem Treiber fest verbunden, so daß der Haken beim Rückgang des Schiffchens die Schlinge ergreift und sie auf ein feststehendes Häkchen wirft, welches sie beim Durchschuß des Schiffchens geöffnet hält.

Diese Vorrichtung bildet den Uebergang zu den Schiffchen

b) mit stehender Spule.

Die Spule, auf der das Garn aufgewickelt ist, welches die von dem obern Faden gebildeten Schlingen binden soll, hat in diesem Falle, also außer der drehenden Bewegung, vermöge welcher sich das Garn von der Spule abwickelt, keine andere Bewegung zu machen, sondern steht still. Ein Haken, welcher die Schlinge erfaßt, erweitert sie und zieht sie über das Spülchen weg. Diesem Haken, der in diesem Falle gewöhnlich der Greifer genannt wird, hat man entweder eine hin- und hergehende Bewegung oder aber eine rotirende gegeben. Die Konstruktion mit oscillirendem Greifer hat sich jedoch wegen mangelnder Einfachheit keinen allgemeinen Eingang verschafft und es sei nur noch erwähnt, daß bei dieser Einrichtung das Spülchen manchmal ebenfalls mit einer Hülle umgeben ist, welche annähernd die Form der oben beschriebenen Schiffchen hat; hingegen hat sich die Konstruktion mit rotirendem Greifer so energisch Bahn gebrochen, daß in der Ausbildung dieses Prinzips die ganze künftige Entwickelung des Nähmaschinenbaues enthalten zu sein scheint.

Da der Faden, wenn er über das Spülchen vom Greifer gezogen wird, mit dem Spülchen selbst in Berührung kommt, so wäre es auch eigentlich hier nöthig, dem Spülchen eine glatte Umhüllung zu geben, damit der Faden ohne merkliche Reibung und ohne Widerstand zu finden auch gleiten kann; allein man hat dies nicht gethan und das Ziel dadurch erreicht, daß man das Spülchen selbst so gestaltet, daß seine erweiterten Flanschen das aufgespulte Garn vollständig umhüllen und also selbst die Umhüllung ersetzen. Fig. 10 A, B, C auf Taf. VII zeigt ein solches Spülchen, welches, da es den Zweck des Schiffchens erfüllt, auch oft selbst Schiffchen genannt wird. Es ist aus zwei Hälften, die aus dünnem Stahlblech gepreßt sind, zusammengelöthet und von außen sauber abgedreht und polirt. Im Innern ist das Garn aufgespult, welches durch den schmalen kreisförmigen Spalt, der durch die Ränder der beiden Scheibchen gebildet wird, nach außen tritt. Obgleich das Garn allerdings in diesem Spalt sich nicht fest klemmen darf, so ist er doch im Verhältniß eng, weil Maschinen dieser Konstruktion gewöhnlich nur zum Nähen von dünneren, leichteren Stoffen benutzt werden, also die Spülchen immer nur verhältnißmäßig dünnes Garn enthalten. Man nimmt durchschnittlich $^1/_{64}$'' an. Die Ränder selbst müssen zwar ziemlich scharf zulaufen, dürfen jedoch nicht die geringsten Unebenheiten oder Scharten enthalten, damit der Faden nicht durch dieselben rauh gerieben oder gar verletzt wird. Was die übrige Form des Spülchens betrifft, so sind dabei besonders zwei Bedingungen zu erfüllen: erstens muß das innere so geräumig wie möglich sein und dann darf der Durchmesser, welchen die innerste Schicht des aufgewickelten Garns hat, nicht zu klein sein im Verhältniß zum Durchmesser der äußersten Schicht, also zum Durchmesser des Spülchens selbst, weil sonst die Spannung des sich von einem sehr voll gewickelten Spülchen abwickelnden Fadens zu sehr verschieden ist von der eines sich von einem ziemlich leeren Spülchen abwickelnden. Der ersten Bedingung wird dadurch mehr oder weniger genügt, daß das Spülchen von dem dünnen Rande aus nach der Axe zu dicker wird. Die Dicke des Spülchens beträgt an der Stelle der größten Ausbauchung gewöhnlich 2'''. Die zweite Bedingung aber wird dadurch erfüllt, daß die innere Höhlung nicht bis zur Axe des Spülchens reicht. Es ist klar, daß die Erfüllung dieser Bedingung der Erfüllung der ersten Bedingung Eintrag thut und es kommt darauf an, ein richtiges Verhältniß des Durchmessers des soliden Theils des Spülchens zum Durchmesser des ganzen Röllchens festzustellen. Der äußere Durchmesser beträgt 14—15''' und man macht den Durchmesser des soliden Theils nicht unter $^1/_3$ und nicht über $^1/_2$ davon. In der Mitte des Spülchens befindet sich eine runde Oeffnung, welche dazu dient, dasselbe auf eine sich drehende Axe behufs des Aufspulens des Garns zu stecken; der Durchmesser derselben beträgt ungefähr $^1/_8$''. Diese Oeffnung befindet sich nicht selten in einem kleinen runden Messingstück, welches gewissermaßen die Nabe des Spülchens bildet. Die Spülchen dieser Konstruktion haben gewöhnlich die weiteste innere Höhlung und nehmen dann die Form der Fig. 10 A an. Es ist aber gut, den mittlern Theil des Spülchens etwas zurückspringen zu lassen, damit die über das Spülchen gleitende Schlinge des obern Fadens auf der Oberfläche die möglichst geringe Reibung erfährt. So entsteht denn die Form der Fig. 10 B, welche dem Spülchen ohne Messingbüchse C am nächsten kommt. Das Stahlblech, welches das Spülchen bildet, hat gewöhnlich eine Stärke von $^1/_4$—$^1/_3$'''.

Das Schiffchen wird an der vordern Fläche des Greifers von einer

Vertiefung aufgenommen, welche so beschaffen ist, daß die sichtbare Fläche des Spülchens q (Fig. 7) als Fortsetzung der Vorderfläche des Greifers erscheint. Der Rand des vordern Spülchenscheibchens tritt sogar noch um einen Gedanken zurück, so daß der kreisförmige Spalt des Spülchens noch in der Vertiefung verborgen ist. Die innere Form r s dieser Vertiefung ist aus obiger Figur ersichtlich; sie ist so tief, daß die hintere Fläche des Spülchens noch um $1/_{12}''$ vom ebenen Hintergrunde derselben absteht. Die Hinterfläche der Vertiefung ist aber nicht voll, theils damit durch die Wegnahme des Fleisches die Hakenform entstehen, theils damit die dicht hinter dem Greifer herunterstechende Nadel nicht irgendwo aufstoßen kann. Die Spitze c des Greifers ist diejenige, welche die von der Nadel gebildete Schlinge des obern Fadens erfaßt. Sie ist an ihrer hintern Fläche vollkommen eben und bewegt sich mit dieser bei der Drehung dicht an der wieder emporsteigenden Nadel vorbei, ohne sie aber wirklch zu berühren oder sie gar bei Seite zu drücken. Die Nadel hat auch hier eine von ihrem tiefsten Punkte aufsteigende Bewegung von $1/_{12}''$ gemacht, wenn die äußerste Spitze des Greifers, welcher in dem Sinne der Bewegung eines Uhrzeigers rotirt, an der Nadel und zwar $1/_{8}$ bis $3/_{16}''$ über dem Nadelöhr angelangt ist (Fig. 22 A). Da die Spitze des Greifers sehr flach ist, so braucht die Bewegung der Nadel zur Bildung der Schlinge nicht sehr groß zu sein, auch schon deswegen nicht, weil die Maschinen dieses Systems nur mit schwächerem Garn nähen, welches an und für sich schon geschmeidiger und biegsamer ist: man rechnet deswegen sogar oft nur $1/_{16}''$ für diese Bewegung. Hingegen muß die Spitze des Greifers, welche, weil sie sehr flach ist, zur Erzielung der nöthigen Festigkeit verhältnißmäßig breit geformt sein muß, auch verhältnißmäßig hoch über dem Nadelöhr weggehen und man rechnet für den Abstand von diesem zu jener oft sogar noch etwas über das oben angegebene Maß. Bei seiner weitern Drehung tritt der Haken, während die Nadel steigt, immer weiter in die Schlinge (Fig. 22 B), bis diese endlich auf der frei hervorstehenden Spitze des Greifers nicht weiter gleiten kann (Fig. 22 C) und sich in die hinter dieser Spitze befindliche kleine ausgehöhlte Nuth e f (Fig. 10) legt, welche sich auf der cylindrischen Fläche des Greifers peripherisch verlängert, schmaler und flacher werdend, bis sie die schräg abgefeilte Fläche g erreicht und in dieser sich nach vorn wendend verläuft. Je weiter sich nun der Greifer bewegt, desto mehr Faden legt sich in diese Nuth e f, während andrerseits ein anderer Theil des Schlingenfadens dadurch hinter das Spülchen zu gleiten gezwungen wird. Bewegt sich der Greifer noch weiter herum (Fig. 22 D), so erreicht der in der Nuth liegende Faden endlich die oben beschriebene schräge Fläche, gleitet von derselben herunter und über die Vorderfläche des Spülchens. So erreicht die Schlinge endlich eine senkrechte Stellung (Fig. 22 E), in welcher sie das Spülchen in der Richtung eines Durchmessers umschlingt. Wenn sich der Greifer noch weiter dreht, so würde jetzt die Schlinge vermöge ihrer eigenen Spannung sich von selbst weiter nach links bewegen, ganz über das Spülchen weggehen und auch den Greifer sofort verlassen, wenn nicht die sogenannte Bremse da wäre, welche gegen den vollen Umfang des Greifers streift. In dem Augenblicke nämlich, in welchem beim Fehlen der Bremse sich die Schlinge ablösen würde, bewegt sich die Spitze des Greifers schon wieder von unten nach oben und da die Schlinge nur allmälig wieder an- und zugezogen wird, so würde sie leicht in Gefahr kommen, nochmals vom Greifer erfaßt zu werden, was unbedingt ein Reißen des Fadens zur Folge haben würde. Die Bremse hält sie deswegen fest (Fig. 22 A); ein Theil des Schlingenfadens legt sich wieder in die oben beschriebene Nuth auf dem Umfang des Greifers, bis die Greiferspitze eben wieder die neue Schlinge gefaßt hat (Fig. 22 B) und also die Gefahr aufgehört hat, daß die alte Schlinge nochmals erfaßt werde. Die Bremse läßt aber die Schlinge dadurch wieder los, daß endlich die schräge Fläche des Greifers die Bremse erreicht; da kommt also der Faden außer Berührung mit der Bremse und wird so losgelassen. — Die zweite Spitze des Greifers hat eine untergeordnete Bedeutung. Auf ihrer Vorderfläche gleitet ein Theil des Schlingenfadens (Fig. 22 E), wenn die Schlinge anfängt über ihre senkrechte Stellung hinaus zu gehen und sich nach der Bremse hin zu bewegen. Hat die Schlinge die Bremse erreicht, so gleitet gleich darauf der hintere Faden der Schlinge von dieser zweiten Spitze ab. Man nimmt gewöhnlich an, daß dieselbe sich gerade an der Nadel befindet, wenn diese ihre tiefste Stellung erreicht hat. Daraus ergiebt sich, daß in derselben Zeit, in welcher die Nadel um $^1/_{16}$ bis $^1/_{12}$'' gestiegen ist, der Greifer sich um die Entfernung der beiden Spitzen gedreht haben muß. Dies ergiebt ungefähr eine Entfernung von $^3/_8$'' der beiden äußersten Spitzen von einander, wenn man festsetzt, daß diese Spitzen sich in einem Abstande von $^{11}/_{16}$'' vom Mittelpunkt des Greifers befinden. Beträgt der Halbmesser des Greifers $^3/_4$'', so ergiebt sich, daß die Spitzen sich $^1/_{16}$ bis $^1/_{12}$'' von der äußersten

Peripherie des Greifers befinden. Die hintere Fläche der zweiten Spitze ist ebenfalls eben, liegt aber etwas weiter nach vorn, als die der ersten Spitze, damit zwischen ihr und der Nadel noch ein genügender Spielraum (von $^1/_2$''') bleibt. Der Greifer muß an allen Punkten äußerst sauber und glatt sein, damit der damit in Berührung kommende Faden nicht rauh gerieben oder zerrissen wird. Auch müssen alle daran vorhandenen Kanten etwas gebrochen oder abgerundet sein. — Natürlich beginnt auch hier die Fortwegung des Zeuges um die Stichlänge in dem Augenblicke, in welchem die Nadel sich in ihrer höchsten Stellung bewegt.

Dies System ist zuerst von den Amerikanern Wheeler und Wilson eingeführt worden. Es hat von Anfang an nicht gleich die Gestalt gehabt, in welcher es oben beschrieben worden ist, und im Laufe der Jahre manche Veränderung und Verbesserung erlitten. Besonders ist einer eigenthümlichen Modifikation Erwähnung zu thun, bei welcher das Schiffchen eine hin- und hergehende Bewegung in der Richtung der Drehungsaxe des Greifers beibehalten hat. Diese letztere ist in diesem Falle hohl und das Schiffchen, welches allerdings in Bezug auf die zu fassende Garnmenge nichts zu wünschen übrig läßt, tritt bei seiner Bewegung abwechselnd in den hohlen Raum ein und wieder heraus. Auch hat man die Axe des Greifers senkrecht gelegt, so daß das Schiffchen eine wagerechte Lage erhält: die Maschine giebt dann bei der Drehung links und rechts eine Steppnaht, bei der die Schlingen in dem einen Falle gedreht sind. Die erstere Erfindung hat sich wegen der Unsicherheit in der Bildung einer vollkommenen Naht und wegen des zu sehr zusammengesetzten Mechanismus, die letzte hauptsächlich wegen der unbequemen Lage der Greiferaxe keinen Eingang verschaffen können.

II. Die Mechanismen der Nähmaschine.

Wir haben gesehen, daß bei jeder Nähmaschine eine Nadel über und ein Apparat unter dem Nähstoff vorhanden ist, welche mit einander arbeiten und deren Bewegungen von einander abhängig sind. Den Mechanismus, welcher die Nadel nach einem gewissen Gesetz hebt und senkt, nennen wir der Kürze wegen den Nadelmechanismus, den aber, welcher den Apparat unter dem Nähstoff in Bewegung setzt, den Mechanismus des untern Apparats. Beide Mechanismen sind durch ein ebene, wagrechte Platte, die Nähplatte, geschieden, welche das sogenannte Stichloch enthält, eine kleine Oeffnung, durch welche die Nadel auf- und absteigt. Auf der Nähplatte ruht der Nähstoff und wird von dem Transportirungsmechanismus nach jedem vollendeten Stich um eine Stichlänge weiter geschoben. Endlich ist eine Vorrichtung vorhanden, die dem Faden, mit welchem genäht wird, die nöthige Spannung ertheilt, der sogenannte Spannungsapparat. Die genannten vier Mechanismen machen zusammen den Bewegungsmechanismus einer Nähmaschine aus. Derselbe ist demnach zum Theil über, zum Theil unter der Nähplatte angeordnet; da aber die Nähplatte wegen der nöthigen Beweglichkeit des Nähstoffs, der manchmal einen sehr großen Umfang hat, so frei wie möglich bleiben muß, so ist in einer möglichst großen Entfernung vom Stichloch eine Art Bügel oder Arm auf der Nähplatte befestigt, dessen Ende (Kopf genannt) über dem Stichloch endigt und der als Träger eines Theils des Bewegungsmechanismus dient, ohne den freien Raum der Nähplatte in störender Weise zu beschränken. Die von diesem Bügel mit Nadel und Nadelschieber einerseits, mit der Nähplatte andrerseits gebildete Oeffnung heißt die Durchgangsöffnung, weil das Zeug beim Nähen durch sie hindurch geht; je breiter sie ist, desto sicherer und bequemer kann man das Zeug, besonders wenn es einen großen Umfang hat, beim Nähen regieren. Man hat schon kleine Nähmaschinen mit einer Durchgangsöffnung von nicht mehr als 3″; die gebräuchlichsten Maschinen haben einen breitern Durchgang, der sich zwischen 6 und 12″ hält; nur zu ganz speziellen Zwecken geht man bedeutend über diese letztere Größe hinaus. Die Höhe des Durchgangsraums schwankt zwischen 1 und 5″, beträgt aber in den meisten Fällen über 3″. — Die Linie, welche man sich auf der Nähplatte vom Stichloch zum Bügel gezogen denken kann, wird als das Maß der Breite des Durchgangsraumes genommen: man nennt diese Linie die Axe der Nähmaschine. Denkt man sich vom Stichloch nach dem Bügel schreitend, so hat man rechts die rechte, links die linke Seite der Maschine; die Seite der Maschine, auf welcher der Bügel an der Nähplatte befestigt ist, heißt die Hinterseite, die andere, auf welcher das Stichloch liegt, die Vorderseite der Maschine.

A. Der Mechanismus zur Bewegung der Nadel.

Die Nadel hat eine auf- und niedergehende Bewegung, senkrecht gegen die Nähplatte. Sie ist deswegen an dem untern Ende eines Schiebers befestigt, welcher eine senkrechte Geradführung hat und der Nadelschieber heißt. Er besteht gewöhnlich in einem geraden Eisenstück von verschiedenem Querschnitt, welches sich gewöhnlich in zwei Büchsen von entsprechendem lichten Querschnitt leicht und ohne große Reibung auf- und abschieben läßt, ohne jedoch zu wackeln. Da aber der Schieber sowohl, wie die Führungen sich mit der Zeit etwas abnutzen, so ist es gut, den Querschnitt so zu wählen, daß diesem Uebelstande immer wieder leicht abgeholfen werden kann. Man wählt deswegen am häufigsten die Paralleltrapez-Form und hat bei der Anordnung $\pi \varkappa \rho$ (Taf. VI Fig. 1 u. 2) noch den Vortheil, daß man durch Schrauben allein ein sich etwa einstellendes Wackeln beseitigen kann, und daß die Reibung nur sehr gering ist. Die Form des Querschnitts c (Taf. V Fig. 10) ist fast eben so vortheilhaft, wird aber von der Form der Fig. 9 auf Taf. IV übertroffen. Während nämlich das eine hohle Führungsprisma dieses letztern Schiebers fest steht, kann das andere, welches eine geringe horizontale Verschiebung erleiden kann, durch Schrauben wieder fest angezogen werden, wenn sich Schieber oder Führung etwas abgenutzt hat. Quadratische und rechteckige Querschnitte sind minder vortheilhaft. Die meiste Reibung und Unsicherheit des Ganges besitzt der Schieber von rundem Querschnitt, der außerdem auch noch bei seiner Bewegung gegen Drehung gesichert werden muß. Ein an ihm angebrachter Querstift, welcher sich in einem senkrechten, an der Maschine befindlichen Schlitz bewegt, erfüllt gewöhnlich den Zweck.

Am untersten Ende des Schiebers ist die Nadel befestigt und zwar immer mittels einer Schraube, dennoch aber auf verschiedene Art. Unter den gebräuchlichsten Konstruktionen sind folgende hervorzuheben. Bei flachen Schiebern am gewöhnlichsten ist eine mit einem Kopf versehene Schraube, welche durch ein Loch des Schiebers so hindurchgeht, daß sie sich nicht dreht, und durch eine an der andern Seite des Schiebers befindliche Mutter angezogen wird (Taf. IV Fig. 1 und 2). Die Nadel geht dicht hinter der ebenen Ansatzfläche des Schraubenkopfes durch eine kleine Durchbohrung des Schraubenansatzes und legt sich in eine am Schieber befindliche, parallel mit dessen Axe laufende, halbrunde kleine Rinne, damit sie sicher selbst genau parallel der Schieberaxe stehe. Der Schraubenansatz ist vierkantig oder hat eine Nase, welche ihn an der Drehung hindert. — Ebenfalls für flache Schieber passend ist die Vorrichtung mit Klemmstück ρ (Taf. VI Fig. 1), welches durch eine Schraube fest gegen die ebenfalls in einer Rinne des Nadelschiebers liegende Nadel gepreßt wird. Damit das Klemmstück sich nicht drehen könne, trägt es einen Stift, der in ein entsprechendes Loch des Schiebers paßt. — Für Schieber, welche an ihrem untern Ende einen kolbigen Ansatz oder an und für sich einen größern Querschnitt besitzen, sind häufig mit einer senkrechten Bohrung versehen, in welcher die Nadel durch eine Klemmschraube festgehalten wird (o Taf. V Fig. 1). An runden Nadelschiebern oder solchen, die wenigstens an ihrem untern Ende rund sind, ist die Klemmschraube wol auch durch eine Mutter ersetzt (Taf. II Fig. 12 B), welche am untersten Ende des Schiebers angeschraubt wird und mit einer konischen Bohrung versehen ist, welche den geschlitzten und dadurch etwas federnden Schieber zusammen- und dadurch die Nadel festpreßt. Dieser konischen Bohrung entsprechend muß natürlich auch das Schieberende abgedreht sein und zwar entweder ober- oder unterhalb des Schraubengewindes.

Es ist überaus wesentlich, daß die Nadel genau parallel der Axe des Nadelschiebers eingespannt ist; denn es ist klar, daß im entgegengesetzten Falle die Nadel bei ihrer Bewegung nicht an derselben Stelle des Stichlochs bleibt. Ist der Nähstoff, durch welchen die Nadel sticht, locker und elastisch, so nimmt die Nadel den Stoff etwas seitwärts mit und die Naht wird krumm; ist der Nähstoff aber sehr fest, so muß sich die Nadel verbiegen und dies giebt Gelegenheit zum Zerbrechen derselben. Ist ein solcher Fehler an der Maschine vorhanden — und er kommt ziemlich häufig vor — so kann er dadurch unschädlich gemacht werden, daß die Nadel dicht unter dem Punkte, wo sie eingespannt ist, in die richtige Richtung gebogen wird und deswegen sind fast alle Nadeln an ihrem hintern Ende angelassen.

Da der Nadelschieber doch immer Reibung verursacht und zwar desto mehr, je größer der Umfang seines Querschnitts ist, so hat man ihn so leicht zu konstruiren, als es nur unbeschadet der Festigkeit geschehen kann. Dies ist auch schon deswegen nöthig, weil alle bewegten Theile einer Maschine wegen ihrer Trägheitskraft desto mehr den Gang der Maschine erschweren, je schwerer sie selbst sind. Aus diesen Gründen hat man sogar den Nadelschieber ganz und gar weggelassen und die Nadel am Ende eines mindestens 6 bis 8″ langen Hebels befestigt, welcher in senkrechter Ebene auf- und niederschwingt. Diese Einrichtung ist sogar die ältere, indem der Nadelschieber erst im Jahre 1846 eingeführt wurde; man hat sie besonders an solchen Maschinen gemacht, welche sehr schnell arbeiten sollen; sie führt aber den Uebelstand mit sich, daß die Nadel nach dem Bogen gekrümmt sein muß, welchen sie beschreibt, damit sie immer an derselben Stelle des Stichlochs bleibt. Die Krümmung der Nadel ist so beschaffen, daß die Richtung des Oehrs senkrecht zur Ebene steht, in welcher die Nadel schwingt. Die gekrümmten Nadeln haben natürlich nicht die Festigkeit der geraden und sie werden deswegen nur bei dünnen lockern Stoffen verwendet. Auch das Einspannen dieser Nadeln muß mit einer größern Genauigkeit geschehen; gewöhnlich ist dazu die zuerst beschriebene Vorrichtung von Schraube und Mutter vorhanden. Da es aber sehr darauf ankommt, daß die Krümmungsebene der Nadel mit der Schwingungsebene des Hebels zusammenfalle, so sind fast alle gekrümmten Nadeln am hintern Ende mit einem Kolben versehen (Taf. III Fig. 15 B und C), an welchem, der Krümmungsebene entsprechend, eine ebene Fläche angefeilt ist, welche sich gegen die Ansatzfläche des Schraubenkopfes legt, wodurch die Nadel an einer Drehung verhindert wird. Es giebt auch krumme Nadeln ohne Kolben, welche nur eine flach angefeilte oder flach gedrückte Stelle an ihrem hintern Ende haben (Fig. 15 A). Obgleich auch hier am Ende des Hebels eine halbrunde Rinne b (Taf. VII Fig. 13) vorhanden ist, in welche sich der Nadelkolben legt, so hat man auch wol, um eine noch größere Sicherheit zu erzielen, die ganze Klemmvorrichtung so angeordnet, daß sie etwas um die Axe der Schraube gedreht werden kann. Dies ist besonders empfehlenswerth, wenn die Krümmung der Nadeln nicht immer so genau hergestellt ist, als zu wünschen wäre.

Die Bewegung, welche die Nadel macht, geht immer von einer Welle aus, die entweder durch eine Kurbel mit einer Hand in Bewegung gesetzt wird, oder durch eine Schnur- oder Riemscheibe die Bewegung von einer mittels Trittvorrichtung bewegten Welle mit Schwungrad erhält, oder endlich direkt mittels einer Trittvorrichtung in Drehung versetzt wird. Diese Welle heißt die Haupt- oder Triebwelle; sie liegt aus leicht begreiflichen Gründen immer horizontal. Außerdem sind aber in Bezug auf die Lage dieser Hauptwelle noch zwei verschiedene Fälle zu unterscheiden: sie liegt entweder über oder unter der Ebene der Nähplatte. Zugleich kann sie entweder parallel oder senkrecht zur Maschinenaxe laufen und schließlich ist auch die Art der Bewegungsübertragung von der Hauptwelle auf die Nadel eine doppelte. Wie wir früher gesehen haben, hat bei den verschiedenen Arten der Stichbildung die Bewegung der Nadel ein bestimmtes Gesetz zu verfolgen, welches mit dem Bewegungsgesetz des untern Apparats in Zusammenhang steht. In vielen Fällen ist dies Gesetz der Nadelbewegung so einfach, daß es durch eine Kurbelbewegung zu erreichen ist; wo nicht, so bleibt nichts übrig, als eine excentrische Nuth mit Röllchen anzuwenden. So können also acht verschiedene Kombinationen vorkommen, welche im folgenden beschrieben werden sollen.

Die Hauptwelle liegt über der Nähplatte parallel mit der Axe der Maschine und die Bewegung wird durch eine Kurbel übertragen. Statt der Kurbel ist gewöhnlich eine runde Scheibe, die sogenannte Kurbelscheibe, auf dem vordern Ende der parallel mit dem horizontalen Theil des Bügels laufenden

Hauptwelle befestigt und diese Scheibe trägt einen Zapfen, an welchem das eine Ende einer Zugstange angreift, deren anderes Ende einen andern Zapfen erfaßt, welcher an dem Nadelschieber sitzt. Da es gewöhnlich vortheilhaft ist, wenn die Nadel auf dem tiefsten und höchsten Punkte ihrer Stellung so lange wie möglich verweilt, so hat man die Zugstange im Verhältniß zur Kurbellänge kurz zu machen; oft ist sie nur $1/4''$ größer als diese. Dies ist auch schon deswegen geboten, weil der Raum im Kopf des Bügels für das Spiel von Kurbel und Zugstange beschränkt ist.

Die Hauptwelle liegt über der Nähplatte parallel mit der Nähmaschinenaxe und die Bewegung wird durch eine excentrische Nuth übertragen. Die Anordnnng ist ähnlich der vorhergehenden, nur trägt hier die Kurbelscheibe keinen Zapfen, sondern an ihrer Vorderfläche befindet sich die um den Mittelpunkt der Scheibe sich hinziehende Nuth, in welcher ein Röllchen läuft, das auf einem am Nadelschieber befindlichen Zapfen sitzt. Es kommt vor, daß sich die Nuth zu einem excentrischen Kreise gestaltet (Siehe die Anordnung der auf Taf. I dargestellten Maschine) und in diesem Falle wird auch wol statt des Röllchens ein in die Nuth passender Stein verwendet. — Die Nuth macht also die drehende Bewegung, das Röllchen eine auf- und absteigende. Dies Verhältniß hat man auch umgekehrt, d. h. das Röllchen auf einen Zapfen der Kurbelscheibe gesetzt und die Nuth mit dem Nadelschieber in feste Verbindung gebracht, so daß also jenes die rotirende, diese die auf- und abgehende Bewegung ausführt (Siehe die Anordnung der auf Taf. IV abgebildeten Maschine). Die Nuth nimmt gewöhnlich die Gestalt eines Herzens an, dessen Spitze nach unten gekehrt ist; jedoch kommt es auch vor, daß sie sich zu einer geraden Linie gestaltet, welche senkrecht zum Nadelschieber steht und dann ersetzt man das Röllchen durch einen viereckigen Stein.

Die Hauptwelle liegt über der Nähplatte senkrecht zur Maschinenaxe und die Bewegung wird durch eine Kurbel übertragen. Bei dieser Lage der Hauptwelle ist klar, daß diese im Hintertheil des Bügels liegen muß, weil sonst ihre Schnurscheibe und die von dieser nach unten laufende Schnur die Durchgangsöffnung versperren würde. Außerdem setzt diese Lage der Welle voraus, daß die von der Kurbel gemachte kreisförmige, von einer Zugstange in eine geradlinige umgewandelte Bewegung durch einen Hebel auf den Nadelschieber übertragen wird. Schwingt die Zugstange um eine senkrechte Mittellage, so muß der Hebel ein gerader, schwingt sie um eine schräge oder wagrechte Mittellage, so muß er ein Winkelhebel sein. Im ersten Falle (Taf. VII Fig. 24) würde die Welle nur wenig über der Nähplatte zu liegen kommen, ja es wird meist am vortheilhaftesten sein, die Welle in dieser gegen die Maschinenaxe senkrechten Richtung unter die Nähplatte zu legen; im zweiten Falle (Fig. 25 und 26) aber wird der hintere Theil der Nähmaschine ungewöhnlich verlängert, weswegen diese Anordnung wenig gebräuchlich ist.

Die Hauptwelle liegt über der Nähplatte senkrecht zur Nähmaschinenaxe und die Bewegung wird durch eine excentrische Nuth übertragen. Die letztere befindet sich in einer auf der Hauptwelle sitzenden Scheibe und das sich in derselben bewegende Röllchen bildet das Ende eines Hebels, welcher den Nadelschieber in Bewegung setzt. Je nachdem dieser Hebel ein gerader (Fig. 27) oder ein Winkelhebel (Fig. 28) ist, ändert sich die Anordnung äußerlich etwas, bleibt aber dem Prinzip nach unverändert. Hier macht also wieder die excentrische Nuth die drehende Bewegung, während das Röllchen einen mehr oder minder flachen Bogen beschreibt. Umgekehrt kann man auch die Nuth mit dem einen Hebelarm vereinigen und dem Röllchen die rotirende Bewegung ertheilen. In diesem Falle kann auch die Nuth in eine gerade Linie übergehen, welche, verlängert gedacht, den Drehpunkt des Hebels trifft.

Die Hauptwelle liegt unter der Nähplatte parallel zur Nähmaschinenaxe und die Bewegung wird durch eine Kurbel übertragen. Die letztere sitzt auf dem hintern Ende der Welle und setzt mittels Universal- oder Kugelcharnier eine senkrecht schwingende Zugstange in Bewegung, deren oberes Ende ebenfalls durch Universal- oder Kugelcharnier mit dem einen Ende eines horizontalen Hebels verbunden ist, welcher den Nadelschieber in Bewegung setzt (Fig. 29. Siehe auch die Konstruktion der Maschine auf Taf. II).

Die Hauptwelle liegt unter der Nähplatte parallel der Nähmaschinenaxe und die Bewegung wird durch eine excentrische Nuth übertragen. (Siehe die auf Taf. V ausgeführten Maschinen). Die Nuth befindet sich hier nicht in einer Scheibe, sondern in dem Mantel eines auf der Hauptwelle sitzenden Cylinders. Das Röllchen, welches die Bewegung auf einen Winkelhebel überträgt, macht eine hin- und hergehende Bewegung in einer nahezu geraden

Linie, welche horizontal in der Oberfläche des Cylinders liegt (Taf. VII Fig. 30). Die Bahn des Röllchens ist, genau genommen, ein flacher Bogen, dessen Ebene senkrecht steht, parallel der Wellenaxe ist und den Cylinder in einer Geraden berührt, von welcher der beschriebene Bogen nur unbedeutend abweicht. Um diese Abweichung möglichst zu vermindern, macht man den Durchmesser der Cylinderfläche und den Hebelarm, welcher das Röllchen trägt, möglichst groß; zu dem ordnet man den Bogen, welchen das Röllchen beschreibt, so an, daß er mit seinen Endpunkten eben so hoch über der genannten Berührungslinie des Cylinders, als mit seiner Mitte unter ihr liegt; das Röllchen rundet man nach den Kanten zu etwas ab, damit es sich in der Nuth so wenig wie möglich klemme. Man kann wiederum die Anordnung umgekehrt machen und dem Röllchen die rotirende, der excentrischen Nuth aber, welche dann mit dem senkrechten Hebelarm fest verbunden ist, die schwingende Bewegung geben. Die Ausführung dieses Systems würde aber zu schwierig sein.

Die Hauptwelle liegt unter der Nähplatte senkrecht zur Nähmaschinenaxe und die Bewegung wird durch eine Kurbel übertragen. Die hierher gehörigen Konstruktionen (Fig. 31 und 32) unterscheiden sich dem Prinzip nach von den in Fig. 24 und 25 dargestellten nicht; nur die Größenverhältnisse der einzelnen Theile sind verschieden.

Die Hauptwelle liegt unter der Nähplatte senkrecht zur Nähmaschinenaxe und die Bewegung wird durch eine excentrische Nuth übertragen. Auch diese Anordnung (Fig. 33 und 34) stimmt mit der in Fig. 27 und 28 dargestellten überein, nur geht der in Fig. 27 angewendete gerade Hebel in Fig. 33 in einen Winkelhebel mit stumpfem Winkel über und die Größenverhältnisse der einzelnen Theile verändern sich. (Siehe die auf Taf. VI dargestellte Maschine). Denken wir uns die Hauptwelle im Vordertheil der Maschine liegend, so nimmt der Hebel die Gestalt eines ⊐ an. Geben wir außerdem dem Röllchen die rotirende, der Nuth aber die schwingende Bewegung und lassen wir die Nuth die Form einer geraden Linie annehmen, so erhalten wir das System der auf Taf. III ausgeführten Konstruktion.

Bei den meisten dieser Einrichtungen wird die Bewegung auf den Nadelschieber durch einen Hebel übertragen, so daß also das Hebelende mit dem Nadelschieber in Verbindung gebracht werden muß. Dies geschieht in verschiedener Weise. Entweder hat das Ende des Hebels einen Schlitz, in welchem ein am Nadelschieber befestigter Stift mit oder ohne viereckigen Stein sich hin- und herbewegen kann; oder das Ende des Hebels ist mit einem am Nadelbeschieber befestigten Zapfen durch eine kurze Schiene oder Zugstange verbunden. Diese Anordnungen mit einem Hebel sind es auch allein, welche den Nadelschieber entbehrlich machen und die Anwendung einer krummen Nadel gestatten. Da bei Benutzung einer gekrümmten Nadel aber der Drehpunkt des Hebels so wenig wie möglich über der Nähplatte liegen muß, damit die Nadel unter möglichst rechtem Winkel in das Zeug tritt, so sind auch die geraden Hebel bei dieser Konstruktion nicht anzuwenden, sondern allein die Winkelhebel. Eine Maschine dieser Art zeigt Taf. VII, dem Schema der Fig. 31 entsprechend.

B. Der Mechanismus zur Bewegung des untern Apparats.

Der untere Apparat ist bei den verschiedenen Maschinen von großer Verschiedenheit. Für die Beschreibung der Mechanismen zur Bewegung dieser Apparate theilen wir diese selbst deshalb in verschiedene Abtheilungen je nach der Art der Bewegung, die sie vollführen. Wir unterscheiden die Apparate mit sich drehender Bewegung, zu denen der sich drehende Haken der Einfadenkettenstichmaschine und der sich drehende Greifer der Steppmaschine gehören, von denen mit schwingender Bewegung. Die letztern zerfallen wieder in kreisförmig und geradlinig schwingende. Die in einem Kreisbogen schwingenden beschreiben entweder einen Bogen mit sehr kleinem Winkel, wie der Schnepper der Einfadenkettenstichmaschine (und der ebenso gebauten Zweifadenkettenstichmaschine), oder einen Bogen mit größerm Winkel, wie mehre Arten der Steppmaschine mit beweglichem Schiffchen, oder endlich einen fast vollständigen Kreisbogen, wie der Schnepper der Zweifadenkettenstichmaschine nach Grover & Baker.

1. Der sich drehende Haken

ist immer direkt an dem einen Ende der Hauptwelle selbst befestigt, woraus folgt, daß die letztere dann immer unter der Nähplatte liegen muß. Die Anordnung des Mechanismus zur Bewegung der Nadel muß sich hiernach richten. (Siehe die auf Taf. II und VII gezeichneten Konstruktionen).

2. Der in kleinem Bogen schwingende Haken.

Die Bewegung, welche dieser Schnepper macht, ist früher beschrieben worden. Sie besteht in einer kurzen Bewegung von links nach rechts und in einer darauf folgenden noch kürzern Bewegung von hinten nach vorn. Diese letztere erfolgt dann nach längerer Ruhe wieder rückwärts und hierauf auch die Bewegung wieder zurück von rechts nach links. Die Bewegung von links nach rechts und rechts nach links heißt die Hauptbewegung, die dagegen senkrechte die Nebenbewegung. Die letztere wird durch keinen besondern Mechanismus, sondern auf folgende Weise hervorgebracht. Der Schnepper sitzt an einem in horizontaler Ebene schwingenden zweiarmigen Hebel, ist jedoch nicht fest mit dem Ende des Hebelarms, sondern durch ein Charnier, dessen Axe senkrecht steht, verbunden. Denkt man sich von dem Charniermittelpunkt eine Linie sowohl nach der Schnepperspitze, als nach dem Drehpunkt des Hebels gezogen, so bilden diese einen stumpfen Winkel, dessen Oeffnung nach rechts gekehrt ist. Eine am Hebel befestigte und gegen einen Vorsprung h des Schneppers (Taf. I Fig. 21 und 22), den sogenannten Schwanz, drückende Feder k strebt diesen Winkel zu verkleinern, was aber wegen des Stiftes i nur bis zu einer gewissen Grenze geschehen kann. Gelangt nun der Schnepper gegen das Ende seiner Bewegung von links nach rechts, so stoßt ein nahe der Spitze liegender Punkt des Schneppers gegen einen festen Stift m und während sich nun der Hebel noch etwas weiter bewegt, muß sich die Spitze des Schneppers in der Richtung des Pfeils von hinten nach vorn verschieben. Wir können also bei der Betrachtung des Mechanismus zur Bewegung des Schneppers die Nebenbewegung ganz außer Betracht lassen. Es ist ferner zu bemerken, daß die Kurbelbewegung in diesem Falle nicht anwendbar ist, schon weil der Schnepper zeitweilig in Ruhe kommt, und daß also immer eine excentrische Nuth die

Bewegung hervorbringen muß. Dann muß auch die Hauptbewegung immer in der Richtung stattfinden, in welcher das Zeug beim Nähen sich bewegt, also senkrecht gegen die Nähmaschinenaxe. So bleiben denn nur noch vier Hauptfälle in der Anordnung der Hauptwelle zu unterscheiden, je nachdem diese oberhalb oder unterhalb der Nähplatte und parallel oder senkrecht zur Nähmaschinenaxe gelegen ist. Rechnet man hierzu noch, daß die Schwingungsebene des Schneppers auch eine senkrechte sein kann, (eine Konstruktion, die allerdings schon ausgeführt, aber nicht als praktisch befunden worden ist) so erhöht sich die Zahl der möglichen Systeme auf acht, von denen im folgenden aber nur vier besprochen werden sollen.

Die Hauptwelle liegt über der Nähplatte und parallel mit der Nähmaschinenaxe; die Schwingungsebene des Schneppers ist wagrecht. Auf der Welle sitzt am hintern Ende eine Scheibe mit excentrischer Nuth, in welcher ein Röllchen rotirt, das am Ende eines in einer zur Nähmaschinenaxe senkrechten Ebene schwingenden Hebels befestigt ist. (Taf. VII Fig. 35). Das untere Ende dieses Hebels ist durch eine kleine Schleppschiene mit dem hintern Ende des untern horizontalen Hebels in Verbindung gebracht. Man läßt auch wol die Schiene der Einfachheit wegen ganz fort und bewirkt durch eine Feder, daß das hintere Ende des untern Hebels direkt gegen das untere Ende des senkrecht schwingenden Hebels schlägt. Aus der Anwendung dieser sogenannten Schlagfeder folgt, daß das Röllchen immer nur mit der innern Seitenwand der excentrischen Nuth in Berührung kommt und deswegen hat man statt der Scheibe mit der Nuth auch der Einfachheit wegen eine Scheibe mit excentrischem Rande, auf welchem das Röllchen rollt, angewendet (Siehe die Einrichtung der Maschine auf Taf. I). — Man giebt auch wol hier dem Röllchen die rotirende, der Nuth die schwingende Bewegung. Bei Anwendung einer Schlagfeder verliert die Nuth ebenfalls die eine Seitenwand, so daß das Hebelende nur mit einer eigenthümlich gekrümmten Seitenfläche erscheint, während das Röllchen auf der Hinterfläche einer auf der Welle befestigten Scheibe sitzt.

Die Hauptwelle liegt über der Nähplatte und senkrecht zur Nähmaschinenaxe; die Schwingungsebene des Schneppers ist wagrecht. Auf der Hauptwelle sitzt ein Cylinder, in dessen Mantel sich die Nuth befindet. Das hintere Ende des untern Hebels ist nach aufwärts gekrümmt und trägt auf einem vertikalen

Stift das Röllchen, welches die Nuth senkrecht unter der Hauptwelle birgt (Taf. VII Fig. 36).

Die Hauptwelle liegt unter der Nähplatte und senkrecht zur Nähmaschinenaxe; die Schwingungsebene des Schneppers ist wagrecht. Dieser Fall unterscheidet sich von dem vorhergehenden nur wenig und zwar dadurch, daß das hintere Ende des Hebels nicht nach oben gekröpft zu werden braucht. Meist wird sogar der Cylinder mit der excentrischen Nuth unter der Schwingungsebene des Hebels liegen.

Die Hauptwelle liegt unter der Nähplatte und parallel mit der Nähmaschinenaxe; die Schwingungsebene des Schneppers ist senkrecht. Die Scheibe mit der excentrischen Nuth sitzt am Ende der Hauptwelle und das Röllchen zwischen Schnepper und Drehpunkt des Hebels (Fig. 37). Soll aber die Nuth die schwingende Bewegung haben, so sitzt das Röllchen an einer Kurbelscheibe der Hauptwelle (Fig. 38).

3. Das im Bogen schwingende Schiffchen

sitzt immer am Ende eines Hebels, welcher schwingend einen größern, gewöhnlich zwischen 45 und 60°, fast immer aber unter 90° liegenden Winkel beschreibt. Der Hebel kann in einer vertikalen oder horizontalen Ebene schwingen und die zu dem Schwingungsbogen gehörige Sehne kann parallel oder senkrecht der Nähmaschinenaxe liegen, natürlich dabei immer in einer wagrechten Ebene. Da auch die Hauptwelle parallel oder senkrecht zu der Axe der Maschine gelegen sein kann, so ergeben sich in Bezug auf die Lage der Bogensehne zur Hauptwelle die zwei Fälle: sie sind parallel oder senkrecht zu einander. Nimmt man hierzu noch die Unterschiede, daß die Welle entweder über oder unter der Nähplatte liegt und daß die Bewegung, wie aus früherem ersichtlich ist, entweder durch eine Kurbel oder eine excentrische Nuth vermittelt werden kann, so ergeben sich im ganzen sechzehn verschiedene Fälle, von denen im folgenden die hauptsächlichsten durchgegangen werden sollen.

Die Schwingungsebene ist wagrecht, die Hauptwelle liegt über der Nähplatte parallel zur Sehne des Schwingungsbogens und die Bewegung wird durch eine excentrische Nuth übertragen. Die excentrische Nuth kann sich in der ebenen Fläche einer auf der Hauptwelle sitzenden Scheibe (Taf. VII Fig. 39) oder in der Mantelfläche eines auf der Welle sitzenden Cylinders (Fig. 40) befinden. In beiden Fällen überträgt ein zweiarmiger Hebel die Bewegung und zwar mittels einer Zugstange auf einen andern zweiarmigen Hebel, welcher das Schiffchen trägt und ein gerader ist, wenn die excentrische Nuth eines Cylinders, ein Winkelhebel hingegen, wenn die Nuth einer Scheibe in Anwendung ist. Die Nuth kann hier ebenfalls mit dem Hebel, der sonst das Röllchen trägt, fest verbunden und das Röllchen in die drehende Bewegung versetzt werden.

Die Schwingungsebene ist wagrecht, die Hauptwelle liegt über der Nähplatte senkrecht zur Sehne des Schwingungsbogens und die Bewegung wird durch eine excentrische Nuth übertragen. Ein zweiarmiger gerader Hebel überträgt die Bewegung von der excentrischen Nuth, mag diese in einer Scheibe oder in einem Cylinder enthalten sein, mittels einer Zugstange oder Schleppschiene auf einen zweiten, das Schiffchen tragenden Hebel. Dieser letztere ist einarmig, wenn die Nuth in einer Scheibe liegt und die Hauptwelle senkrecht zur Axe der Maschine läuft (Fig. 41); derselbe ist ein zweiarmiger Winkelhebel, wenn die Nuth in einem Cylinder liegt und die Welle parallel der Maschinenaxe läuft (Fig. 42); derselbe ist endlich ein zweiarmiger, gerader Hebel, wenn die Nuth in einer Scheibe liegt und die Welle parallel der Maschinenaxe läuft (Fig. 43). Liegt die Nuth in einem Cylinder und die Welle läuft senkrecht zur Maschinenaxe, so nimmt der das Schiffchen tragende Hebel Dimensionen an, welche die Ausführung erschweren.

Die Schwingungsebene ist wagrecht, die Hauptwelle liegt unter der Nähplatte parallel zur Sehne des Schwingungsbogens und die Bewegung wird durch eine Kurbel übertragen. Das Schiffchen sitzt an dem langen Arm eines Winkelhebels, dessen kürzerer Arm mit der Kurbel durch eine Zugstange verbunden ist. Da die Kurbel sehr kurz ausfallen wird, so wird ein einfacher Kurbelzapfen ausreichen, während Hebel und Zugstange durch ein Kugelcharnier oder Universalgelenk verbunden werden müssen (Fig. 44).

Die Schwingungsebene ist wagrecht, die Hauptwelle liegt unter der Nähplatte parallel zur Sehne des Schwingungsbogens und die Bewegung wird durch eine excentrische Nuth übertragen. Diese Kombination gestattet die sehr einfache Anordnung der Fig. 45 und 46, von denen die letztere sich besonders eignet, wenn die Welle parallel der Maschinenaxe liegt.

Die Schwingungsebene ist wagrecht, die Hauptwelle liegt unter der Nähplatte senkrecht zur Sehne des Schwingungsbogens und die Bewegung wird durch eine Kurbel übertragen. Das Schiffchen sitzt an dem Ende eines geraden zweiarmigen Hebels, dessen kürzerer Arm durch eine Zugstange mit der Kurbel verbunden ist. Beide Enden der Zugstange sind mit Universalgelenken versehen; nur wenn diese sehr lang ist, kann der Kurbelzapfen einfach cylindrisch gestaltet sein (Fig. 47).

Die Schwingungsebene ist wagrecht, die Hauptwelle liegt unter der Nähplatte senkrecht zur Sehne des Schwingungsbogens und die Bewegung wird durch eine excentrische Nuth übertragen. Das Schiffchen sitzt an dem längern Arm eines Winkelhebels, dessen anderer Arm das Röllchen trägt, welches in der Nuth eines Cylindermantels läuft (Fig. 48. Siehe die Anordnung der Maschine auf Taf. V Fig. 20 und 21).

Die Schwingungsebene ist senkrecht, die Hauptwelle liegt über der Nähplatte parallel zur Sehne des Schwingungsbogens und die Bewegung wird durch eine Kurbel übertragen. Der Hebel, welcher das Schiffchen trägt, sitzt an einer wagrechten, parallel mit der Nähmaschinenaxe laufenden Welle, welche an ihrem hintern Ende einen andern kürzeren, um eine wagrechte Mittellage schwingenden Hebelarm trägt, der die Bewegung durch eine mit Universalgelenken versehene Zugstange von der Kurbel erhält. Diese Anordnung (Fig. 49) ist aber nur möglich, wenn die Welle senkrecht zur Maschinenaxe steht.

Die Schwingungsebene ist senkrecht, die Hauptwelle liegt über der Nähplatte parallel mit der Sehne des Schwingungsbogens und die Bewegung wird durch eine excentrische Nuth übertragen. Die Hauptwelle trägt einen Cylinder mit der Nuth, welche mittels eines Röllchens einen Hebel in senkrechter Schwingungsebene in Bewegung setzt. Parallel mit der Drehaxe dieses Hebels liegt unter der Nähplatte eine Welle, welche vorn den Hebel mit dem Schiffchen, hinten aber einen kurzen, nach oben gerichteten Hebel trägt, dessen Ende mit dem untern Ende des das Röllchen tragenden Hebels durch eine kurze Schleppschiene verbunden ist. Diese letztere wird jedoch häufig ganz fortgelassen und die entsprechenden Hebelenden werden dann so mit einander verbunden, daß das eine einen Schlitz enthält, in welchem ein Stein hin- und hergleitet, der an einem Zapfen des andern sitzt (Fig. 50). — Diese Konstruktion ist nur dann möglich, wenn die Hauptwelle senkrecht zur Nähmaschinenaxe liegt. Im andern Falle ist das untere Ende des das Röllchen tragenden Hebels durch eine Zugstange direkt mit einem Punkt des Schiffchenhebels verbunden (Fig. 51).

Die Schwingungsebene ist senkrecht, die Hauptwelle liegt über der Nähplatte senkrecht zur Sehne des Schwingungsbogens und die Bewegung wird durch eine Kurbel übertragen. Diese Kombination wird nur für den Fall, daß die Welle parallel der Axe der Maschine liegt, bequem ausführbar. Der Kurbelzapfen ist durch eine Zugstange mit einem horizontalen Hebel verbunden, der an dem hintern Ende einer Welle sitzt, welche vorn den Schiffchenhebel trägt (Fig. 52).

Die Schwingungsebene ist senkrecht, die Hauptwelle liegt über der Nähplatte senkrecht zur Sehne des Schwingungsbogens und die Bewegung wird durch eine excentrische Nuth übertragen. Die diesen Bedingungen genügenden Konstruktionen gehen aus den in Fig. 50 und 51 beschriebenen hervor, wenn man den Cylinder mit der excentrischen Nuth durch eine Scheibe ersetzt (Fig. 53 und 54).

Die Schwingungsebene ist senkrecht, die Hauptwelle liegt unter der Nähplatte parallel mit der Sehne des Schwingungsbogens und die Bewegung wird durch eine Kurbel übertragen. Denkt man sich bei der in Fig. 49 dargestellten Anordnung die Hauptwelle so weit nach unten gerückt, daß sie unter der Nähplatte liegt, so erhält man die hierhergehörige Konstruktion, welche jedoch nicht zu empfehlen ist, da die anzuwendende Zugstange meist so bedeutend gekürzt werden muß, daß die Reibung in den Gelenken sich übermäßig vergrößert.

Die Schwingungsebene ist senkrecht, die Hauptwelle liegt unter der Nähplatte parallel mit der Sehne des Schwingungsbogens und die Bewegung wird durch eine excentrische Nuth übertragen. Liegt die Hauptwelle senkrecht zur Maschinenaxe, so trägt sie einen Cylinder mit der Nuth, welche einen kurzen, senkrecht stehenden Hebel treibt, der am hintern Ende einer wagrechten, vorn den Schiffchenhebel tragenden Welle sitzt. (Fig. 55). Die untere Hebelwelle kann man sich auch so weit verkürzt denken, daß die beiden Hebel zusammenfallen und das Röllchen also vom Schiffchenhebel selbst getragen wird. Liegt die Welle parallel der Nähmaschinenaxe, so treibt der auf jener befestigte Cylinder mit der excentrischen Nuth ebenfalls einen kurzen, in senkrechter Ebene schwingenden Hebel; dieser ist jedoch mit einem entsprechenden Punkt des Schiffchenhebels durch eine wagrecht schwingende Schiene mittels Charniere verbunden (Fig. 56). Denkt man sich die Zugstange fort, so fallen beide Hebel zusammen und das Röllchen wird wieder vom Schiffchenhebel selbst getragen.

Die Schwingungsebene ist senkrecht, die Hauptwelle liegt unter der Nähplatte senkrecht zur Sehne des Schwingungsbogens und die Bewegung wird durch eine excentrische Nuth übertragen. Die diesen Bedingungen genügenden Konstruktionen gehen aus den soeben beschriebenen hervor, wenn man statt des Cylinders mit der Nuth eine Scheibe anwendet (Fig. 57 u. 58). Man giebt in diesem Falle häufig der Nuth die schwingende, dem Röllchen die drehende Bewegung, besonders wenn dann die Nuth die Form einer geraden Linie annimmt.

Die Schwingungsebene ist senkrecht, die Hauptwelle liegt unter der Nähplatte senkrecht zur Sehne des Schwingungsbogens und die Bewegung wird durch eine Kurbel übertragen. Der Kurbelzapfen ist einfach durch eine wagrecht schwingende Zugstange mit einem Punkte des Schiffchenhebels verbunden.

4. Das in gerader Linie schwingende Schiffchen.

Das Schiffchen wird, wie früher angegeben worden, von dem Treiber hin- und hergeführt und dieser sitzt bei im Bogen schwingenden Schiffchen am Ende eines Hebelarms. Bewegt sich aber das Schiffchen in gerader Linie, so ist der Treiber als Gleitstück geformt und hat eine Geradführung, die in verschiedener Weise ausgeführt wird. Meist ist der Treiber aus zwei Stücken zusammengesetzt, von denen das eine, als eigentlicher Treiber, zum Aufnehmen des Schiffchens, das andere, der Schlitten genannt, als eigentliches Gleitstück dient. Beide sind durch Schrauben fest miteinander verbunden. Wie der Nadelschieber, welcher auch als Gleitstück angesehen werden kann, mit den verschiedensten Querschnittsformen in Anwendung kommt, so ist auch der Schlitten sehr verschieden gestaltet. Die gebräuchlichsten Formen sind aus Taf. IV Fig. 1 und 18, Taf. V Fig. 1, 14 und 15, Taf. VI Fig. 9 zu ersehen.

Die wagrechte Gerade, in welcher sich das Schiffchen bewegt, liegt entweder parallel oder senkrecht zur Nähmaschinenaxe und da auch die Hauptwelle parallel oder senkrecht zu dieser Axe liegen kann, so ergeben sich zuerst die beiden Hauptfälle: die Hauptwelle liegt parallel oder senkrecht zur Schiffchenbahn. Erwägt man ferner, daß die Welle sowohl über als unter der Nähplatte liegen, und daß die Bewegung durch eine Kurbel oder eine excentrische Nuth übertragen werden kann, so ergeben sich im ganzen acht verschiedene Systeme der Anordnung. Deren Beschreibung kann aber füglich unterlassen werden, da alle Konstruktionen, welche bei einem im Bogen schwingenden Schiffchen in Anwendung kommen, leicht in hierher gehörige umgewandelt werden können: man braucht nämlich nur den Hebel, welcher vorher das Schiffchen trug, jetzt mit dem Schlitten durch eine Zugstange zu verbinden. Diese indirekte Verbindung mittels einer Zugstange kann leicht in eine direkte umgeschaffen werden, wenn man dem Hebel einen Schlitz giebt, in welchem ein auf einem Stift des Schlittens befindlicher Stein gleiten kann. In vielen Fällen — wenn nämlich der Schiffchenhebel ebenfalls erst von einer Zugstange in Bewegung gesetzt wurde — kann sogar der Hebel ganz entbehrt und die Zugstange unmittelbar mit dem Schlitten durch ein Charnier verbunden werden. Dies gilt besonders dann, wenn die Uebertragung der Bewegung mittels einer Kurbel geschieht (siehe die Anordnungen auf Taf. IV Fig. 1 und Taf. V Fig. 1); geschieht sie aber durch eine excentrische Nuth, so sitzt häufig das Röllchen an einer Verlängerung des Gleitstücks selbst, wodurch die Konstruktion noch einfacher wird (siehe die Anordnung auf Taf. VI Fig. 4). Man theilt dann auch wol der excentrischen Nuth die geradlinig hin- und hergehende und dem Röllchen die drehende Bewegung zu; die erstere befindet sich in diesem Falle gewöhnlich an einem besondern Gleitstück.

5. Der in großem Bogen schwingende Haken.

Der Kettenstichhaken für zwei Fäden nach dem System von Grover & Baker dreht sich um eine senkrechte Axe hin und her und beschreibt so schwingend einen dem vollen Kreise nahe kommenden

Bogen. Zur Bewegung dieses Hakens wandte man früher folgenden Mechanismus an. Die Drehaxe desselben ist mit einem Kammrad von kleinem Durchmesser versehen, in welches ein gezahnter Bogen von viel größerem Durchmesser eingreift. Macht das Kammrad eine Drehung von fast einem ganzen Kreise, so hat der gezahnte Bogen nur einen viel kleineren Winkel, etwa von 45 bis 60° zu beschreiben und man kann also sämmtliche Konstruktionen anwenden, welche unter Abtheilung II B 3 bei der Bewegung eines Schiffchens in einem wagrechten Bogen beschrieben worden sind; natürlich können aber nur die Anordnungen benutzt werden, in welchen die Bewegung von einer excentrischen Nuth ausgeht, weil die Schwingungen des Hakens ein eigenthümliches Gesetz befolgen.

Diese Konstruktion hat man aber bald aufgegeben und folgende einfachere eingeführt. Die Drehaxe des Hakens ist mit einem kleinen Cylinder, um welchen sich eine excentrische Nuth windet, versehen und ein Röllchen, welchem eine auf- und absteigende Bewegung in verschiedener Weise, z. B. dadurch ertheilt wird, daß es an dem untern Ende des ⊃-förmigen Nadelhebels sitzt, zwingt den Cylinder und somit auch den Haken, die Schwingungen auszuführen. — In neuerer Zeit ist auch diese Einrichtung noch etwas verändert worden: die Drehaxe des Hakens ist mit einer Art starkansteigenden Schraubengewindes versehen und eine entsprechende Mutter, welche statt des Röllchens die auf- und absteigende Bewegung erhält, setzt den Haken in Schwingung. Der ⊃-förmige Hebel, welcher die Mutter trägt, erhält seinerseits die Bewegung dadurch, daß ein auf einer sich drehenden Kurbelfläche sitzendes Röllchen in einem am untern Ende des Hebels befindlichen geraden Schlitz hin- und hergeht. — Diese Anordnung kann als Beispiel dafür dienen, daß von den zur Bewegung der Nadel und des untern Apparats dienenden Mechanismen nur einer direkt mit der Hauptwelle in Verbindung steht, während der andere wieder von diesem seine Bewegung direkt, also von der Hauptwelle indirekt ableitet. Es ist zu bemerken, daß diese Einrichtung nicht nur bei Maschinen mit in großem Bogen schwingendem Haken, sondern auch bei andern vorkommt.

C. Der Mechanismus zur Bewegung des Nähstoffs.

Der zu nähende Stoff bewegt sich nach jedem vollendeten Stich um die Länge eines Stichs weiter. Der Stoff ruht hierbei lose auf der Nähplatte und wird nur in der Nähe des Stichlochs abwechselnd festgehalten und weiter geschoben. Um diese Bewegung zu erleichtern, muß die ganze obere Fäche der Nähplatte sehr glatt und ohne hervorstehende, hindernde Punkte sein. Dieselbe besteht gewöhnlich aus Gußeisen und ist lackirt; seltener ist sie mit polirtem Messingblech überzogen, dessen heller Metallglanz dem Auge bei der Arbeit unbequem ist, häufiger ist sie aus Stahlblech hergestellt, welches eine hohe Glätte und Politur annimmt und dennoch keinen so schädlichen Glanz verbreitet, wie Messing. Das Stichloch selbst befindet sich fast immer in einem Stück Stahlblech, welches in die Nähplatte leicht eingeschraubt werden kann, jedoch so, daß keine Unebenheiten in der Nähplatte dadurch entstehen. Dadurch, daß die Fäden beim Nähen an der innern Fläche des Stichlochs gleiten, erweitert sich dies mit der Zeit und nutzt sich aus, so daß man das möglichst harte Metall anzuwenden hat. In Messing und Eisen ausgearbeitete Stichlöcher sind deswegen nicht zu empfehlen. Die Stichlochplatte nimmt man so dünn als möglich; denn je dünner sie ist, desto näher kann der untere Apparat unter die obere Fläche der Stichlochplatte rücken und desto kürzer kann die Nadel im Nadelschieber eingespannt sein. Schon dies allein ist Grund genug, nur Stahl, welcher wegen seiner bedeutenden Festigkeit am dünnsten verwendet werden kann, zu gebrauchen, von Messing und Eisen aber ganz abzusehen. Die stählerne Stichlochplatte macht man nie stärker als $1/_{16}$'', häufig sogar nur $1/_{32}$'' stark; bei Messing und Eisen darf man jedoch nicht unter $1/_{16}$'' gehen. Das Stichloch darf nur so groß sein, daß die dickste Nadel mit dem dicksten Garn, welches angewendet werden soll, frei und spielend hindurchgehen kann. Ist das Stichloch zu groß, so wird das Zeug leicht mit hindurch gedrückt, wenn die Nadel niedersticht, und ist es zu klein, so reibt sich der Faden leicht an der innern Fläche des Stichlochs, wird dadurch rauh und reißt gar, oder er wird in seinem Spiel gehemmt, so daß keine ordentliche Naht zu Stande kommt. Nähmaschinen, welche nur sehr leichte Stoffe zu nähen haben, wie Oberhemdeneinsätze rc., haben ein Stichloch von $1/_2$''' Durchmesser; beim Wachsen der Stoff- und Nähgarn-Stärke wächst das Stichloch bis $^1/_{16}$'', für gewöhnliche Schneiderarbeiten 2c. bis $^1/_{12}$''' und für die stärksten Näharbeiten in Segeltuch 2c. auf $^1/_8$''. Stichlöcher von einem Durchmesser zwischen $^1/_{16}$ und $^1/_{12}$'' finden die meiste Anwendung. Das Stichloch ist gewöhnlich nach unten stark konisch erweitert, damit der Faden so frei als möglich spielen kann und so wenig wie möglich mit der innern Fläche des Stichlochs in Berührung kommt. Diese innere Fläche des Stichlochs muß überhaupt äußerst glatt und sauber, ohne alle Unebenheiten, Scharten und Schärfen sein; die Kanten dürfen nicht scharf, sondern müssen etwas abgerundet sein, weil ein um eine scharfe Kante sich legender Faden mehr gerieben und in seiner Bewegung gehindert wird, als einer, der sich um eine abgerundete Kante legt. Auch auf der obern Fläche ist vom Stichloch nach der Richtung hin, in welcher sich das Zeug beim Nähen bewegt, die Stichlochplatte etwas ausgehöhlt, jedoch nur bei solchen Maschinen, welche Einfaden- und Zweifadenkettenstich ausführen, weil der Kettenstich eine Art Schnur auf dem Zeug bildet und sich leicht an der obern Kante des Stichlochs stoßt und so die ganze Bewegung des Nähstoffs hindert.

Der Nähstoff wird in der Nähe des Stichlochs von dem sogenannten Drücker auf die Stichlochplatte gedrückt und so festgehalten, während die Stichbildung vor sich geht. Nach der Stichbildung schiebt der sogenannte Transporteur das Zeug um die Stichlänge weiter. Der Transporteur ist an der Fläche, an welcher er mit dem Nähstoff in Berührung kommt, fein geriffelt, damit er nicht auf dem Nähstoff gleitet, sondern ihn bei seiner eigenen Bewegung mit fortbewegt. Der Drücker ist an seiner untern Fläche, mit welcher er das Zeug berührt, glatt, damit der Stoff auch leicht unter ihm fortgleiten kann und der Transporteur liegt meist gerade unter dem Drücker, hebt sich aus einer Oeffnung der Stichlochplatte etwas hervor und schiebt dann das Zeug unter dem Drücker fort. Das Transportiren geschieht also in dieser Weise von unten. In andern Fällen ist die untere Fläche des Drückers selbst geriffelt und derselbe versieht zugleich die Stelle des Transporteurs. In einem gewissen Moment hebt er sich und macht, während er außer Berührung mit dem Zeug ist, eine Bewegung in der Richtung entgegengesetzt der Bewegung des Stoffes, senkt sich dann wieder auf den Stoff herab und nimmt nun diesen sich vorwärtsbewegend mit. Hier geschieht also die Transportirung von oben. So unterscheidet man zwei Hauptsysteme:

1. Der von unten wirkende Mechanismus.

Der diesem System eigenthümliche besondere Drücker besteht in einem Eisenstabe, dem Schenkel des Drückers, von verschiedenem Querschnitt, welcher an seinem untern Ende ein angeschraubtes Stahlstück, den sogen. Fuß, trägt, welcher allein mit dem Stoff in Berührung kommt. Dieser letztere ist an seinem untern horizontalen Ende lang, schmal und flach; er wendet sich senkrecht nach oben und ist mit dem Eisenstabe fest verbunden. An dem Fuß selbst unterscheidet man die Spitze von dem Theil, welcher sich nach oben wendet und die Hacke heißt. Da das Zeug so nah wie möglich dem Stichloch vom Drücker festgehalten werden muß, so wäre das vortheilhafteste, den Drücker über das Stichloch selbst zu legen und ihm eine Oeffnung zu geben, welche gerade über dem Stichloch liegt und nur etwas größer ist, als das Stichloch selbst. Diese Einrichtung würde aber den Nachtheil haben, daß der Nähstoff gerade an der Stelle, wo augenblicklich der Stich gebildet wird, von dem Drücker verdeckt liegt. Man würde also verhindert sein, dem Zeug bei krummen Nähten die genaue Richtung zu geben. Deswegen hat man dem Drücker von der Stelle aus, wo die Nadel niedersteigt, einen Schlitz gegeben, so daß der Fuß eine Gabelform annimmt; dem Schlitz giebt man eine etwas größere Breite als der Durchmesser des Stichlochs beträgt. Man hat wohl auch ein Stück Glas, welches ebenfalls ein Stichloch enthält, in den Drücker eingesetzt, wodurch dieser Uebelstand umgangen wird. Jedoch hat diese Konstruktion wieder einen andern Uebelstand: wenn man nämlich eine gerade Naht dicht am Rande eines Stoffes nähen will, so gehört schon eine große Uebung dazu, diese gerade Linie genau inne zu halten. Man hat deswegen die sogen. Vorlage in Anwendung gebracht, ein flaches Stück Metall, welches an einer Seite eine gerade Kante hat und platt auf die Nähplatte aufgeschraubt wird, so daß dic gerade Kante parallel mit der Transportirungs-Richtung läuft (Siehe Taf. IV Fig. 1). Läßt man nun die Kante des Nähstoffs beim Nähen immer dicht an der Kante der Vorlage anliegen, so wird die Naht immer genau gleich weit vom Rande des Stoffs entfernt bleiben. Je näher man am Rande des Stoffs nähen will, desto näher muß man natürlich mit der Vorlage an das Stichloch heran können und dies wird eben durch die oben beschriebene Drückereinrichtung verhindert.

Am häufigsten sind die Drücker so konstruirt, daß sie nur an einer Seite des Stichlochs liegen und zwar meist so, daß die eine Kante des Drückers genau über das Stichloch hinweggeht; seltener reicht der Drücker noch etwas über diesen Punkt hinaus. Natürlich ist dann immer der Drücker an der Stelle, wo das Stichloch liegt, etwas halbkreisförmig ausgeschnitten, so daß wenigstens das Stichloch vollkommen frei liegt. Der Drücker ist an der Stelle, an welcher er aufliegt, ungefähr $^1/_{16}$ bis $^1/_{12}$" dick, läuft aber in eine scharfe, jedoch nicht schneidende Kante aus, welche oben über dem Stichloch liegt. Dies hat seinen Grund darin, daß diese Kante bei auffallendem Lichte keinen Schatten auf das Zeug werfen soll, welcher das Nähen erschwert. — Die äußerste Spitze des Drückers ist etwas nach oben gebogen, weil hier das Zeug gewöhnlich zuerst unter denselben gelangt. Wäre die Biegung nicht vorhanden, so würde, wenn plötzlich einmal eine dickere Stelle des Zeuges vor den Drücker gelangte (wie dies häufig vorkommt, wenn sich kreuzende Nähte gemacht werden), dieselbe sich festsetzen und das Zeug an der Weiterbewegung hindern. Es giebt aber auch Nähmaschinen-Konstruktionen, bei denen das Zeug zuerst an der Hacke unter den Drücker gelangt, und in diesem Falle ist die Biegung nach oben am äußersten Ende nicht nöthig. In jedem Falle liegt der Fuß nicht im eigentlichen Durchgangsraum, sondern auf der entgegengesetzten Seite des Stichlochs, damit, wenn sehr breite und schwere Stoffe nahe an ihrem Rande gesteppt werden sollen, nicht der ganze Stoff durch den engen Durchgangsraum sich zu bewegen nöthig hat; dies würde aber sonst der Fall sein, weil man Stoffe dicht am Rande fast immer so näht, daß sie zwischen Rand und Naht nicht unter dem Drücker befindlich sind, sondern frei liegen. — Ueber die Lage des Schenkels — ob er links oder rechts vom Nadelschieber liegen müsse — läßt sich keine Regel aufstellen. Bei Nähmaschinen, welche so aufgestellt werden, daß ihre Axe quer vor dem Körper des Arbeiters liegt, befindet sich der Schenkel des Drückers immer links von der Axe, weil er so das Auge des Arbeiters am wenigsten stört (Siehe die auf Taf. II, III, IV u. V dargestellten Maschinen). Läge er rechts von der Axe, so würde das Auge nur mit Unbequemlichkeit auf den Punkt gerichtet werden können, an welchem die Nadel gerade arbeitet. Bei einer andern Aufstellung der Maschine aber, also wenn der Fuß seiner Länge nach quer vor dem Körper des Arbeiters liegt, ist es gleichgültig, ob sich der Schenkel des Drückers links oder rechts von der Axe der Maschine befindet: in diesem Falle können also in Bezug auf die

Lage desselben andere Verhältnisse berücksichtigt werden. — Der Querschnitt des Schenkels kommt fast nur in drei Formen vor: er ist entweder rund, quadratisch oder rechteckig. In den beiden erstern Fällen ist sein unteres Ende gewöhnlich mit Vierkant und Schrauben- oder Muttergewinde versehen, und der Fuß wird auf den Vierkant gesetzt und mit einer Mutter resp. Schraube befestigt (Siehe p Fig. 2 auf Taf. V und s Fig. 2 auf Taf. II); im letzten Falle aber sind Schenkel und Fuß aufeinander geblattet und meist nur durch eine Schraube, seltener noch durch ein Niet fest mit einander verbunden (Siehe Fig. 2 auf Taf. IV). Nur in einzelnen Fällen besteht Schenkel und Fuß aus einem Stück. Nach dem Querschnitt des Schenkels richtet sich natürlich auch seine Führung. Dieselbe besteht bei runden Schenkeln in einer oder zwei gußeisernen Büchsen und der Schenkel wird durch einen an ihm hervortretenden, in einem vertikalen Schlitz sich bewegenden Stift oder Knaggen an der Drehung gehindert (Taf. VII Fig. 16 und Taf. II Fig. 2). Der Druck nach unten wird bei diesen Drückern gewöhnlich durch eine Stahlspiralfeder hervorgebracht, welche sich um den Drücker windet, am obern Ende gegen eine feste Fläche des Bügels und am untern Ende gegen einen festen Punkt des Schenkels, gewöhnlich gegen den oben erwähnten Knaggen drückt (Taf. II Fig. 2). Die Feder ist also auf Druck in Anspruch genommen. Bei Drückern von kleinem quadratischen Querschnitt wird die Feder häufig in derselben Weise angewendet und sie preßt gewöhnlich mit ihrem untern Ende gegen denjenigen Theil des Fußes, welcher mit dem Vierkant auf den Schenkel gesetzt ist (Taf. V Fig. 2). Die Führung des vierkantigen Schenkels geschieht gewöhnlich in einer oder zwei entsprechenden Büchsen. Hiervon weicht die Führung der Schenkel von rechteckigem Querschnitt etwas ab, indem diese nur äußerst selten in Büchsen sitzen. An zwei Stellen besitzt der Schenkel senkrechte Schlitze, durch welche Stifte gehen, welche verhindern, daß der Drücker eine seitliche Bewegung mache. Meist aber liegt der Drücker mit seiner flachen Seite nur einfach an einer senkrechten Fläche des Bügels an (Taf. IV Fig. 2), die eben erwähnten Schlitze enthalten Steine, in deren Oeffnungen Schrauben mit Ansätzen sich befinden. Auch hier sind meist Stahlspiralfedern in Anwendung, um den Druck nach unten hervorzubringen und meist sind sie so angebracht, daß sie auf Zug in Anspruch genommen werden: ihr oberes Ende ist mit dem obern Ende des Schenkels, ihr unteres mit einem Punkt des Bügels fest verbunden; sie sind jedoch auch öfter auf Druck in Anspruch genommen, wie obige Figur zeigt.

Wenn der Nähstoff auf die Maschine gebracht werden soll, muß der Drücker emporgehoben werden und so lange oben bleiben, bis das Zeug die richtige Lage hat. Deswegen ist mit jedem Drücker ein sogenannter Ausrücker verbunden, der in einem drehbaren, mit einem Hebel verbundenen excentrischen Stück besteht, durch dessen Drehung (um 90° circa, oft weniger, selten mehr) der Drücker gehoben und wieder in Thätigkeit gesetzt wird. Die Formen derselben sind sehr verschieden; man unterscheidet aber zwei Arten: die einen haben ihren Drehpunkt am Drücker selbst, die andern am Bügel. Die Hauptererfordernisse dieses Ausrückers sind, daß er so angebracht ist, daß man leicht mit der Hand zu ihm kann, ferner daß, wenn er den Drücker einmal ausgerückt hat, dieser nicht leicht durch Erschütterungen &c. wieder von selbst herunterspringt, und endlich daß, wenn der Drücker in Thätigkeit ist, der Ausrücker durch die Bewegungen der Maschine nicht mit in Bewegung gesetzt wird. Die zweite Bedingung wird dadurch erfüllt, daß das excentrische Stück bei ausgerücktem Drücker sich mit einer angefeilten geraden Fläche gegen eine Fläche des Bügels legt, wenn der Ausrücker seinen Drehpunkt am Drücker selbst hat, aber gegen eine Fäche des Drückers, wenn der Ausrücker seinen Drehpunkt am Bügel hat. Die dritte Bedingung aber wird dadurch erfüllt, daß der Ausrücker sich nur mit Reibung um seinen Drehpunkt drehen läßt, weshalb eine Feder angebracht ist, welche diese Reibung hervorbringt (Taf. IV Fig. 7). Verschiedene Ausrückevorrichtungen sind auf Taf. II Fig. 12 A a, Taf. III Fig. 1 und 2, Taf. IV Fig. 2, Taf. V Fig. 2 und 8, endlich Taf. VII Fig. 1 und 2 abgebildet. — Die Höhe, auf welche der Ausrücker den Drücker hebt, beträgt $^3/_{16}$ bis $^5/_{16}$" je nach der Stärke des Stoffes, welcher auf der Maschine verarbeitet werden soll. Je höher der Drücker gehoben wird, desto leichter stoßt natürlich der Nadelschieber, wenn dieser sich herunterbewegt, gegen den Fuß, wodurch die Gefahr entsteht, daß etwas zerbricht. Man muß deswegen die Bewegung des Nadelschiebers nicht so tief gehen lassen, daß diese Gefahr eintritt. Da aber das Nadelöhr unbedingt bis zu einer gewissen Tiefe gelangen muß, so wird die Nadel im Nadelschieber desto länger eingespannt werden müssen, je höher der Drücker gehoben ist. Es ergiebt sich deswegen die Forderung, dem Ausrücker den kleinmöglichsten Hub zu geben und man begnügt sich bei mittlern Maschinen zu Schneider-, Schuhmacher- und Sattlerarbeiten immer mit 1/4", geht nur bei den Maschinen, welche für die dicksten Stoffe eingerichtet sind, zu 5/16" hinauf und bei Maschinen für sehr dünne Stoffe, Leinwand 2c. sogar bis auf 1/8" herab.

Es giebt Stoffe, deren Oberfläche so beschaffen ist, daß sie sich schwierig unter dem Fuß des Drückers fortschieben, weil die Oberfläche zu viel Adhäsion zum Metall hat, z. B. Lackleder; um diesen Uebelstand zu beseitigen, schmiert man deswegen diese Fläche des Nähstoffs mit etwas Oel ein, oder man näht dünnes Papier mit ein, indem man dasselbe zwischen Nähstoff und Drücker bringt und es nach vollendeter Naht wieder abreißt.

Der eigentliche Transporteur besteht in einem rechteckigen, flachen, geriffelten Stahlstück, welches sich aus einer Oeffnung der Stichlochplatte dicht neben dem Stichloch emporhebt, das Zeug vorschiebt, wieder unter die Fläche der Nähplatte sinkt, die Rückbewegung macht, um sich von neuem zu heben. Würde das geriffelte Plättchen immer oben bleiben, so würde es bei der Rückbewegung auch das Zeug wieder mit zurücknehmen und die Nadel würde immer an einer Stelle des Zeuges bleiben. Gleichwohl hat man eine Konstruktion ersonnen, bei der die Auf- und Abbewegung fortfällt, aber zugleich auch die Rückbewegung. Der cylindrische Rand eines Rades, des sogenannten Transporteurrades, ist wie das Stahlplättchen geriffelt und ragt aus einer Oeffnung der Nähplatte dicht neben dem Stichloch hervor. Macht dies Rad eine kleine Drehung, so nimmt es an der Peripherie den Nähstoff mit sich und dieser kommt immer mit andern Stellen dieser Peripherie in Berührung. Hiernach sind zwei verschiedene Systeme des Transportirungsapparats von unten zu unterscheiden: die Transportirung durch ein bewegliches Plättchen und die durch Transporteurrad.

Transportirung durch ein bewegliches Plättchen. Je breiter und länger dies Plättchen ist, desto sicherer faßt es natürlich auch den Stoff, eine desto größere Fläche muß dann natürlich aber auch der Fuß des Drückers haben. Dies führt aber wieder einen andern Uebelstand herbei. Will man nämlich krumme Nähte machen, so muß in der Zeit, in welcher das geriffelte Plättchen nicht mit dem Stoff in Berührung ist, dieser um die Nadel etwas gedreht werden. Diese Drehung geht aber desto leichter von Statten, je geringer die Reibung zwischen Stoff und Drücker ist, d. h. eine je kleinere Fläche der Fuß des Drückers hat. Hierdurch ist also wiedernm geboten, die Fläche des geriffelten Plättchens so klein als möglich zu machen. Dies thut man auch, wenn die Stoffe, die man auf der Maschine näht, nicht zu umfangreich, zu schwer und zu unbequem zu handhaben sind. Ist dies aber der Fall, so muß die Fläche des Plättchens größer sein, damit das Zeug auch sicher und fest gehalten werde und sich nicht sogar zwischen Drücker und Plättchen drehe und verschiebe.

Maschinen, die nur ganz leichte Stoffe nähen, haben oft ein Transporteurplättchen von nur $^1/_{16}$ bis $^1/_{12}$" Breite, und diese Breite steigt bei mittlern Maschinen bis auf $^1/_8$" und $^3/_{16}$", bei großen Maschinen sogar bis auf $^1/_4$". Die Länge beträgt meist unter $^1/_2$" und ist für Maschinen jeder Größe fast dieselbe. Es kommt auch wol noch eine andere, als die rechteckige Form des geriffelten Plättchens vor, eine aus einem größern und kleinern Rechteck zusammengesetzte, von dem das letztere gerade hinter dem Stichloch liegt (Taf. VII Fig. 12). — Die Riffeln des Transporteurs haben die Querschnitts-Form eines rechtwinkeligen Dreiecks, dessen Hypothenuse in der Richtung der Bewegung ansteigt, und sind von sehr verschiedener Feinheit; sie stehen oft um $^1/_{16}$" auseinander und ihre Tiefe beträgt $^2/_3$ dieser Größe; oft sind sie aber so fein, daß drei bis vier auf 1 Linie gehen. Zudem sind die Riffeln noch durch Längsfurchen durchschnitten, wodurch lauter kleine vierseitige Pyramiden entstehen, deren Spitzen in den Nähstoff besser eindringen und ihn also sicherer fortbewegen. Die Spitzen sind aber auch einer größeren Abnutzung unterworfen, machen in harten Nähstoffen sichtbare Eindrücke und durchbohren wol dünne Nähstoffe manchmal ganz. Feinere Riffeln ohne Längsfurchen sind deswegen meist vorzuziehen. — Die Oeffnung der Stichlochplatte ist genau von derselben Breite als das geriffelte Plättchen, damit sie für dieses gewissermaßen eine Führung bildet; die Länge beträgt so viel als die Summe aus der Länge des Plättchens und der des größten Stichs, welchen die Maschine machen soll.

Das geriffelte Plättchen ist an einem größern Stück festgeschraubt, welchem nun die nöthige Bewegung durch einen auf der Welle sitzenden sogen. Transporteurexcenter mitgetheilt wird. Derselbe ist gewöhnlich aus zwei einzelnen Excentern zusammengesetzt, von denen der eine die auf- und absteigende, der andere die hin- und hergehende Bewegung des Transporteurs besorgt. Der Transporteurexcenter sitzt der Einfachheit wegen direkt auf der Hauptwelle, die also bei dieser Einrichtung des Transportirungsapparats immer unter der Nähplatte liegen muß. Der Transporteur muß eine Art Führung erhalten, welche ihm gestattet, sowohl die auf- und abgehende, als die wagrecht hin- und hergehende Bewegung unabhängig von einander auszuführen. Für die hin- und hergehende Bewegung ist in vielen Fällen eine wirkliche Geradführung durch ein Gleitstück vorhanden, jedoch wird auch häufig ein in senkrechter Ebene schwingender Hebel angewendet, dessen Drehpunkt unten liegt und dessen oberes Ende die hin- und hergehende Bewegung macht. Für die auf- und absteigende Bewegung ist in den meisten Fällen ein ebenfalls in senkrechter Ebene um eine wagrechte Mittellage schwingender Hebel angebracht, dessen eines Ende die Bewegung macht. Hieraus ergeben sich wieder mehre verschiedene Anordnungen, von denen folgende zwei die häufigste Anwendung gefunden haben.

Fig. 2 auf Taf. II zeigt die erste dieser Anordnungen. Der Transporteur c c ist auf einen Bolzen v verschiebbar und macht auch zugleich eine kleine drehende Bewegung um diesen als seine Axe. Zu diesem Zweck hat er an seinem hintern Ende einen Schlitz, in welchem der Bolzen sitzt. Durch den Kopf des Bolzens wird die hintere ebene senkrechte Fläche des Transporteurs in Berührung mit einer entsprechenden ebenen senkrechten Fläche des Maschinengestells erhalten, wodurch er verhindert wird, seitliche Schwankungen zu machen, und gezwungen wird, sich nur in der vorgeschriebenen senkrechten Ebene zu bewegen. Dasselbe Prinzip der Anordnung zeigt auch der Transportirungsapparat in Fig. 2 auf Taf. V; nur ist die praktische Ausführung etwas geändert, indem der Transporteur zwischen den innern parallelen Seitenflächen eines besondern Stücks v, dessen Durchschnitt aus Fig. 7 ersichtlich ist, eine gesichertere Geradführung findet.

Die zweite der erwähnten Anordnungen zeigt Fig. 21 auf Taf. VII. Es ist hier eine wirkliche wagrechte Geradführung vorhanden. In derselben bewegt sich das Stück a b, an welchem wiederum ein Hebel c d in senkrechter Ebene drehbar ist, dessen Ende das geriffelte Plättchen trägt.

Die wagrechte Fortschiebung der Transporteure wird dadurch hervorgebracht, daß eine senkrechte Platte an ihnen angebracht ist, gegen welche der Excenter bei seiner Drehung drückt. Eine Spiralfeder bringt die Rückbewegung hervor; niemals aber darf der Druck des Excenters die Rückbewegung und die Feder die Vorwärtsbewegung bewirken, weil sonst die Feder sehr kräftig sein müßte. Das Heben des Transporteurs bewirkt ein zweiter Excenter, das Niedersinken geschieht meist durch das eigene Gewicht des Transporteurs selbst und wird, wenn dieses nicht hinreichend ist, noch durch den Druck einer zweiten Feder unterstützt.

Was die Form des Excenters betrifft, so sind beide immer in einem Stück vereinigt, und sie modificirt sich nur darnach, ob die Transportirungsrichtung parallel mit der Hauptwelle oder senkrecht zu ihr läuft. Im ersten Falle ist es sowohl die cylindrische, als die vordere Fläche einer kleinen Scheibe, welche durch ihre mehr vor- oder zurücktretende Gestalt die Bewegung des Transporteurs bewirkt; im andern Falle sind es zwei cylindrische Flächen, von denen eine die Vor- und Rückbewegung, die andere das Heben und Senken des Transporteurs bewerkstelligt. Die genaue Gestaltung dieser Excenterflächen läßt sich durch graphische Konstruktion leicht finden, da die Bewegung des Transporteurs abhängig ist von der der Nadel. Festzuhalten ist vor allen Dingen, daß das Vorwärtsschieben des Zeuges geschehen muß, wenn die Nadel ihre höchste Stellung einnimmt, damit es nicht etwa von der Nadel festgehalten werde oder bei seiner Bewegung dieselbe verbiege. Es ist aber außerdem noch ein Grund vorhanden, welcher gebietet, das Zeug erst dann seine Bewegung beginnen zu lassen, wenn die Nadel anfängt sich nieder zu bewegen. Die Spannung des Fadens ist nämlich beim Nähen nicht immer dieselbe. Sie ist bei der eigentlichen Stichbildung nur so groß, daß der Faden eben noch straff bleibt; erst wenn der Stich vollständig vollendet ist, tritt die von dem Spannungsapparat hervorgebrachte Maximalspannung ein und zwar immer gerade in dem Momente, wenn der Spannungsapparat so viel von dem obern Faden hergiebt, als für einen Stich nöthig ist. Die Abwickelung des nöthigen Fadens vom Spannungsapparat geschieht aber meistentheils kurz bevor der Nadelschieber seine höchste Stellung erreicht. Das Weiterschieben des Nähstoffs würde aber in diesem Moment unzweckmäßig sein, weil der straff gespannte Faden das Zeug zusammenziehen würde. Sobald aber der Nadelschieber sich wieder zu senken beginnt, läßt auch sofort die Spannung des Fadens wieder nach und dann kann die Transportirung ungestört eintreten. Das Heben des Transporteurs geschieht unmittelbar vor, das Senken desselben unmittelbar nach der Fortbewegung des Zeuges; die Rückbewegung geschieht in der Zwischenzeit, bei Anwendung eines Schiffchens ungefähr, wenn dasselbe seinen Schuß durch die Schlinge halb vollendet hat. Durch diese Angaben ist die Form der Excenterflächen vollständig bestimmt. Man hat auch der Einfachheit wegen die cylindrischen Flächen der Excenter kreisrund gestaltet und in dem Falle, daß Hauptwelle und Transportirungsrichtung sich rechtwinkelig schneiden, hat man sogar nur eine kreisrunde cylindrische Excenterfläche angewendet.

Der Hub der Auf- und Abbewegung des Transporteurs beträgt gewöhnlich $^1/_{12}$", wovon $^1/_{24}$" auf die Bewegung unterhalb, $^1/_{24}$" auf die oberhalb der Ebene der Nähplatte zu rechnen ist. Das geriffelte Plättchen muß bei seiner Fortbewegung über der Nähplatte hervorstehen, damit das Zeug desto leichter über die Nähplatte gleiten kann. Je höher aber das Zeug über die Nähplatte bei jedem Stich gehoben wird, desto mehr stört auch diese Bewegung des Zeuges das Auge des Arbeiters. Man geht deswegen nicht gern über den $^1/_{24}$" hinaus. Den andern Theil der Auf- und Niederbewegung, bei welchem der Transporteur unterhalb der Ebene der Nähplatte bleibt, kann man schon eher ohne Nachtheil vergrößern und die Vergrößerung ist sogar nicht zu umgehen, wenn nur eine und dieselbe excentrische kreisförmige Cylinderfläche sowohl für die Auf- und Abbewegung, als auch für die Vor- und Rückbewegung des Transporteurs vorhanden ist. Denn in diesem Falle haben beide Bewegungen denselben Hub und wenn man auch die größte Länge des Stichs auf $^1/_8$" herabsetzt, so ist dies doch immer noch viel für den Hub der senkrechten Bewegung.

Man hat versucht, das Heben und die Vorbewegung des Transporteurs eines Theils, das Sinken und die Rückbewegung andern Theils mit einander zu verbinden, so daß das geriffelte Plättchen sich von unten nach oben und vorwärts zugleich bewegt, um das Zeug vorwärts zu schieben, und dann auch zugleich von oben nach unten und rückwärts. Bei dieser letztern Bewegung muß dafür gesorgt sein, daß das Zeug von dem geriffelten Plättchen nicht wieder mit zurückgenommen wird. Das geriffelte Plättchen sitzt deswegen am Ende eines Hebels a b (Fig. 16 Taf. III), dessen Drehpunkt unten, jedoch so liegt, daß er bei seiner Bewegung wol der senkrechten Lage nahe, doch nie ganz in die senkrechte Lage kommt. Dieser Hebel besteht wiederum aus zwei Theilen a und b, welche durch ein Charnir mit einander verbunden sind. Der Drehung des Hebels b wird aber dadurch eine Grenze gesetzt, daß derselbe unterhalb des Drehpunkts einen Knaggen c besitzt, welcher sich gegen einen Punkt des Hebels a legt, wenn der Winkel welchen die beiden Schenkel bilden, sich 180° nähert. Eine leichte an b befestigte und gegen a drückende Feder hält die Hebel in dieser äußersten Stellung, wenn eine andere Kraft nicht die Federkraft überwindet. Wird nun der Hebel a mittels eines Excenters etwas in der Richtung der Transportirung bewegt, so hebt sich das geriffelte Plättchen, drückt endlich gegen die untern Seiten des Stoffes und nimmt diesen bei seiner Weiterbewegung mit. Geschieht endlich die Rückbewegung des Hebels a, so giebt die a mit b verbindende Feder nach, der Winkel der beiden Hebel verringert sich etwas und das geriffelte Plättchen gleitet unter dem Nähstoff zurück, ohne diesen selbst mitzunehmen. — Die große Einfachheit empfiehlt diese Konstruktion; es hat sich jedoch bei ihrer Anwendung gezeigt, daß sie nicht sicher genug ist: sie versagt öfter und die Stiche sind auch nicht immer genau gleich lang. Man hat diese Art der Transportirung deswegen wieder fast ganz aufgegeben.

Die Transportirungen von unten durch ein bewegliches Plättchen sind die allergebräuchlichsten. Sie haben vor allen, wie auch die andern Transportirungen von unten, den großen Vortheil, daß man nichts von den Bewegungen des Transportirungsmechanismus sieht, welche dem Auge des Arbeiters sehr störend werden können. Sie erfüllen auch die Bedingung, daß sich das Zeug, während der Transporteur in Ruhe ist, leicht drehen läßt und, was innig hiermit zusammenhängt, daß sich Nähte mit Biegungen herstellen lassen. Man hat allerdings bei der Drehung des Stoffs den Druck des Drückers zu überwinden, aber da sich das Zeug zwischen der untern glatten Fläche des Drückers und der obern glatten Fläche der Nähplatte befindet, so ist die Drehung dennoch mit Leichtigkeit zu bewerkstelligen (das geriffelte Plättchen befindet sich in der Zeit, wo die Drehung des Stoffes geschieht, unterhalb der Ebene der Nähplatte).

Transportirung durch Rad. Das Transportirungsrad muß nach dem vorhergehenden vor allen Dingen einen geriffelten cylindrischen Rand von der Breite eines geriffelten Plättchens haben, welcher aus einer Oeffnung der Nähplatte hervorsteht, so daß das Zeug zwischen diesem Rande und dem Drücker festgehalten werden kann. Es kommt darauf an, diesem Rande nach Vollendung jedes Stiches, wenn die Nadel ihren höchsten Punkt erreicht hat, eine geringe drehende Bewegung zu geben. Dazu ist das Rad mit einem zweiten Rande versehen, welcher auf der ebenen Fläche des Rades senkrecht steht und an allen Seiten sauber abgedreht ist. Dieser Rand hat eine Höhe von circa 1/2" und eine Stärke von circa 1/8". Das Rad ist an diesem Rande mit einer Art beweglicher Bremse versehen. Bei der Bewegung dieser Bremse in einer Richtung spannt sie sich von selbst an und nimmt das Rad während ihrer Bewegung mit; bei der Rückbewegung löst sie sich wieder und geht also, ohne dem Rade ihre Bewegung mitzutheilen, zurück. — Diese Bremse hat man in verschiedener Weise konstruirt. Eine einfache Konstruktion mittels einer Blattfeder zeigt Taf. IV Fig. 14. Die Feder dce ist nach außen abgedreht, jedoch mit etwas größerem Durchmesser als der Durchmesser des Randes im Lichten beträgt, so daß, wenn die Feder eingesetzt wird in das Rad, sie mit etwas Spannung nach außen preßt. Die Feder endigt in zwei Köpfen d und e, welche dazu geeignet sind, durch Charnire mit einem Hebel df verbunden zu werden, welcher eine radiale Stellung einnimmt. Wird nun das Hebelende f in der Richtung des Pfeils bewegt, so spannt sich die Feder fester, indem sich die Enden e und d der Feder in der Richtung der Pfeile zu bewegen, die Feder selbst also auszudehnen und zu spannen streben. Die Feder nimmt also dann das Rad mit. Geht das Hebelende f aber wieder zurück, so löst sich auch die Feder wieder und geht, ohne dem Rade seine Bewegung mitzutheilen, wieder zurück. Das Rad selbst wird schon durch die Reibung, welche durch den Druck des Drückers hervorgebracht wird, festgehalten; um aber den Stillstand des Rades beim Rückgang des Hebelendes f noch mehr zu sichern, ist noch eine besondere Bremse am Rade angebracht, die gewöhnlich in einer Blattfeder besteht, welche von außen gegen den Rand des Rades drückt. Die Blattfeder ist auch häufig in der Form k angewendet, in welcher sie gegen die ebene Fläche des Rades preßt. Sie sitzt auf einem Vierkant des das Rad tragenden Bolzens, so daß sie also an der Drehung verhindert wird und wird durch die Mutter und Kontremutter l gespannt. Zugleich ist die Seite des Rades, auf welcher der mehrerwähnte Rand sitzt, durch ein dünnes Eisenblech g verdeckt, welches ebenfalls fest am Bolzen gewöhnlich angelöthet ist und das Herausgleiten der Feder aus dem Rade verhindert. Dieser Deckel hat an der Stelle, an welcher der Hebel df mit der Feder verbunden ist, einen entsprechenden Ausschnitt, um der Bewegung des Hebels nicht hinderlich zu sein.

Eine andere, jedoch ältere Konstruktion der Bremse zeigt Fig. 15. Sie besteht in einem unabhängig vom Rade drehbaren Stück mn, welches sich aber um denselben Bolzen dreht, der das Rad trägt. Dies Stück hat zwei sich fast diametral gegenüber stehende Verlängerungen, deren einer k eine hin- und hergehende Bewegung mitgetheilt wird, und deren andere l zum Ansatzpunkte einer Spiralfeder f dient, welche einen beweglichen Knaggen d gegen die innere Oberfläche des aufrechten Randes drückt. Dieser Knaggen d stützt sich gegen das Stück m n, in welchem eine kleine Vertiefung das abgerundete Ende desselben aufnimmt. Wird nun der Hebel k in der Richtung des Pfeils bewegt, so wird der Druck von d gegen die innere Fläche des Randes vergrößert und zwar um so mehr vergrößert, je weniger die Richtung von d von der radialen Richtung abweicht (jedoch dürfen beide Richtungen nicht ganz zusammenfallen) und die entstehende Reibung bewirkt, daß das Rad der Bewegung von m n folgt. Die d mit l verbindende, auf Zug in Anspruch genommene Spiralfeder leitet gewissermaßen die durch die Drehung vermehrte Pressung ein. Bei der Rückwirkung des Hebelendes k hebt sich der Druck von a gegen den Rand wieder auf und die Reibung ist nun nicht groß genug, um eine Mitbewegung des Rades zu bewirken, welche außerdem durch eine am Rade besonders angebrachte, der oben beschriebenen ähnliche Bremsvorrichtung verhindert wird. Zur Sicherung ist noch ein dem d ähnlicher zweiter Knaggen c angebracht, welcher in etwas anderer Weise wirkt. Derselbe enthält einen Ausschnitt p, in welchen der Rand mit geringem Spielraum paßt; mit dem andern Ende legt sich dieses Stück gegen einen kleinen Ausschnitt des Nabenstücks m n. Eine an der Verlängerung l befestigte, gegen das Stück c in der Nähe des Randes drückende Blattfeder g bewirkt, daß der Rand sich in der Vertiefung p festklemmt. Die so zwischen c und dem Rade entstehende Reibung wird bei der Bewegung von k in der Richtung des Pfeils ebenfalls so vergrößert (und zwar auch hier um so mehr, je weniger die Richtung von c von der radialen Richtung abweicht, ohne mit ihr zusammenzufallen), daß das Rad der Bewegung von m n folgen muß. Bei der Rückbewegung von k hebt sich der Druck zwischen Rand und den innern Flächen der Vertiefung p wieder auf und die Reibung verringert sich wieder so, daß eine Rückbewegung des Rades dadurch nun nicht mehr erfolgt. Damit weder das Rad noch das Nabenstück sich auf dem Bolzen verschieben können, ist eine am Ende des Bolzens durch einen Stift befestigte Spiralfeder vorhanden, welche beide gegen den Ansatz des Bolzens drückt; dieselbe ist in der Zeichnung nicht zu sehen.

Fig. 1, 2 und 4 endlich zeigen die gebräuchlichste Konstruktion der Bremse Sie besteht in einer Art Zange, welche den Rand des Rades erfaßt. Diese Zange besteht aus zwei Schenkeln ρ und ξ, welche durch ein Charnir verbunden sind. Der eine dieser Schenkel ρ hat eine Führung auf der Nabe des Rades, damit er eine ganz geringe Verschiebung in horizontaler Richtung erleiden kann. Die beiden Schenkel der Zange bilden ungefähr einen rechten Winkel mit einander, so daß der eine ziemlich horizontal, der andere ziemlich vertikal steht. Bewegt sich nun das untere Ende des vertikalen Schenkels in der Richtung des Pfeils, so preßt sich der Knaggen des Schenkels ξ (a in der besondern Abbildung der Fig. 11) gegen die äußere Fläche des Randes, der am andern Ende des Schenkels ρ (in Fig. 6 besonders abgebildet) befindliche Vorsprung (Fig. 4) ebenfalls gegen diese Fläche des Randes und die dadurch entstehende Reibung ist so groß, daß das ganze Rad an der Bewegung Theil nehmen muß. Eine in verschiedener Weise angebrachte Feder σ (Fig. 2) strebt den von den Schenkeln der Zange gebildeten Winkel zu vergrößern, leitet also gewissermaßen den Druck ein, welchen die Zange auszuüben hat. Bei der Rückbewegung des Hebelendes ξ hebt sich der Druck gegen den Rand von selbst auf und das durch eine besondere Bremse, wie oben beschrieben, festgehaltene Rad bleibt stehen und folgt dieser Rückbewegung nicht. Zwischen dem Knaggen des Schenkels ξ und dem Rande ist gewöhnlich noch ein dünnes nach der Rundung des Randes gebogenes Stahlblech lose eingesetzt, welches den Druck des Knaggens gegen den Rand auf eine größere Fläche verbreitet und dadurch das Erfassen des Randes von der Zange sicherer macht.

Man sieht, daß alle Bremsvorrichtungen so eingerichtet sind, daß ein Hebel vorhanden ist, durch dessen unteres Ende die Bewegung mittels der Bremse auf das Rad übertragen wird. Dies Hebelende muß also eine hin- und hergehende Bewegung machen, welche so groß sein muß, daß sich der geriffelte Rand des Rades um eine Länge dreht, welche dem größten auf der Maschine zu erzielenden Stich entspricht. Diese Bewegung wird dem Hebelende in sehr verschiedener Weise mitgetheilt. Wenn es die sonstige Anordnung der Maschinentheile erlaubt, so läßt man den excentrischen Rand einer auf der Hauptwelle befindlichen Scheibe gegen diesen Hebel drücken und ihm die Bewegung mittheilen. Es ist dann noch eine Feder vorhanden, welche die Rückbewegung bewirkt. Diese einfachste Anordnung ist gewöhnlich mit der ältern Konstruktion der Fig. 15 verbunden: die auf Zug in Anspruch genommene Spiralfeder e, welche mit einem Ende an einem festen Punkt des Maschinengestells, mit dem andern an einem Punkt des Hebels k befestigt ist, vermittelt die jedesmalige Rückbewegung.

Die Uebertragung der Bewegung von dem auf der Hauptwelle sitzenden Transportirungsexcenter auf das beschriebene Hebelende der Zangenvorrichtung geschieht in den meisten Fällen auf die in Fig. 2 und 4 dargestellte Weise. Es ist seitlich eine besondere, parallel mit der Hauptwelle laufende Welle ψ angebracht, welche zwei Hebel trägt, von denen der eine π senkrecht nach unten geht und die Bewegung seines Endes durch eine Zugstange μ dem Hebelende der Zange mittheilt, der andere ν aber unmittelbar seine Bewegung vom Transportirungsexcenter erhält. Eine gegen das untere Ende des Hebels π oder ν drückende Blattfeder τ bewirkt die Rückbewegung des Bremsapparats. Die Fläche des Hebels ν, welche mit dem Transportirungsexcenter in Berührung kommt, ist gewöhnlich mit einer dünnen ($^1/_{12}$") Hornplatte versehen, um die Bewegung so sanft wie möglich zu machen; jedoch ist auch wol, um die Reibung an diesem Punkte zu verringern, das Ende dieses Hebels mit einem Röllchen versehen, welches auf dem Rande des Excenters rollt und also die gleitende Reibung in eine rollende umwandelt.

Der Bolzen, auf welchem sich das Transportirungsrad dreht, sitzt am Maschinengestell selbst nicht ganz fest, sondern kann leicht fortgenommen werden, einestheils weil die Form der Nähplatte an der untern Seite meist so ist, daß ein Aufschieben des Rades auf den befestigten Bolzen unmöglich wäre, anderntheils weil man es in seiner Gewalt haben muß, das Rad mehr nach oben oder unten zu rücken, damit der geriffelte Rand mehr oder weniger über der Ebene der Nähplatte hervorragt. Der Bolzen wird deswegen von unten in eine Art Gabel geschoben, in welcher er durch eine Mutter festgehalten wird und zwar so, daß der geriffelte Rand mit seinen Furchen eben über der Nähplatte hervorragt. Steht das Rad tiefer, so erfaßt sein Rand den Nähstoff nicht gehörig und die Transportirung wird unsicher, und steht das Rad höher, so hat der Nähstoff über dem Stichloch zu viel Beweglichkeit, welche Fehlstiche in ihrer Folge hat. Hat nämlich die Nadel durch das Zeug gestochen und beginnt wieder emporzusteigen, so hebt sich das Zeug mit der Nadel und es wird eine unvollkommene oder gar keine Schlinge gebildet, wodurch dann ein Fehlstich entsteht.

Für den Durchmesser des Transportirungsrades läßt sich keine feste Bestimmung machen; nur muß das Verhältniß zwischen dem Durchmesser der Peripherie des geriffelten Randes und dem des aufrechten Randes der Einheit so nahe wie möglich gebracht werden. Wenn nämlich die Wirkung der Bremse nicht ganz regelmäßig vor sich gehen sollte, so werden dadurch Unregelmäßigkeiten in der Stichlänge bewirkt, welche desto augenfälliger und merklicher werden, je größer die Peripherie des Riffelrandes im Verhältniß zu der des Bremsrandes ist. Da aber die Differenz der Durchmesser dieser Peripherien meist abhängt von der Stärke der Nähplatte an der Stelle, wo das Transportirungsrad aus derselben hervorragt, also nicht willkürlich gewählt werden kann, so wird sich im allgemeinen die Regel ergeben, den Durchmesser des Rades so groß wie möglich zu machen. Anderntheils muß aber wiederum auch die Oeffnung in der Nähplatte desto größer sein, je größer das Rad ist und hierdurch ergiebt sich also auch eine Grenze. Gewöhnlich genügt ein Durchmesser von 3 bis 4" für den Riffelrand und von $2^1/_2$ bis $3^1/_2$" für den Bremsrand.

Die Vortheile dieser Transportirung bestehen in einer sehr sichern Führung des Nähstoffs, welche bei Ausführung von geraden Nähten die Aufmerksamkeit des Arbeiters fast gar nicht beansprucht. Dies kommt daher, weil das Zeug fortwährend mit der untern Fläche des Drückers und dem Riffelrande des Rades in Berührung bleibt und zwischen diesen festgehalten wird. Dies ist aber auch wiederum der Grund, weswegen dies System der Transportirung die Ausführung stark gekrümmter Nähte sehr beschwerlich macht, indem die Drehung des Stoffes nur mit Mühe bewerkstelligt werden kann. Hieraus geht hervor, daß diese Anordnung für Maschinen anwendbar ist, auf welchen einmal sehr schwere Stoffe, die sich nur unbequem regieren lassen, verarbeitet, und auf welchen meist nur gerade, oder nur wenig gekrümmte Nähte ausgeführt werden. Sie kommt deswegen nur an den größten und schwersten Sorten von Maschinen vor, während die Transportirung von unten mittels eines geriffelten Plättchens für mittlere und kleine Maschinen gebräuchlich ist.

2. Der von oben wirkende Mechanismus.

Es ist schon erwähnt, daß bei diesem System der Transportirung Drücker und Transporteur zusammenfallen; die Oeffnung in der Stichlochplatte ist also hier unnütz und fällt fort. Die Bewegung des Transporteurs geschieht in einer auf der Näh platte und auf der Axe der Nähmaschine senkrechten Ebene und wir unterscheiden ebenfalls eine wagrechte und eine senkrechte Bewegung, welche beide von einander unabhängig stattfinden können. Der Transporteur von oben muß deswegen ebenso wie der Transporteur von unten eine horizontale und eine vertikale Gerad-Führung haben, jedoch ist die horizontale Gerad-Führung immer nur annähernd und zwar dadurch hergestellt, daß der Transporteur von oben, der in seiner äußern Gestalt ganz dem beschriebenen Drücker gleicht, an seinem obersten Ende einen Drehpunkt besitzt, so daß die Länge des Drückers auch den Radius eines flachen Bogens darstellt, welchen das unten geriffelte Ende des Transporteurs beschreibt. Gleichzeitig ist aber der Drehpunkt des Transporteurs in der Richtung seiner Länge verrückbar, wodurch eine Führung im senkrechten Sinne hervorgebracht wird. Dem Prinzip nach entspricht diese Anordnung der in Fig. 2 auf Taf. II dargestellten Transportirung von unten. Der Schlitz im Transporteur, welcher die senkrechte Bewegung ermöglicht, befindet sich am obern Ende des Schenkels und durch ihn geht ein am Kopf des Bügels befestigter Stift oder Bolzen, wie dort. Damit der Drücker keine Bewegung zur Seite der vertikalen Ebene mache, in welcher er schwingen soll, hat der Schenkel des Transporteurs einen rechteckigen Querschnitt und sitzt in einem am Kopf des Bügels befindlichen Schlitz (siehe Fig. 2 auf Taf. II und Taf. VI Fig. 10). Wie beim gewöhnlichen Drücker sind auch hier gewöhnlich zwei Theile, der Drücker und der Fuß, vorhanden, welche aufeinandergeblattet und durch Schraube und Stift verbunden sind; es kommt jedoch häufiger vor, daß der ganze Transporteur, welcher bei seiner Bewegung viele Stöße auszuhalten hat und deswegen sehr dauerhaft konstruirt sein muß, aus einem Stück besteht. Der Fuß hat fast dieselbe Form wie der Fuß des gewöhnlichen Drückers, nur muß Rücksicht darauf genommen werden, daß das untere geriffelte Ende sich vor der Nadel vorbei bewegen muß. Am öftesten ist Gabel-Form in Anwendung, welche besonders in der Gestalt (Fig. 7 auf Taf. VI) eines fast bis auf die Nähplatte reichenden Schenkels und eines daselbst mit ihm verbundenen beweglichen Füßchens auftritt. Die Verbindung von Fuß und Schenkel ist charnierartig durch einen Stift hergestellt, jedoch so, daß die untere geriffelte Fläche des Füßchens sich nur unter einen Winkel von 15 bis 20° gegen die Nähplatte geneigt stellen kann. Es kommt nämlich häufig vor, daß der Transporteur plötzlich über eine dicke im Nähstoff befindliche (gewöhnlich ebenfalls durch eine Naht hervorgebrachte) Stelle hinweg muß; ist nun der Fuß fest mit dem Schenkel verbunden, so erfaßt die Riffelfläche nur mit der äußersten Spitze die erhöhte Stelle und hat so häufig nicht Kraft genug, den Stoff zu bewältigen; ist aber das Füßchen beweglich, so legt sich die Spitze des Füßchens auf den Wulst, die Hacke aber auf den Nähstoff vor dem Wulst, indem es sich schräg stellt und gewissermaßen die vor ihm befindliche Anhöhe hinanklettert. Je länger das Füßchen ist, desto sicherer faßt es natürlich den Stoff und desto weniger schräg braucht es sich zu stellen, wenn es klettert; je größer aber das Füßchen ist, desto mehr bedeckt es den Nähstoff vor dem Auge des Arbeiters. — Im übrigen gilt hier fast alles, was von dem Drücker bei der Transportirung von unten gesagt worden ist; auch hier ist eine Ausrückevorrichtung vorhanden, welche den Transporteur außer Thätigkeit setzt und eine Spiral- oder Blattfeder, welche den senkrechten Druck nach unten bewirkt.

Die Bewegung des Transporteurs wird auch hier von der Hauptwelle durch einen doppelten sogenannten Transporteurexcenter übertragen. Dieser Excenter besitzt zwei verschiedene excentrische Cylinderflächen, von denen die eine die auf- und abgehende, die andere die hin- und hergehende Bewegung des Transporteurs besorgt. Er sitzt der Einfachheit wegen direkt auf der Hauptwelle und die Anordnung ändert sich, je nachdem die Hauptwelle oberhalb oder unterhalb der Nähplatte, parallel oder senkrecht zur Axe der Nähmaschine liegt. Von diesen vier Systemen gestattet die Anordnung der Hauptwelle oberhalb der Nähplatte und parallel der Nähmaschinenaxe die größte Einfachheit.

Der Transporteurexcenter d (Taf. I Fig. 2) sitzt in diesem Falle am vordern Ende der Hauptwelle und zwar ist er gewöhnlich nur mit einer excentrischen Cylinderfläche versehen, welche den Hin- und Hergang des Transporteurs besorgt, während die andere excentrische Cylinderfläche durch ein Röllchen ersetzt ist, welches an einer rotirenden Scheibe l sitzt und in seiner höchsten Stellung einen einarmigen Hebel f hebt, dessen gabelförmiges Ende einen am Schenkel des Transporteurs a b sitzenden Stift erfaßt und vermittels dieses seine eigene, vom Röllchen überkommende Bewegung dem Transporteur mittheilt. Ist das Röllchen auf seinen höchsten Punkt angekommen und sinkt bei seiner Kreisbewegung wieder tiefer, so bewirkt die den Transporteur nach unten drückende Spiral- oder Blattfeder, welche in Fig. 1 sichtbar ist, wieder den sofortigen Aufschlag des Transporteurs auf den Nähstoff. Ja man hat im Falle der Anwendung einer Blattfeder durch diese selbst den sogenannten Gabelhebel f ersetzt. Sie ist am Kopf des Bügels befestigt, läuft horizontal an derselben Stelle, an welcher der Gabelhebel sitzt, nach dem Transporteur, wo ihr Ende zwischen zwei Stiften sitzt, und drückt diesen auf die Nähplatte, wenn sie nicht von dem Röllchen gehoben wird und den Transporteur mithebt. — Die Hin- und Herbewegung des Transporteurs bewirkt der Excenter; jedoch bringt man gewöhnlich den Schenkel des Transporteurs nicht direkt mit der excentrischen Fläche in Berührung, weil die dadurch entstehende gleitende Reibung den Gang der Maschine erschweren würde. Man fügt deswegen zwischen dem Schenkel und dem Excenter noch den sogenannten Pendel e ein, welcher oben seinen Drehpunkt am Kopf des Bügels der Nähmaschine hat und an seinem untern Ende ein Röllchen trägt, welches auf der Excenterfläche rollt. Allerdings entsteht auch hier wiederum zwischen dem Schenkel des Transporteurs und dem Pendel selbst Reibung, aber doch immer nur dann, wenn sich der Transporteur hebt oder senkt. Der Druck des Excenters gegen das Röllchen und den Transporteur bewirkt die Bewegung des Stoffs; die Rückbewegung des Transporteurs wird durch eine gegen ihn drückende Blattfeder hervorgebracht. — Die Form der Excenterfläche und die Stellung des Röllchens auf der rotirenden Scheibe hängen von den Bedingungen ab, welche die Bewegung des Transporteurs zu erfüllen hat. Wie schon früher erwähnt, muß die Bewegung des Stoffs erfolgen, sobald die Nadel ihren Niedergang beginnt, und muß vollendet sein, ehe die Spitze der Nadel den Stoff wieder erreicht hat. Das Heben des Transporteurs geschieht nicht eher, als der untere Apparat die Schlinge des obern Fadens sicher gefaßt hat und die Rückbewegung des Transporteurs folgt unmittelbar dem Heben, das Senken unmittelbar der Rückbewegung.

Bei einer andern Lage der Hauptwelle ist die Konstruktion nicht so einfach. Die Einrichtung des Transporteurs selbst bleibt allerdings dieselbe und auch der Transporteur-Excenter sitzt wieder auf der Hauptwelle; aber es ist wegen der Entfernung des Excenters vom Transporteur gewöhnlich noch ein Hebelwerk nöthig, welches die Bewegung jenes auf diesen überträgt. Die Anordnung dieses Hebelwerks bleibt, wenn die Hauptwelle senkrecht zur Axe der Maschine steht, dieselbe, mag die Hauptwelle nun oberhalb oder unterhalb der Nähplatte liegen. Dies System zeigt Taf. VI Fig. 1. Von den Flächen des Transporteurexcenters ist die eine cylindrisch; auf ihr rollt ein Röllchen μ, welches an dem einen Ende eines zweiarmigen Hebels $\nu z \mu$ sitzt, dessen Drehaxe z parallel zur Hauptwelle liegt und dessen anderes Ende mit dem obern Theil des Transporteurschenkels in Verbindung steht; so daß der Transporteur den auf- und abgehenden Bewegungen des Hebels folgen muß. Eine bei ξ angreifende Spiralfeder von Stahl oder von Gummi zieht das Ende dieses Hebels nach unten und bringt so den Druck und die niedergehende Bewegung des Transporteurs auf den Nähstoff hervor, während der Buckel d des Excenters das Heben des Transporteurs bewirkt. Die zweite excentrische Fläche des Transporteurexcenters p (Fig. 3) ist eine Art Schraubenfläche, auf welcher ein zweites Röllchen v rollt, welches dem Hebel w, an dessen unterm Ende es sitzt und dessen Drehaxe parallel mit der Nähmaschinenaxe läuft, eine hin- und hergehende Bewegung ertheilt. Die Drehaxe dieses Hebels besteht in einer zwischen Schraubenspitzen laufenden Welle e (Fig 15), deren vorderes Ende einen zweiten Hebel b d trägt, an dessen unterm Ende ein parallel der Drehaxe gerichteter Stift festsitzt, welcher den Schenkel des Transporteurs erfaßt und ihm die Bewegung zur Transportirung ertheilt. Auch hier bewirkt eine in entgegengesetzter Richtung auf den Schenkel des Drückers pressende Blattfeder (siehe Fig. 10) die Rückbewegung des Transporteurs.

Je nachdem die Hauptwelle oberhalb oder unterhalb der Nähmaschinenaxe liegt, wird die Länge des Hebelarms w und $z \mu$ (Fig. 1 u. 3) kürzer oder länger; dem Prinzip nach aber ändert sich die Anordnung nicht. Ja, auch wenn die Hauptwelle parallel der Nähmaschinenaxe und unterhalb der Nähplatte liegt, modificirt sich die Anordnung nicht; nur wird dann das Röllchen μ auf der schraubenförmigen, das Röllchen v aber auf der Cylinderfläche des Transporteurexcenters rollen und diese Flächen selbst werden den veränderten Verhältnissen gemäß eine veränderte Gestalt erhalten.

Es bleibt nur noch wenig über die Größe der Hin- und Herbewegung und des senkrechten Transporteurhubes zu sagen übrig. Es ist schon früher bemerkt, daß die Länge des größten Stichs, welchen die Maschine hervorbringen soll, gewöhnlich $^1/_4$" angenommen wird. So groß muß also der Hub der hin- und hergehenden Bewegung des geriffelten Transporteurfußes sein. Der Hub der senkrechten Bewegung richtet sich nach der Stärke des dicksten Nähstoffs, welchen die Maschine verarbeiten soll. Der Transporteur muß sich ja so hoch heben, daß seine geriffelte Fläche außer Berührung mit dem Nähstoff kommt, damit er die Rückbewegung machen kann, ohne diesem seine Bewegung mitzutheilen. Man nimmt deswegen den Hub der senkrechten Transporteurbewegung gewöhnlich um $^1/_{16}''$ größer als die Stärke des dicksten zu nähenden Stoffes. Es ist klar, daß, je höher der Hub des Transporteurs ist, die den Druck bewirkende Feder desto mehr gespannt wird und der Transporteur selbst mit desto größerer Kraftaufwendung der Maschine gehoben wird und mit desto größerer Gewalt niederschlägt. Maschinen mit Transportirung von oben, gehen deswegen gemeinhin schwerer, als solche mit Transportirung von unten, und laufen und arbeiten demnach auch etwas langsamer. Solche Maschinen haben aber auch wiederum den Vortheil, daß man auf ihnen Nähte von der stärksten Krümmung herstellen kann; denn es tritt bei jedem Stich, welcher gemacht wird, ein Moment ein, wo der Nähstoff keinerlei Druck auszuhalten hat und mit größter Leichtigkeit um die Nadel als Axe gedreht werden kann; ja mit einiger Geschicklichkeit kann man es so weit bringen, daß man mit Bequemlichkeit gerade, unter einem spitzen Winkel zusammenstoßende Nähte ausführt, ohne den Gang der Maschine unterbrechen zu müssen. —

Bei der Wahl, ob man eine Nähmaschine mit einer Transportirung von oben oder von unten versehen wolle, kommen die bis jetzt schon besprochenen Verhältnisse natürlich in Berücksichtigung. Der Umstand verdient besonders bemerkt zu werden, daß die auf- und abgehende, und hin- und hergehende Bewegung des Transporteurs von oben dem Auge sichtbar ist und den Arbeiter nicht unerheblich stört, besonders wenn er bei Kerzen- oder Lampenlicht arbeitet, wo der sich ebenfalls bewegende Schlagschatten des Transporteurs noch etwas mehr zu dieser Unbequemlichkeit beiträgt. Es ist aber häufig noch ein anderer Umstand, welcher in dieser Beziehung bestimmend wirkt. Es sind häufig Nähte auf der Maschine auszuführen, deren Verlauf auf dem Stoff vorgezeichnet werden muß. Die gezeichnete Seite muß also nach oben kommen, damit sie dem Arbeiter sichtbar bleibt; ist in diesem Falle die Kehrseite des Stoffes sehr locker, so daß sie die Berührung mit der geriffelten Fläche des Transporteurs nicht vertragen kann, so bleibt keine Wahl und man muß eine Transportirung von oben anordnen. Dieser Umstand ist z. B. maßgebend bei Maschinen, auf denen Mützenfutter angefertigt werden sollen.

Die Transportirungs-Einrichtungen in ihrer jetzigen Gestalt haben die Nähmaschinen erst zu den brauchbaren und vollkommenen Werkzeugen gemacht, welche jetzt eine so große Rolle in der Anfertigung von Kleidungsstücken und ähnlichen Gegenständen aus Geweben, Leder ꝛc. spielen. So lange die frühern unbequemen und unbeholfenen, nicht einmal ihren Zweck erfüllenden Einrichtungen zur Bewegung des Nähzeugs nicht beseitigt waren, konnte auch noch nicht an eine Zukunft der Nähmaschinen gedacht werden. Wenn man bedenkt, daß man ursprünglich sogar unentschieden war, ob man das Zeug unbeweglich beim Nähen liegen lassen und der Nadel die fortschreitende Bewegung mittheilen solle oder umgekehrt, und wiederum, nachdem man sich für das erstere zu entscheiden gezwungen sah, ob die Lage des Zeuges die in einer senkrechten oder wagrechten Ebene sein und ob die Bewegung von der Hand des Arbeiters oder von der Maschine selbst ausgehen müsse: so muß man sagen, daß die Veränderungen und Verbesserungen dieses Theils des Mechanismus ungemein schnell auf einander gefolgt sind. Selbst nachdem diese Fragen entschieden waren, konnte man immer nur gerade Nähte ausführen, indem man das Zeug zwischen zwei Leisten spannte und diesen auf verschiedener Weise eine Art Geradführung ertheilte. Eine Sperradvorrichtung überträgt dabei die Bewegung von der Hauptwelle auf die das Zeug tragenden Leisten. Natürlich konnte bei dieser Anordnung die Stichlänge nicht beliebig vergrößert und verkleinert werden. Diese Methode der Transportirung war vor wenigen Jahren noch in vielen deutschen Kattunfabriken zum Zusammennähen der Kattunstücke üblich. Gleichzeitig kam man auf den Gedanken, den schon im Jahre 1804 von John Duncan erfundenen Führungsrahmen als Transportirung für Nähmaschinen zu benutzen. Das Zeug mußte dabei in einen viereckigen Rahmen gespannt werden, welcher in einem zweiten ähnlichen seine Führung hatte; der zweite aber hatte wieder für sich eine selbstständige Geradführung senkrecht zu der des ersten. Mit Hülfe dieses Mittels war man im Stande, oft zu wiederholende Muster mit der Tambourirmaschine aufzusticken, ohne vorher eine Zeichnung des Musters auf dem Nähstoff selbst anzubringen. Diese Art der Stickerei wird noch jetzt häufig z. B. bei der Fabrikation von Gardinenzeugen angefertigt. Vielfache Versuche, Transportirungen herzustellen, bei welchen das mißliche und Zeit raubende Einspannen des zu nähenden Stoffes in die Transportirungsvorrichtung wegfiele, gelangen für den Fall der alleinigen Herstellung gerader Nähte durch Anwendung von Rollen und Riemen oder Ketten ohne Ende, welche ebenfalls noch durch Sperradbewegung in Gang gesetzt wurden. Das Zeug läuft z. B. zwischen zwei Paar Rollen fort, welche zwischen sich einen Raum, in dem der eigentliche Nähmechanismus wirkt, frei lassen, oder ein über Rollen laufender Riemen ohne Ende theilt seine fortlaufende Bewegung dem auf ihm liegenden Nähstoff mit. Hier ist es, wo wir zum ersten Male die Anwendung des Drückers finden, der auch für sich wieder vielfache, aber unwesentliche und deshalb hier zu übergehende Umgestaltungen erlitten hat. Von der Anordnung mit dem Riemen ohne Ende bis zu der einer Kette ohne Ende, welche an der äußern Fläche geriffelt war und mit dieser den Stoff erfaßte und transportirte, und wiederum von dieser Einrichtung bis zum Transportirungsrade, wie es vorher beschrieben worden ist, war nur ein Schritt. Die Erfindung des geriffelten Plättchens brachte den Mechanismus, das Zeug von unten zu transportiren, zur Vollkommenheit. So weit gekommen, glaubte man diesen Mechanismus noch weiter zu vervollkommnen, indem man dem Drücker ebenfalls Beweglichkeit gab, ihn sich heben und senken ließ, wenn das geriffelte Plättchen sich senkte und hob, und ihn die Vorwärts- und Rückwärtsbewegungen mit dem Plättchen zugleich machen ließ. Man erreichte dadurch allerdings, daß der Nähstoff zu gewissen Zeiten von dem wie eine sich öffnende und schließende Zange wirkenden Transporteur losgelassen, ganz vom Druck befreit wurde und eine so große Beweglichkeit erhielt, daß auf ihm die gekrümmtesten Nähte hergestellt werden konnten; wiederum aber hatte der Transportirungsmechanismus dadurch an seiner Einfachheit verloren. Indem man nun den beweglichen Drücker beibehielt, das geriffelte Plättchen aber beseitigte, hatte man statt der Transportirung von unten die Transportirung von oben geschaffen, wie so noch heute weit und breit in Anwendung ist. Die noch weiter erfundenen Verbesserungen sind ohne größere Bedeutung, nicht selten sogar nur eingebildete Verbesserungen. Dahin gehört z. B. ein Transporteur von oben, welcher sich nicht hebt und senkt, sondern die Rückbewegung auf dem Zeuge schleifend ausführt. In Bezug auf die Veränderlichkeit der Transportirungsrichtung hat man Einrichtungen versucht, welche sich in speciellen Fällen tauglich erwiesen haben: so eine an der auf Taf. VI dargestellten Maschine angebrachte Vorrichtung, auf die wir später zurückkommen. Ebenso hat die Anordnung eines doppelten Transporteurs, von denen einer die untere zweier Zeuglagen in Falten legt, für manche Zwecke Anklang gefunden.

3. Der Stichsteller.

Eigentlich mit zum Mechanismus der Transportirung gehörig, aber doch wieder als eine selbstständige Vorrichtung kann die betrachtet werden, mittels welcher man beliebig die Stichlänge vergrößert oder verringert, der sogenannte Stichsteller. Er darf an keiner Maschine fehlen und er ist sogar noch in den meisten Fällen mit einer Vorrichtung verbunden, um die Größe des Stiches an einem nummerirten Zifferblatt abzulesen. Das Prinzip aller Stichstellervorrichtungen ist dasselbe: der Rückgang des Transporteurs wird gegen das Ende dieser seiner Bewegung gehindert, indem irgend ein Punkt an ihm gegen einen festen Punkt des Maschinengestells stoßt; dadurch wird denn auch die Vorwärtsbewegung erst mehr oder weniger früh eingeleitet, als es beim längsten Stich geschieht, und so eben die Stichlänge beliebig verkleinert. Nun ist entweder die Lage des festen Punktes am Maschinengestell verstellbar, oder die Lage des Punktes am Transporteur, welcher gegen diesen festen Punkt stoßt, damit bei Verkürzung des Stiches die Berührung dieser beiden Punkte eher, bei Verlängerung des Stiches später geschehe. Liegt der Punkt, dessen Verrückung der Stichsteller eben zu bewirken hat, am Transporteur selbst, so ist der Stichsteller mit dem Transporteur beweglich und er heißt dann ein beweglicher Stichsteller. Derselbe hat den Nachtheil, daß sich gewöhnlich an ihm eine Zifferblattvorrichtung nicht anbringen läßt; wenigstens unterläßt man es gewöhnlich, weil es zu umständlich sein würde. Er besteht gewöhnlich in weiter nichts als in einer Schraube, deren Ende eben den erwähnten Punkt des Transporteurs bildet. Diese Schraube sitzt in einem am Transporteur selbst befindlichen Muttergewinde, hat einen Kopf, welcher bequem mit der Hand zu drehen ist, und wird durch eine Kontermutter, welche entweder mit einer kleinen hebelförmigen Handhabe versehen oder als Flügelmutter gestaltet ist, festgestellt. Dieser bewegliche Stichsteller hat außer dem oben erwähnten Nachtheil noch den, daß er sich nicht gut, während dem die Maschine näht, verstellen läßt, einmal weil er beweglich ist und dann auch, weil bei seiner Stellung beide Hände des Arbeiters thätig sein müssen, von denen die eine die Mutter löst und wiederanzieht, die andere aber die Drehung der Schraube bewirkt. In Fig. 2 Taf. I zeigt k die Anordnung dieser Stichsteller. Das Muttergewinde ist in dem Schenkel des Transporteurs selbst befindlich.

Ist die Transportirung durch ein Rad mit geriffeltem Rande hergestellt, so kann der bewegliche Stichsteller natürlich nicht an dem Rade selbst angebracht sein, weil dieses keine Rückbewegung macht, sondern er muß sich an einem Theile der Bremsvorrichtung befinden. Häufig sitzt die Stichstellervorrichtung dann an dem Ende der horizontalen Zugstange, welches nicht mit der Zange, sondern mit der Hebelwelle verbunden ist. Das Charnier ist weggelassen und das Ende der Zugstange geht spielend durch eine Oeffnung des entsprechenden Hebels hindurch. Am Ende der Zugstange, auf dem ein Schraubengewinde angeschnitten ist, sitzt rechts vom Hebel eine Mutter mit Kontremutter, durch deren Drehung die Zugstange verkürzt und verlängert werden, die Stichlänge also resp. vergrößert und vermindert werden kann.

Liegt der Punkt, dessen Verrückung der Stichsteller zu bewirken hat, am Maschinengestell, so heißt die Vorrichtung ein fester Stichsteller. Er ist sehr häufig ebenfalls ohne Zifferblatt hergestellt und besteht dann nur in einer einfachen Schraube, die sogar oft der Kontremutter entbehrt und nur mit einer sie festhaltenden Feder versehen ist, damit man nur einer Hand bei der Verstellung des Stifts nöthig hat. Fig. 15 auf Taf. VI zeigt diese Anordnung. Am häufigsten und am besten aber ist der feste Stichsteller in Verbindung mit einem Zifferblatt. Er besteht in einer Scheibe mit excentrischem Rande oder mit schraubenförmiger Stirnfläche, gegen welche der Transporteur bei der Rückbewegung stoßt. Diese Scheibe ist drehbar und je nachdem sie gedreht ist, stoßt der Transporteur gegen einen weiter vorstehenden oder zurückspringenden Punkt, wodurch der Stich vergrößert oder verringert wird. An derselben Axe, um welche sich diese Stichstellerscheibe dreht, sitzt auch, und zwar nach außen, das Zifferblatt, welches sich also mit der Scheibe zugleich dreht. Die nummerirte Theilung des Zifferblatts dreht sich bei einer am Maschinengestell befindlichen Marke, z. B. einem Pfeil, vorbei, welcher also die Größe des Stiches anzeigt. Die Theilung und Nummerirung auf dem Zifferblatt ist am besten so hergestellt, daß die Nummer die Anzahl der Stiche angiebt, welche auf einen Zoll gehn, so daß also die Nummer des Stichs mit seiner Kleinheit steigt. — Hierher gehörige Konstruktionen zeigen die Figuren Fig. 16 Taf. IV, Fig. 6 Taf. V u. Fig. 6 Taf. VII. In Fig. 16 Taf. IV ist ein Stichsteller, dessen Scheibe eine schraubenförmige Fläche hat, mit Zifferblatt dargestellt. Derselbe hat jedoch den Nachtheil, daß er mittels eines besondern Schlüssels gestellt werden muß. In Fig. 13

Taf. III ist ein Stichsteller mit Zifferblatt dargestellt; jedoch ist die Einrichtung etwas modifizirt. Statt der Scheibe ist ein Hebel vorhanden, der sich nur um 90° dreht, wenn der Stich von seinem Minimum bis zu seinem Maximum wächst, und die Feststellung geschieht durch den federnden Hebel selbst, dessen Ende mit einer Handhabe und einem Stift versehen ist, welcher sich in entsprechende, auf einem Viertelkreis angebrachte Vertiefungen senkt. Beim ersten Blick scheint diese Vorrichtung darin einen Nachtheil zu besitzen, daß die Stichlänge nur stufenweis verändert werden kann. Jedoch folgen die Stufen so nah auf einander, daß in der Praxis kein wirklicher Nachtheil dadurch entsteht.

Fig. 4 auf Taf. II und Fig. 8 auf Taf. VI zeigen Einrichtungen ohne Zifferblatt, deren excentrische Scheiben mit einem Hebel als Handhabe versehen sind.

Es ist nicht möglich, alle Formen der Stichsteller aufzuführen. Sie weichen außer in der Anwendung oder Weglassung des Zifferblatts und außer in der Wahl einer Scheibe mit excentrischem Rande oder mit schraubenförmiger Stirnfläche nur in der Art und Weise, wie sie gedreht und festgestellt werden, von einander ab.

D. Der Fadenspannungsapparat

dient dazu, dem Faden, mit welchem genäht wird, die nöthige Spannung zu ertheilen. Bei der Einfadenkettennaht ist nur ein Faden vorhanden, also auch nur ein Spannungsapparat nöthig; bei der Zweifadenkettennaht ist für die zwei Fäden auch ein doppelter Spannungsapparat vorhanden; von den zwei Spannungsapparaten, welche die Steppnaht erfordert, ist der eine für den untern Faden im Schiffchen selbst angebracht und schon früher besprochen worden.

Der von dem Spannungsapparat kommende obere Faden muß nach dem Nadelöhr geleitet werden. Auf welche Weise dies geschieht, ist keineswegs gleichgültig, sondern im Gegentheil von größter Wichtigkeit, so daß die Fadenleitung mit zu den wesentlichsten Theilen der Nähmaschine gehört. Der *eigentliche Fadenspannungsappa-*

rat erfüllt eigentlich nur den Zweck, dem Faden nach Vollendung des Stichs die richtige Spannung und also der Naht die nöthige Festigkeit zu ertheilen; sie genügt aber nicht, während der Bildung des Stichs dafür zu sorgen, daß der Faden nicht bald zu locker und bald zu straff werde, wodurch viele Uebelstände hervorgerufen werden würden. Zu dem Zwecke ist die Führung des Fadens vorhanden, welche als ein zweiter Theil des Fadenspannungsapparats angesehen werden kann.

1. Der eigentliche Spannungsapparat.

Die Formen der Spannungsapparate sind so verschieden, daß die Beschreibung aller einzelnen allein schon ein kleines Buch füllen würde. Wir können uns darauf beschränken, alle die verschiedenen Arten dem in ihnen verwirklichten Prinzip nach in verschiedene Abtheilungen zu theilen und aus jeder Abtheilung nur ein oder mehre Beispiele aufzuführen.

Bei allen Spannungsapparaten ist der Faden gleichmäßig auf ein Röllchen gewickelt, damit er sich auch gleichmäßig ohne irgend welche Störung abwickeln könne. Gegen die Abwickelung des Röllchens ist aber immer ein größeres oder geringeres Hemmniß vorhanden und dadurch erleidet der Faden eben die größere oder geringere Spannung, da der Zug desselben es ja ist, welcher die Abwickelung bewirkt. In allen Fällen ist dies Hemmniß durch die Reibung bewirkt und nur die Art und Weise, wie diese Reibung hervorgebracht wird, unterscheidet die verschiedenen Spannungen.

Das einfachste und am nächsten liegende ist das, die Reibung am Faden selbst stattfinden zu lassen; so entstehen die Fadenspannungen durch Reibung des Fadens. Oder man läßt die Reibung an dem Röllchen, auf welchem der Faden aufgewickelt ist, oder an mit diesem fest verbundenen Theilen, z. B. an seiner Axe rc. wirken; so entstehen die Fadenspannungen durch Reibung des Röllchens. Endlich leitet man auch den Faden über ein besonderes Röllchen, welches durch den Zug des Fadens in Drehung versetzt wird, die nun aber wiederum ein durch Reibung hervorgebrachtes größeres oder geringeres Hemmniß zu überwinden hat; so entstehen die Fadenspannungen durch besondere Röllchen. Alle diese Systeme haben ihre besondern Vortheile und Nachtheile, welche im folgenden spezieller auseinandergesetzt werden sollen.

Fadenspannung durch Reibung des Fadens.

Die Reibung entsteht hier am Faden selbst, welcher über eine verschieden gestaltete Fläche gleitet und eine desto größere Spannung erleidet, je größer die Strecke ist, auf welcher er Reibung erleidet. Das Röllchen, welches den Faden aufgewickelt trägt, steckt hierbei ganz lose auf einem dünnen senkrechten Stift und man hat demnach bei dieser Art der Fadenspannung den Vortheil, daß man das Garn, auf die Röllchen aufgespult, in welchen es im Handel vorkommt, sofort für die Nähmaschinen verwenden kann. Man hat nicht nöthig, das Garn erst auf ein besonderes, für die Maschine passendes Röllchen aufzuspulen, und spart erstens Zeit und hat zugleich den Vortheil der sehr regelmäßigen Aufwickelung der Kaufröllchen, welche außerdem eine beliebige Größe erreichen können. In vielen Fällen beschwert man das Röllchen noch durch ein kleines Gewicht, welches ebenfalls auf den das Röllchen tragenden Stift gesetzt wird, um dem Faden, noch ehe er auf den eigentlichen Spannungsapparat gelangt, schon eine geringe Spannung zu ertheilen, welche einzig und allein den Zweck hat, den Faden auf der Strecke zwischen Röllchen und eigentlichem Spannungsapparat nie locker werden zu lassen.

Einen nach diesem Prinzip konstruirten Apparat zeigt Taf. IV Fig. 1 und 5. Ein auf dem Nähmaschinengestell aufgeschraubter Winkel t trägt fest angeschraubt eine horizontale Metallwalze s (von $1^1/_2$ bis 2" Länge und $^1/_2$ bis 1" Durchmesser. Auf dieser nicht drehbaren Walze sitzt vorn ein dünnes, um eine Schraube leicht drehbares Metallscheibchen a, dessen Durchmesser um $^3/_8$ bis $^1/_2$" größer ist, als der Durchmesser der Walze. An einer Stelle des überstehenden Randes hat dieses Scheibchen eine Durchbohrung, durch welche der Faden auf die Walze geleitet wird. Der Faden tritt zuerst in eine Durchbohrung des Winkels t, windet sich mehr oder weniger um die Walze und geht dann durch die zweite Durchbohrung der Scheibe a nach dem Nadelschieber. Damit der durch die Durchbohrungen gehende Faden nicht durch die Länge der Zeit eine Furche in das Metall schneide, sind die Oeffnungen mit Glas- oder Porzellanaugen versehen. Durch Drehung der Scheibe d kann die Anzahl der Windungen, in welchen der Faden um die Walze läuft, und dadurch die Spannung des Fadens vergrößert oder verringert werden. Die Feststellung der Scheibe geschieht durch eine Blattfeder u, welche gegen den geriffelten Rand der Scheibe drückt.

— Zu dieser Gattung gehört auch die innere Schiffcheneinrichtung, welche zur Spannung des untern Fadens dient. Derselbe läuft, wie aus früherem zu ersehen ist, durch mehr oder weniger kleine Oeffnungen der Schiffchenwand und erhält so durch Reibung seine Spannung.

Bei diesen Einrichtungen reibt sich der Faden auf einer Fläche, also nur einseitig. Bei andern Konstruktionen ist die Reibung des Fadens von zwei Seiten, so daß er wie zwischen zwei Fingerspitzen hindurchgeht. Zwei Scheibchen, zwischen denen der Faden geklemmt wird, werden zu diesem Zwecke von einer Spiralfeder mehr oder weniger zusammengepreßt und so ergiebt sich die Konstruktion der Fig. 5 auf Taf. V. Ein auf der Maschine senkrecht festgeschraubter Stift x, welcher — behufs des Festschraubens mittels eines Schlüssels — mit einem Vierkant versehen ist, trägt auf einem Ansatz zwei hohlgedrehete Stahlscheibchen v und w, oder Scheibchen von Glas, von denen das obere mittels einer Spiralfeder y und einer Mutter z mehr oder weniger auf die untere gepreßt wird. Der Faden wird einfach zwischen die Scheibchen geschoben und manchmal im Innern der Scheibchen noch um den Stift einmal herumgeleitet, damit er von dem Bestreben befreit werde, die Scheibchen zu verlassen. Von dem Garnröllchen gilt hier dasselbe wie oben. Diese Konstruktion hat wie alle, welche auf einer Klemmung des Fadens beruhen, den Nachtheil, daß die Dicke des Fadens auf seine Spannung Einfluß hat. Kommt nämlich eine dickere Stelle des Fadens zwischen die Scheibchen, so wird die Spiralfeder mehr zusammengedrückt und übt einen stärkeren Druck aus, welcher die Reibung des Fadens und dadurch seine Spannung vergrößert. Für Seide und Baumwollengarn, welche mit großer Egalität hergestellt werden können, ist dieser Umstand von nur geringer Bedeutung; Zwirn aber, welcher nie so gleichmäßig als Seide und Baumwolle ist, ist auf Maschinen mit solchem Spannungsapparat fast gar nicht zu verwenden.

Ganz dasselbe gilt von einem auf demselben Prinzip beruhenden Apparat, welcher in einer Blattfeder besteht, die an ihrem einen Ende ihren Stützpunkt hat und mittels einer Schraube mit dem andern Ende auf eine ebene Platte, welche gewöhnlich am Bügel angegossen ist, mehr oder weniger gedrückt wird. Diese Feder besitzt eine Reihe von kleinen Oeffnungen (1/24''), durch welche der von dem Röllchen kommende Faden abwechselnd auf- und absteigt, um endlich unter dem klemmenden Ende der Feder hervorzutreten und nach dem Nadelschieber zu laufen.

Fadenspannung durch Reibung des Röllchens.

In diesem System hat der Faden selbst gar keine Reibung zu ertragen; nur am Röllchen ist in diesem Falle eine Art Bremse angebracht und zwar am häufigsten der Einfachheit wegen an dem hölzernen Flansch des Röllchens selbst, welches zu dem Zwecke natürlich besonders hergestellt sein muß. Dadurch geht dann der Vortheil verloren, das Garn auf dem Röllchen, welches man kauft, direkt verwenden zu können. Nach einer der einfachsten Konstruktionen ist das Röllchen aus Buxbaumholz gedreht, hat einen ziemlich großen Durchmesser mit verhältnißmäßig kleinen Flanschen, von denen der eine circa 1/4" Stärke hat, weil auf dem cylindrischen Rande desselben eine Blattfeder schleift, deren Druck durch eine Schraube regulirt werden kann. Um die Reibung des Röllchens an der Feder so sanft als möglich zu machen, ist diese an der Stelle der Berührung mit etwas Filz oder einem Streifchen dicken, lockern Tuchs versehen, welches mit Schellack oder Siegellack befestigt ist. — Diese Anordnung hat den Nachtheil, daß das Holz selbst der Reibung unterworfen ist: da die Struktur des Holzes nicht überall am Rande des Flansches gleichförmig ist, so wird auch die Reibung, und somit auch die Spannung des Fadens, bald größer, bald geringer sein. Ueber die Dimensionen des Röllchens läßt sich hier dieselbe Regel aufstellen, welche bei der Besprechung der Röllchen für die Schiffchen schon erwähnt worden ist. Das Verhältniß des Durchmessers des Röllchens zum Durchmesser der Flanschen muß sich der Einheit so viel wie möglich nähern, d. h. der Durchmesser der Flanschen muß so groß wie möglich und die Differenz dieses und des Durchmessers des Röllchens selbst so klein wie möglich gemacht werden. Der Angriffspunkt der bremsenden Blattfeder ist allerdings bei dieser Konstruktion so unvortheilhaft wie möglich. Nennen wir den Abstand dieses Punktes von der Röllchenaxe R, den Halbmesser, mit welchem sich das Garn gerade vom Röllchen abwickelt, r, die am Rande des Flansches entstehende Reibung W, so wird die Spannung des Fadens ausgedrückt werden durch: $\frac{W \cdot r}{R}$. Aendert sich die Reibung plötzlich und geht in W' über, so wird auch die Spannung des Fadens plötzlich geändert und zwar um die Differenz: $\frac{(W' - W)\, r}{R}$. Ein Spannungsapparat ist aber desto besser, je gleichmäßiger der Faden gespannt bleibt, d. h. je geringer die obige Differenz ist. Man hat also r so klein als möglich und R so groß als möglich zu machen und es ergiebt sich auch hieraus die Forderung, den Durchmesser des Röllchens so groß wie möglich zu wählen und den Angriffspunkt der Bremse der Röllchenaxe so nahe wie möglich zu rücken.

Dieser letztern Bedingung genügt die Konstruktion der Fig. 26 auf Taf. I schon eher. Das Röllchen b dreht sich mit geringem Spielraum auf einer festen Axe a, welche am Gestell der Nähmaschine festgeschraubt ist. Eine Spiralfeder d, welche sich um die feste Axe windet, bringt den Druck auf das Röllchen hervor. Durch die Mutter nebst Kontremutter e läßt sich der Druck der Feder, also auch die Spannung des Fadens leicht reguliren. Unter und über dem Röllchen unmittelbar sitzt je ein ringförmiges Stück Tuch oder Filz g und h, um die Bewegung sanft zu machen. Zwischen dem untern Stück Tuch und der Spiralfeder ist noch ein Metallring f eingeschoben; ebenso zwischen dem obern Stück Tuch und der Mutter c, welche auf das obere Ende der Axe aufgeschraubt wird, um für den Druck der Spiralfeder einen festen Widerstand zu schaffen. — Fig. 6 zeigt dieselbe Einrichtung, in welcher nur die Spiralfeder durch eine Blattfeder c ersetzt ist, deren Druck durch die Schraube d regulirt wird.

Um die Reibung nicht auf dem Holz des Röllchens selbst stattfinden zu lassen, hat man dasselbe auf eine metallene etwas konische Axe gesteckt und dieser selbst an den konischen Spitzen die Reibung gegeben. Eine im Winkel gebogene Blattfeder a (Fig. 5), welche am Maschinengestell festgeschraubt ist, preßt diese Axe zwischen ihren Enden und der Druck dieser Feder wird durch einen Bolzen b mit darauf sitzender Mutter c hervorgebracht. Eine Modifikation dieser Konstruktion ist in Fig. 7 Taf. II dargestellt. Die Axe e, welche das Röllchen trägt, ist hier genau cylindrisch ausgebohrt und dreht sich auf einer andern festen Axe. Der Druck geschieht auch hier in der Richtung der Axe und wird in folgender Weise hervorgebracht. Die Büchse e wird mit dem darauf sitzenden Röllchen auf die feste Axe von rechts nach links aufgeschoben; sie ist an beiden Enden konisch ausgedreht und stoßt an einer Seite gegen den an der festen Axe befindlichen Konus b, an der andern Seite den an dem Stück g angedrehten Konus. Dies Stück g ist durchbohrt, wird ebenfalls auf die feste Axe geschoben und ist durch das in ihm befindliche Schräubchen, welches sich mit seiner Spitze in die Nuth c der Axe senkt, an der Drehung gehindert, ohne daß seine Bewegung in der Richtung der Axe aufgehoben wird. Hinter dies Stück wird ein ringförmiges Gutta-percha-Stück h aufgesetzt, auf welches endlich eine Schraubenmutter preßt. Der Gutta-percha-Ring ersetzt eine Spiralfeder und regulirt den Druck und somit die Fadenspannung. Diese Konstruktion ist der Umständlichkeit wegen, mit welcher das Aufbringen eines vollen Röllchens und das Abnehmen des leeren verbunden ist, wenig in Gebrauch. Eine ganz ähnliche hierhergehörige Vorrichtung ist in Fig. 16 Taf. VI dargestellt. Die Axe bc ist auch hier büchsenförmig gestaltet und dreht sich auf einer festen Axe a. Die Büchse ist nach außen wenig konisch abgedreht, damit das hölzerne Röllchen fest auf dieselbe aufgeschoben werden könne; außerdem hat sie einen erhabenen Rand b, welcher mit einer bremsenden Blattfeder versehen ist, die an dem Ende, wo sie die Axe berührt, mit Tuch oder Filz versehen ist und deren Druck durch eine Schraube mit Kontremutter beliebig verändert werden kann. Die vollständige Ansicht dieses Apparats zeigt Fig. 1. Alle diese Anordnungen haben den Nachtheil, daß die Röllchen besonders für den Spannungsapparat angefertigt werden müssen; außerdem wächst bei ihnen aus schon angeführten Gründen die Spannung des Fadens, je leerer von Garn das Röllchen gelaufen ist.

Fadenspannung durch ein besonderes Rad.

Das Röllchen selbst, von welchem der Faden abläuft, hat bei seiner Drehung keine Reibung zu erleiden, auch der Faden reibt sich nicht; sondern es ist ein besonderes Rädchen vorhanden, um welches der Faden geleitet wird und welches durch den Zug des Fadens selbst in Drehung versetzt wird. Die Drehung dieses sogenannten Spannungsrades hat die Reibung zu überwinden. Das Röllchen, von welchem der Faden abläuft, sitzt lose auf einem Stift und hat gewöhnlich nur die Reibung zu überwinden, welche durch sein eigenes Gewicht hervorgebracht wird. Ist dieses jedoch nicht hinreichend, um den Faden zwischen Spannungsrad und Röllchen straff zu erhalten, so wird es noch durch ein besonderes Gewicht beschwert. Eine solche Beschwerung läßt sich natürlich nicht abringen, wenn die Axe des Röllchens wagrecht liegt; in diesem Falle wird dieses noch mit einer besondern Bremsvorrichtung versehen, welche sich aber von den früher aufgeführten dadurch unterscheidet, daß die durch sie hervorgebrachte Reibung nur gering ist und nicht beliebig vergrößert oder verringert werden kann, so daß also in diesem Falle eigentlich zwei Spannungsapparate vorhanden sind. Dieser zweite unvollkommenere Spannungsapparat besteht häufig in einer Klemmvorrichtung, wie sie in Fig. 4 auf Taf. II dargestellt ist. Eine Büchse hat bei d einen Einschnitt und in diesem stoßen stumpf zwei Stöpsel zusammen, von denen der untere a durch eine feine Spiralfeder von Stahldraht c gegen den obern b, welcher fest eingeschraubt wird, gepreßt wird. Die beiden Stöpsel müssen gehärtet und genau eben geschliffen sein, damit der auf dem in e dargestellten Wege laufende Faden nicht das Bestreben zeige, die Klemme zu verlassen.

Das Spannungsrad dieser Apparate hat am Rande eine tiefe Furche, welche in der Tiefe so schmal und fein ist, daß der darin liegende Faden, so dünn und fein er auch ist, sich dennoch etwas klemmt und nicht gleitet, ohne das Spannungsrad selbst mit in Drehung zu versetzen. Zu diesem Zwecke ist das Spannungsrad oft noch mit großen Oeffnungen versehen, welche die Furche unterbrechen; sie bewirken, daß der Faden, an den Kanten dieser Oeffnungen vorbei gehend, die nöthige Reibung erhalte, um dem Rade seine Bewegung mitzutheilen. Das Bremsen dieses Rades geschieht wieder durch eine Spiral- oder Blattfeder.

Auf Taf. VII Fig. 3 und 20 ist ein solcher Spannungsapparat vollständig dargestellt. Ein beliebiges Röllchen b sitzt lose auf einem dünnen Stift und der von jenem ablaufende Faden windet sich, nachdem er den Klemmer c passirt hat, einmal um das Spannungsrad d, um dann nach dem Nadelöhr geführt zu werden. Das Spannungsrad dreht sich auf einer Hülse k, welche wiederum auf einem Vierkant der festen Axe g sitzt und also wohl in der Richtung dieser Axe sich verschieben, aber sich nicht drehen kann. Zwischen dem Bund der Axe und dem Spannungsrade einerseits und zwischen dem Bund der Hülse und dem Spannungsrade andrerseits sind ringförmig geschnittene Tuch- oder Filzstückchen eingeschoben, welche die Bewegung des Rades sanfter machen. Der Druck wird durch eine Spiralfeder e, welche mittels der Mutter f mehr oder weniger gespannt wird, hervorgebracht. — Dieser Spannungsapparat ist ziemlich vollkommen: er ist unabhängig von der Egalität des Garns, setzt dieses keiner Abnutzung aus und bringt eine äußerst gleichmäßige Spannung hervor.

Man hat diese Apparate wol auch mit einer Vorrichtung versehen, mittels welcher man die Größe der Spannung an einem Zifferblatt ablesen kann; man hat sich jedoch bald überzeugt, daß das Zifferblatt mit der Zeit unbrauchbar wird, indem die die Reibung des Spannungsrades immer hervorbringende Blatt- oder Spiralfeder in ihrer Elasticität nicht ganz gleich bleibt, und ist von dieser Anordnung zurückgekommen, da man sich ohnehin leicht daran gewöhnt, durch einen mit den Fingern bewirkten Zug an dem von dem Spannungsapparat kommenden Faden zu erkennen, ob die Spannung hinreichend stark genug ist, oder nicht.

2. Die Führung des Fadens.

Eine allgemeine Darstellung der Art und Weise der Fadenführung ist um so schwieriger, als dieselbe ganz und gar von der Anordnung der Maschinentheile, von der Art des untern Apparats und sogar von den Größenverhältnissen einzelner Theile abhängig ist. Gleichwohl sollen im folgenden wenigstens die Grundsätze der Leitung des Fadens angegeben werden, wenn auch eine specielle Besprechung derselben erst bei der Beschreibung der speciellen Nähmaschine möglich wird, an welcher sie angebracht ist.

Wir setzen voraus, daß der eigentliche Fadenspannungsapparat an irgend einem Punkte des Bügels befestigt ist. Den von ihm ablaufenden Faden denke man sich nach vorn über den Kopf des Bügels und von da direkt senkrecht herunter nach dem Nadelöhr geleitet, so daß also der Faden nur durch ein an dem obern Theile des Bügelkopfes angebrachtes Auge oder eine Drahtschnecke läuft. Man denke sich ferner die Maschine in Arbeit und gerade in dem Augenblick, wo die Nadel ihre höchste Stellung erreicht hat; der Faden sei straff gespannt. Senkt sich nun die Nadel, so bleibt der Faden unverändert in Lage und Spannung und das Nadelöhr gleitet über dem Faden herunter, bis es den Nähstoff erreicht und in diesen einzudringen beginnt. Von diesem Augenblicke an wird der Faden, der sich natürlich vom Spannungsapparat abwickeln muß, mit in den Stoff hinabgezogen und zwar um doppelt so viel, als die Senkung der Nadel von diesem Moment an beträgt. Hat die Nadel ihren tiefsten Punkt erreicht, so kommt auch der Spannungsapparat in Ruhe und ebenso der Faden auf dem Wege von jenem bis zum Nähstoff, während unterhalb dieses sich die Schlinge zu bilden beginnt. Die vollendete Schlinge wird nun von dem untern Apparat erfaßt und bei den verschiedenen Arten von Nähmaschinen mehr oder weniger ausgedehnt und verlängert, mehr oder weniger lange festgehalten und endlich wieder losgelassen. In vielen Fällen wird die Schlinge sogar so lange festgehalten, bis die Nadel, schon in der Bildung des folgenden Stichs begriffen, wieder ihre tiefste Stellung erreicht, wieder eine neue Schlinge gebildet hat und diese auch schon wieder von dem unterm Apparat erfaßt worden ist. Es wird hierdurch klar, daß unter diesen Verhältnissen bei der Bildung eines Stichs immer viel mehr Faden von dem Spannungsapparat abgewickelt wird, als der vollendete Stich aufzehrt. Die Folge davon wird also sein, daß, da vom Spannungsapparat sich viel Faden abgewickelt hat, der nach vollendetem Spiel der Nadel und des untern Apparats unnöthig geworden ist, der nicht verwendete Faden als lange Schleife unter dem Stoff liegen bleibt und keine ordentliche Naht zu Stande kommt. Allerdings sollte man denken, daß nun bei der Bildung des folgenden Stichs, wenn wieder Faden zur Erweiterung der Schlinge u. s. w. gebraucht wird, die liegen gebliebene Schlinge des vorhergehenden Stichs angezogen und so der Uebelstand von selbst beseitigt würde; dies ist aber nicht immer der Fall, indem die Reibung des Fadens beim gebildeten Stich im Stichloch durch die Berührung mit dem Stoff ꝛc. gewöhnlich größer ist, als die Kraft des Spannungsapparats, daß also die Schleife liegen bleiben wird, während der Spannungsapparat wieder die nöthige und nach Vollendung des Stichs wieder unnöthige Fadenlänge hergeben muß. Bei Maschinen, auf welchen nur ganz dünne und lockere Stoffe genäht werden, kommt es allerdings vor, daß einzig und allein die Bildung des folgenden Stichs die Schlinge des vorhergehenden anzieht.

Wir haben gesehen, daß sowohl die Nadel als der untere Apparat zu gewissen Zeiten Faden verbrauchen und zu gewissen Zeiten wieder frei geben. Hierbei kann es kommen, daß gerade die Nadel zu einer Zeit Faden verbraucht, wo der untere Apparat dieselbe Länge Faden freigiebt, oder umgekehrt. In diesem Falle würde natürlich die oben beschriebene Leitung des Fadens vom Spannungsapparat nach dem Nadelöhr vollkommen ihren Zweck erfüllen und zur Bildung einer guten Naht hinreichend sein. Dies Verhältniß tritt aber nie ganz so ein, sondern nur annäherungsweise, d. h. die Nadel verbraucht zu einer gewissen Zeit von dem Faden, welchen der untere Apparat freigiebt und umgekehrt, aber dies gegenseitige Ineinanderarbeiten findet nie so vollkommen statt, daß nicht immer noch Schleifen, wenn auch kleinere, unter dem Nähstoff liegen blieben.

Aus diesem allen geht hervor, daß eine besondere Vorrichtung vorhanden sein muß, welche den Faden, der nur zur Bildung des Stichs, nicht aber für den Stich selbst nöthig ist, hergiebt und ihn nach der Bildung des Stichs auch wieder aufnimmt. Dieser Zweck wird einfach dadurch erreicht, daß die Fadenleitung, d. h. der Weg, welchen der Faden von dem Spannungsapparat nach dem Nähstoff zurückzulegen hat, verlängert und verkürzt werden kann: wird die Leitung verkürzt, so wird von dem Faden, welcher vorher einen längern Weg zurückzulegen hatte, ein Theil frei, der für die Bildung des Stichs benutzt werden kann; wird nach der Bildung des Stichs wiederum eine gewisse Fadenlänge überflüssig, so wird die Leitung wieder verlängert und sie nimmt also dann die freigewordene Fadenlänge wieder auf. Die Leitung wird natürlich nachher genau um ebensoviel verlängert, als sie vorher verkürzt worden war; sie nimmt also genau wieder soviel Faden auf, als sie vorher abgegeben hatte. Da nun aber für den fertigen Stich wirklich eine bestimmte Fadenlänge verloren geht, so muß zu einer gewissen Zeit der Spannungsapparat dieselbe hergeben. Die Stellung der Nadel, bei welcher dieser den nöthigen Faden losläßt und also sich bewegt, ist bei verschiedenen Anordnungen eine verschiedene; meist will die Nadel den höchsten oder tiefsten Punkt ihres Hubes eben erreichen, wenn der Spannungsapparat Faden abläßt. An der unzeitigen Bewegung dieses Apparats kann man sofort erkennen, daß die Bildung des Stichs nicht regelmäßig erfolgt.

Die Verlängerung und Verkürzung der Fadenleitung wird gewöhnlich dadurch hervorgebracht, daß das Auge oder die Schnecke, durch welche der Faden hindurch muß, eine schwingende Bewegung erhält. Die durch ein solches bewegliches Führungsauge hergestellte Leitung des Fadens heiße die bewegliche Fadenleitung. Soll dieselbe ihren Zweck vollkommen erfüllen, so muß sie in jedem Augenblick, in dem Faden frei wird, denselben aufnehmen, und in jedem Augenblick, in dem Faden gebraucht wird, denselben abgeben, wenn nicht gerade der Spannungsapparat im Fadenlassen begriffen ist. Die Bewegung der Leitung muß also ein Gesetz befolgen, welches von der Bewegung der Nadel und des untern Apparats abhängig ist. Um dies Gesetz genau zu erfüllen, hat man die Bewegung auf die Leitung von einer excentrischen Nuth übertragen, welche auf der Hauptwelle der Maschine sitzt. Solche bewegliche Leitungen sind früher sehr häufig ausgeführt worden; aber einestheils ist es schwierig, die Nuth so zu konstruiren, daß sie den Bedingungen vollständig genügt, anderntheils läßt sich auch der Verlauf der Nuth erst dann finden, wenn man mittels der im übrigen schon fertigen Maschine durch Versuche das Gesetz gefunden hat, nach welchem die Leitung Faden aufnehmen und freigeben muß. Man ist deswegen bald von dieser Art der beweglichen Leitung zurückgekommen, besonders da ihre Herstellung wegen der excentrischen Nuth sehr theuer zu stehen kommt und die neuere Zeit einfachere Vorrichtungen hervorgebracht hat.

Die durch eine excentrische Nuth hervorgebrachte Bewegung der Fadenleitung hat die Eigenschaft, daß der von der Fadenspannung nach der Nadel geleitete Faden in keinem Augenblicke locker und schlaff wird, weil eben in jedem Augenblicke die Leitung nicht mehr Faden hergiebt, als Nadel und unterer Apparat aufnehmen, und nicht weniger aufnimmt, als jene hergeben. Eine solche Leitung nennt man daher eine vollkommene. In den meisten Fällen begnügt man sich aber mit einer unvollkommenen Leitung, d. h. einer solchen, welche nur annähernd ihren Zweck erfüllt und meist immer mehr, aber nie weniger Faden hergiebt, als die Nadel und der untere Apparat nöthig haben. Hierdurch entsteht dann allerdings der Uebelstand, daß der Faden zu gewissen Zeiten locker und schlaff wird und nicht immer gespannt bleibt. Dieser Uebelstand kann allerdings in so weit beseitigt werden, als er nachtheilig auf die Bildung der Naht einwirken könnte. Wenn nämlich die Nadel aus ihrer höchsten Stellung herabsteigt, ehe sie in das Zeug dringt, so muß ihr Oehr über dem Faden heruntergleiten und dieser muß dabei eine geringe Spannung haben, einestheils damit die Spitze der Nadel nicht zufällig in den noch unter ihr befindlichen, locker hängenden Faden selbst hineinsteche, anderntheils damit das Oehr nicht den Faden mitnehme und sich so auf der obern Seite der Naht kein sogenannter Schlupp, d. h. eine locker liegende Fadenschleife, bilde. Um dies zu vermeiden, bringt man einen kleinen und nur schwach wirkenden Klemmapparat an, welchen der Faden zwischen dem beweglichen Führungsauge und Nadelöhr passiren muß. Giebt nun die bewegliche Leitung zu viel Faden ab, so wird der Faden zwischen Spannungsapparat und Klemmer allerdings schlaff, bleibt aber zwischen Klemmer und Nähstoff immer etwas gespannt. Diesen Zweck hat man auch in der Weise zu erreichen gesucht, daß man den Faden mit einer sehr schwach wirkenden Feder in Verbindung gebracht hat, welche den etwa schlaff werdenden Faden durch ihre eigene Ausdehnung wieder schwach spannt und wiederum bei vermehrtem Verbrauch durch ihre

Zusammenziehung den Faden hergiebt. Aus dem Vorhandensein solcher Federn oder eines Klemmapparats zwischen Spannungsapparat und Nähstoff auf dem Wege der Fadenleitung kann immer geschlossen werden, daß die bewegliche Leitung keine vollkommene ist.

Das bewegliche Führungsauge, welches die periodische Verlängerung und Verkürzung der Fadenleitung hervorbringt, hat zu dem Zwecke gewöhnlich eine auf- und absteigende Bewegung, welche ihm von dem Nadelschieber oder Nadelhebel übertragen wird. In vielen Fällen ist das Führungsauge mit dem Nadelschieber oder Nadelhebel sogar fest verbunden. Wird dem Führungsauge eine solche Bewegung mitgetheilt, so sitzt der Spannungsapparat fest auf dem Bügel; umgekehrt hat man dasselbe Ziel auch dadurch erreicht, daß man das Führungsauge fest gemacht und dem Spannungsapparat die Bewegung mitgetheilt hat. Jedoch findet man diese Einrichtung, deren Herstellung umständlicher ist und mehr Kosten verursacht, selten ausgeführt. — Weiteres über die Einrichtung der Bewegung des Führungsauges ist erst bei der Beschreibung der Wirksamkeit der einzelnen Maschinen festzustellen.

III. Die Nähmaschine.

Nachdem die einzelnen Mechanismen besprochen worden sind, aus welchen die Nähmaschine besteht, gelangen wir jetzt zur wirklichen Zusammensetzung derselben und es sollen im folgenden die verschiedenen Arten der Anordnung besprochen werden. Es ist klar, daß, da es von den einzelnen Mechanismen schon an und für sich eine große Anzahl von verschiedenen Konstruktionen giebt, die vier Mechanismen einer Nähmaschine in sehr verschiedener Weise mit einander kombinirt werden können. Eine Beschränkung der Anzahl der verschiedenen Zusammenstellungen liegt allerdings darin, daß nicht jede Konstruktion des einen Mechanismus, z. B. der Transportirung, verträglich ist mit jeder Konstruktion des andern Mechanismus, z. B. des der Nadelbewegung. Hierzu kommt, daß für bestimmte industrielle Zwecke, welche die Maschine erfüllen soll, häufig eine bestimmte Form der Nähplatte erforderlich ist und daß von dieser Form wiederum die Anordnung der Mechanismen, besonders die des untern Apparats und der Transportirung, abhängig ist. So sind z. B. viele Maschinen dazu bestimmt, Gegenstände hohler Form zu nähen, und in diesem Falle ist es unumgänglich nöthig, erstens die Nähplatte in der Richtung der Transportirung so schmal wie möglich zu machen und auch dem so gebildeten Arm eine frei hervorragende Lage zu geben, damit die zu nähenden Gegenstände bequem auf diesem Arm unter die Nadel gebracht werden können. Natürlich kann unter diesen Verhältnissen, wenn die Maschine z. B. eine Schiffchenmaschine ist, die Richtung, in welcher sich das Schiffchen bewegt, nur parallel mit der Axe der Maschine genommen werden und außerdem wird es nur mit Schwierigkeit gelingen, eine Transportirung von unten anzubringen, weil für dieselbe der Raum sehr beschränkt ist.

Außerdem ist mit wenigen Ausnahmen für jede Nähmaschine auch nur eine Hauptwelle vorhanden, so daß also schon in dieser Hinsicht die Wahl der Anordnung des obern und untern Mechanismus und der Transportirung von einander abhängt. Die Lage der Hauptwelle ist also hauptsächlich das Bestimmende für die ganze Einrichtung. Im allgemeinen ist die Lage der Hauptwelle unter der Nähplatte mit einer Transportirung von unten, die Lage der Welle über der Nähplatte und parallel zur Axe der Maschine mit einer Transportirung von oben verbunden; jedoch kommen auch Ausnahmen vor. Zugleich ist zu bemerken, daß auch manchmal zwei Hauptwellen vorhanden sind. Der Nadelmechanismus wird nämlich, wenn die Hauptwelle über der Nähplatte liegt, einfacher herzustellen sein, als wenn sie unter der Nähplatte liegt; ebenso wird der Mechanismus des untern Apparats gewöhnlich einfacher, wenn die Hauptwelle unter der Nähplatte liegt, als wenn dies nicht der Fall ist: man hat deswegen durch die Anordnung zweier Hauptwellen, der einen unter, der andern über der Nähplatte, häufig Vortheil und ist dann zudem ganz frei in der Wahl einer Transportirung von oben oder von unten, von denen sich die erstere ebenfalls leichter mit einer Hauptwelle über, die letztere leichter mit einer Hauptwelle unter der Nähplatte verbinden läßt. — Die beiden Hauptwellen müssen dann natürlich gekuppelt sein und die Kuppelung ist meist durch Zahnräder, die je nach der gegenseitigen Lage der Wellen Kamm= oder Winkelräder sind, hergestellt. Winkelräder kommen selten in Anwendung, weil sie sehr genau gearbeitet sein müssen, um nicht zu viel Reibung und Geklapper zu verursachen, und weil ihre genaue Herstellung kostspielig ist Bei Maschinen größerer Gattung kommen Zahnräder überhaupt häufiger vor, als bei kleineren Maschinen, weil bei jenen die Anwendung zweier Hauptwellen wegen der vortheilhafteren Anordnung der einzelnen Theile, die hier durch größere Schwere derselben noch bei weitem nothwendiger wird, noch von größerem Einfluß auf den leichten und ruhigen Gang der Maschine ist. Zugleich bietet die Anwendung der Zahnräder noch den Vortheil, daß man die Abhängigkeit des obern und untern Mechanismus leicht nach Bedürfniß dadurch etwas verändern kann, daß man den Eingriff der Radzähne verändert; die Räder selbst bilden also ein sehr bequemes Mittel, die Maschine zu reguliren. — Wenn die auf beiden Wellen sitzenden Zahnräder mit einander arbeiten sollen, so müssen dieselben natürlich gleiche Durchmesser und gleiche Zahl der Zähne haben; sie drehen sich aber dann nicht in demselben, sondern im entgegengesetzten

Sinne und, wenn auch dies gerade für die Ausführung kein Hinderniß abgiebt, so zieht man es doch meist vor, die Wellen in gleichem Sinne sich drehen zu lassen, und erreicht dies dadurch, daß man noch ein drittes Zahnrad zwischen die beiden schiebt, so daß also eigentlich die Welle dieses Rades, von welcher die Bewegung abgeleitet wird, als Hauptwelle betrachtet werden muß, besonders da auch auf ihr gewöhnlich die Schnurscheibe sitzt, mittels welcher die Bewegung eines Schwungrades auf den Mechanismus der eigentlichen Nähmaschine übertragen wird. Durch Anordnung dieses dritten Rades ist zugleich auch ein Mittel in die Hand gegeben, die Drehung der beiden andern Räder zu beschleunigen; man giebt deswegen dem Durchmesser des dritten Rades eine drei- bis sechsfache Größe von dem der beiden andern. Dies thut man besonders dann, wenn die Maschine häufig mit der Hand in Bewegung gesetzt werden muß, weil dieselbe bald vollständig ermüden würde, wenn die von derselben bewegte Kurbel jedesmal für einen Stich auch einen ganzen Umlauf machen müßte. Die Theilung der Räderzahnung wählt man so klein als möglich, weil das Geklapper der Räder im allgemeinen dann am geringsten ist; je schwächer wiederum die Zähne sind, desto leichter brechen sie; diese Gefahr kann aber dadurch vermieden werden, wenn man die Zähne verhältnißmäßig breit macht. Eine Theilung von 2—3''' bei einer Breite von $^{3}/_{8}$ bis $^{1}/_{2}$'' ist angemessen.

Eine andere Kuppelung hat man dadurch herzustellen gesucht, daß man bei paralleler Lage der Wellen dieselben mit Kurbeln von gleicher Länge versieht und deren Warzen durch eine Zugstange verbindet, deren Länge gleich ist dem Abstande der Wellen von einander. Diese Anordnung vereinigt die Vortheile der einfachen Herstellung und des ruhigen, sichern Ganges mit dem einer geringen Reibung, wenn die Ausführung mit der gehörigen Genauigkeit stattgefunden hat.

Was über die Abhängigkeit der Anordnung der Mechanismen der Nadelbewegung, des untern Apparats und der Transportirung von einander gesagt worden ist, gilt nicht von dem Fadenspannungsapparat. Die Wahl dieses ist nur abhängig von der Einfachheit und Billigkeit der Herstellung und von der Vollkommenheit, mit welcher er allen Bedingungen genügt, die er zu erfüllen hat.

Wenn man unter den verschiedenen Anordnungen, welche die einzelnen Mechanismen zulassen, wählt, so hat man vor allen Dingen darauf zu sehen, daß man leicht zu jedem Theil der Maschine hinzu kann, einestheils um alle Flächen, welche sich gegen einander reiben, leicht mit Oel versehen, anderntheils auch um einer etwa eintretenden Unregelmäßigkeit im Gange der Maschine leicht begegnen zu können. Der Bau der Maschine ist in manchen Fällen schon an und für sich so beschaffen, daß alle Mechanismen, besonders der des untern Apparats, frei liegen und zugänglich sind; in vielen Fällen aber ist dies auch nicht der Fall und dann ist zu diesem Zwecke eine Oeffnung in der Nähplatte angebracht, durch welche man leicht von oben zu dem untern Apparat gelangen kann. Diese Oeffnung wird, während die Maschine in Gang ist, durch Klappen, Schieber ꝛc. geschlossen; jedoch muß die Einrichtung so sein, daß nichts über der obern glatten Ebene der Nähplatte hervorsteht, was die Bewegung des zu nähenden Stoffes behindern könnte. Da diese Oeffnung, welche zu dem untern Apparat führt, in der Nähe des Stichlochs liegt, so ist häufig die Stichlochplatte mit dem Schieber oder der Klappe ꝛc. vereinigt und dann ist genau dafür Sorge zu tragen, daß die das Stichloch enthaltende Platte während der Arbeit der Maschine nicht um das mindeste verrückt werden könne. Es muß also eine sichere Befestigung vorhanden sein, welche sich gleichwohl leicht öffnen läßt. Dieselbe läßt sich leicht durch eine Schraube, welche am Maschinengestell angebracht ist und in eine kleine Vertiefung der Stichlochplatte geschraubt wird, oder durch eine an der Platte befindliche Blattfeder, welche einen Stift trägt, der in eine Vertiefung des Gestells schnappt, ꝛc. bewerkstelligen.

Soll die Maschine nur mit der Hand gedreht werden, so wird sie gewöhnlich mittels einer eisernen Klammer und Schraube auf einem beliebigen Tisch festgeschraubt. Jedoch ist diese Einrichtung nur noch in seltenen Fällen vorhanden, wo es darauf ankommt, eine Maschine von größtmöglicher Billigkeit herzustellen, oder wo kein Platz vorhanden ist, einen besondern Tisch für die Maschine aufzustellen. Ueberhaupt hat sich der Gebrauch, die Maschine mit der Hand in Bewegung zu setzen, immer mehr vermindert, da erstens nur die linke Hand für die Richtung und Handhabung des Nähstoffes übrig bleibt und auch die rechte Hand durch die Arbeit des Drehens außerordentlich angestrengt wird. Gleichwohl sind die meisten Maschinen mit einer Kurbel versehen, mittels welcher die Hand sie bewegen kann, und dies geschieht auch, wenn die Maschine in Bewegung gesetzt wird, um also die Bewegung einzuleiten, und wenn die Maschine außer Bewegung gesetzt wird, um also die Maschine zu hemmen. Bei sehr schweren Maschinen ist sogar eine besondere Bremsvorrichtung vorhanden, um den Gang der Maschine plötzlich zu hemmen. Wenn die Maschine für einen sehr schnellen Gang eingerichtet ist, ist es sehr schwierig, auf ihr, wenn es einmal nöthig sein sollte, langsam zu nähen, weil das langsam rotirende Schwungrad nicht mehr im Stand ist, die Unregelmäßigkeiten der Bewegung auszugleichen, und in diesem Falle wird dann ebenfalls die Kurbel mit der Hand ergriffen und langsam gedreht.

Fast alle Maschinen werden jetzt mit dem Fuß in Bewegung gesetzt, welcher, ähnlich wie beim Spinnrade, auf einem Trittbrett steht und dieses auf- und niederbewegt. Mit dem Trittbrett ist eine aufwärts gehende Zugstange verbunden, welche mittels einer Kurbel die Hauptwelle der Maschine direkt in drehende Bewegung versetzt oder auch mit der Welle eines besondern Schwungrades verbunden ist, dessen Bewegung mittels Schnur- oder Riemscheiben auf die Hauptwelle der Nähmaschine übertragen wird. Die erstere Anordnung, bei welcher die Hauptwelle nur jedes Mal eine Umdrehung macht, wenn der Fuß auf dem Trittbrett einen Doppelhub vollendet hat, findet nur da ihre Anwendung, wo durch Verwendung von Zahnrädern bei einer Umdrehung der Hauptwelle mehre, drei bis sechs Stiche, gemacht werden. In diesem Falle muß eine von den ein kleineres Rad tragenden Wellen selbst mit einem Schwungrad versehen sein, um die Unregelmäßigkeit der Bewegung auszugleichen; die Anbringung des Schwungrades auf der das größere Zahnrad tragenden Welle ist unvortheilhaft, weil diese sich zu langsam dreht. — Der Mechanismus zum Treten ist an einem aus Holz oder Eisen zusammengesetzten Gestell angebracht, auf welchem die eigentliche Nähmaschine in einer solchen Höhe befestigt ist, daß die Hände mit Bequemlichkeit den Nähstoff auf der Nähplatte regieren können und daß das Auge des Arbeiters nicht allzufern vom Stichloch ist. Die Höhe des Gestells wird sich also zunächst nach der Stellung des Arbeiters richten und größer sein, wenn dieser bei der Arbeit steht, kleiner, wenn er bei der Arbeit sitzt. Ist die Maschine zu sitzender Arbeit eingerichtet, so wird die Nähplatte die Höhe eines gewöhnlichen Tisches erreichen und bei stehender Arbeit wird die Nähplatte um so viel in die Höhe rücken müssen, wie ein mittlerer stehender Mann größer ist, als ein sitzender. Rechnet man von dieser Höhe der Nähplatte den Abstand ab, welchen die Nähplatte von dem Auflager der eigentlichen Maschine auf dem Gestell hat, so ergiebt sich hieraus die Höhe des Gestells selbst. Es ist aber zu bemerken, daß nur noch wenige Arbeiter vor der Maschine stehend arbeiten, einestheils weil der Körper bei der Bewegung des Fußes nicht Ruhe genug bewahrt, um mit Sicherheit den Nähstoff handhaben zu können, und anderntheils weil es so unmöglich ist, den Tritt mittels beider Füße zugleich in Bewegung zu setzen, was die Arbeit des Tretens ungemein erleichtert. Dem erstern Uebelstand kann zum Theil dadurch abgeholfen werden, daß man dem Körper von hinten eine Lehne oder einen andern festen Stützpunkt giebt.

Das Gestell der Maschine ist häufig aus Holz konstruirt und hat, wenn sie mit als Möbel eines Zimmers angesehen werden soll, wol auch die Form eines Schrankes, dessen Thüren man öffnen muß, um zu dem Trittmechanismus zu gelangen. Ja es kommt vor, daß dieser Mechanismus so eingerichtet ist, daß die Maschine auf jedem beliebigen Tisch angebracht werden kann, wobei dann der Tritt auf dem Fußboden mit Holzschrauben befestigt werden muß. Diese Einrichtung soll einestheils die Maschine billiger, anderntheils leichter transportabel und an jedem Ort leicht aufstellbar machen; gleichwohl kommt man immer mehr von dieser Einrichtung zurück, weil so die Maschine nie die Festigkeit, Ruhe und Sicherheit erlangen kann, welche durchaus nöthig ist. Aus diesem Grunde kommen auch die Holzgestelle immer mehr außer Gebrauch, sodaß bald jede gute und solide Nähmaschine mit einem eisernen Gestell versehen sein wird. Es soll deswegen in folgendem nur die Konstruktion eiserner Gestelle näher besprochen werden.

Das Gestell der Maschine bildet eine Art Tisch, an welchem sich eine Tischplatte und ein Fuß unterscheiden läßt. Der Fuß besteht gewöhnlich aus zwei Seitentheilen, den sogen. Böcken, auf welchen die Platte von Holz oder Eisen liegt. Der Kürze wegen bezeichnen wir die Seite des Tisches, an welcher der Arbeiter sitzt, als die vordere, die gegenüberstehende als die hintere, endlich die zur rechten und linken Hand des Arbeiters befindliche als die rechte und linke Seite des Tisches. Da ein sicherer Stand dieses Gestells die erste Bedingung ist, welche erfüllt sein muß, so legt man die Böcke ziemlich weit auseinander und erreicht dadurch zugleich den Vortheil, daß ein genügender Raum zwischen ihnen nicht nur zur Anbringung des Trittmechanismus, sondern auch für einen Theil des Arbeiters bleibt, dessen Füße diesen Mechanismus in Bewegung setzen. Jeder Bock hat wieder zwei seitliche Füße, so daß der Tisch von vier Füßen getragen wird, welche in den Ecken eines ungefähr 2 bis 2½′ langen und 1½ bis 2′ breiten

Rechtecks liegen. Diese zwei gußeisernen Böcke sind durch andere Verbindungsstücke von Schmiedeeisen mit einander fest verbunden; jedoch ist bei dieser Verbindung immer Rücksicht auf das Anbringen des Tritts und des Schwungrades ꝛc. zu nehmen.

Die schmiedeeisernen Verbindungsstangen verbinden immer gleichliegende Punkte der Böcke, durch welche sie mit Zapfen hindurchgehen, die mit Schraubengewinde versehen sind und Muttern aufnehmen, welche die Befestigung herstellen. Mindestens zwei solcher Verbindungsstangen müssen immer vorhanden sein, gewöhnlich eine vorn und unten, und eine hinten und oben. Hierdurch ist aber das Gestell noch nicht gegen seitliche Schwankungen genügend geschützt und zu diesem Zwecke ist noch ein Verbindungsstück vorhanden, welches entweder wieder in einer schmiedeeisernen Verbindungsstange, die von hinten rechts oder links unten nach vorn links oder rechts oben läuft, oder in einem gußeisernen Stück besteht. Die durch diese Verbindungsstücke bewirkte Festigkeit des Gestells wird noch durch die Befestigung der Tischplatte auf den Böcken verstärkt. Die Tischplatte besteht in den meisten Fällen aus Holz und ist dann ³/₄ bis 1″ stark, oder auch wohl in einer dünnen und kreuzförmig gestalteten gußeisernen Platte; die Befestigung geschieht immer durch Schrauben oder Schraubenbolzen mit Muttern. Was die Anbringung und Lage des Tritts betrifft, so ist dieselbe abhängig von seiner Konstruktion. Er besteht in einer eisernen oder hölzernen Platte, die sich um eine wagrechte Axe dreht und so mehr oder weniger aus ihrer horizontalen Lage nach oben und unten entfernen kann. Denkt man sich den Fuß auf den Tritt gesetzt, so liegt die Drehaxe entweder ziemlich unter der Mitte des Fußes oder noch hinter der Hacke, so daß im ersten Falle beim Treten die Spitze des Fußes immer die entgegengesetzte Bewegung macht, als die Hacke, während im zweiten Falle die Hacke die Bewegung in derselben Richtung vollführt, wie die Spitze, nur daß der Hub der Bewegung von der Spitze nach der Hacke immer kleiner wird. Die erstere Konstruktion des Tritts hat die Wirkung, daß beim Treten fast nur der Fuß eine Bewegung um das Fußgelenk macht, während Ober- und Unterschenkel beinahe ganz in Ruhe bleiben; bei der andern Konstruktion jedoch heben und senken sich Ober- und Unterschenkel merklich mit. Ueber den Vortheil der einen oder andern Konstruktion kann natürlich nur die Bequemlichkeit entscheiden; aber die Gewohnheit des Arbeiters macht die Sache unentschieden und läßt ihm die Konstruktion am bequemsten erscheinen, mit welcher er längere Zeit gearbeitet hat. Liegt die Drehaxe unter dem Fuß, so theilt sie den Tritt in zwei Theile, von denen der vordere ungefähr doppelt so groß ist, als der hintere. Als Drehaxe benutzt man dann eine schmiedeeiserne Verbindungsstange, welche ungefähr 2 bis 3″ über der Ebene liegt, auf welcher der Maschinentisch steht und das oben erwähnte Fußrechteck in zwei gleichgestaltete Rechtecke theilt. Der Schwingungswinkel, welchen der Tritt bei seiner Bewegung beschreibt, beträgt nicht über 30° und wenn die Fußspitze ihren tiefsten Punkt erreicht hat, macht der Tritt immer noch einen Winkel von circa 10° mit der Ebene des Fußbodens, so daß die Fußsohle nie die wagrechte Lage erreicht, was auch bei der in diesem Falle ziemlich gestreckten Lage des Unterschenkels unbequem sein würde. Anders gestaltet sich die Sache, wenn die Drehaxe hinter der Hacke des Fußes liegt; dann benutzt man zu ihr eine schmiedeeiserne Verbindungsstange, welche nur 1 bis 2″ über dem Fußboden und parallel ziemlich gerade über der Seite des Fußrechtecks, die dem Körper zunächst ist, liegt. Dadurch bekommt der Unterschenkel eine ziemlich senkrechte Lage, und der Tritt wird dann so eingerichtet, daß er in seiner tiefsten Lage horizontal liegt; auch kann der Schwingungswinkel in diesem Fall etwas geringer als 30° genommen werden. — Hieraus geht hervor, daß die erste Konstruktion sich besser für einen sitzenden, die letztere besser für einen stehenden Arbeiter eignet.

Der Tritt ist gewöhnlich so eingerichtet, daß beide Füße auf ihm Platz haben und ein breiter Riemen ist über jedem Tritt befestigt, in welchen der Fuß gesteckt wird, so daß dieser nicht nur einen Druck nach unten, sondern auch nach oben ausüben kann, was besonders dann wichtig ist, wenn die Maschine ohne Beihülfe der Hand in Bewegung gesetzt werden soll. Am vordern Ende hat der Tritt ein Charnier, an welchem die Zugstange angreift; und dies ist ein Universal-Charnier, wenn die Drehaxe des Tritts nicht parallel liegt mit der Schwungradwelle oder, wenn kein besonderes Schwungrad vorhanden ist, mit der Hauptwelle.

Ist der Tritt von Eisen, so gießt man gewöhnlich an ihm ein Paar Knaggen an, welche durchbohrt werden, so daß sie auf die als Axe dienende Verbindungsstange, welche an der betreffenden Stelle abgedreht ist, gesteckt werden können, auf der sie durch ein Paar Scheiben und Stifte vor seitlicher Verrückung festgehalten werden. Fig. 20 und 21 auf Taf. III zeigen einen solchen Tritt von Gußeisen für zwei

Füße, dessen Axe unter der Fußsohle liegt, Fig. 11, 12 und 14 auf Taf. I einen eben solchen für einen Fuß; in Fig. 21 auf Taf. IV ist ein eiserner Tritt, dessen Drehaxe hinter der Hacke des Fußes liegt, für einen Fuß dargestellt und Fig. 18 auf Taf. III zeigt die entsprechende Konstruktion in Holz.

Die Lage der Schwungradwelle hängt natürlich ab von der Lage der Hauptwelle der Maschine und man muß die zwei Fälle unterscheiden, wo die Schwungradwelle parallel zur Drehaxe des Tritts oder senkrecht zu ihr liegt. Im ersten Falle sitzt das Schwungrad gewöhnlich auf einer gekröpften Welle, welche entweder mit Zapfen versehen ist und in entsprechenden Pfannen der beiden Böcke (Taf. III Fig. 20 und 21) oder welche zwischen Schraubenspitzen läuft, die mittels Kontremuttern ebenfalls in den Böcken befestigt sind (Taf. III Fig. 18). Hierbei ist zu bemerken, daß die Kontremutter an der linken Seite des Gestells nach innen, an der rechten Seite nach außen sitzen muß, damit das Bestreben vorhanden ist, daß die Muttern sich mit der Zeit immer fester ziehen (Siehe Taf. IV Fig. 21).

In selteneren Fällen und zwar nur dann, wenn die Schnurscheibe an dem Schwungrad selbst angebracht ist, dreht sich das Schwungrad auf einem Bolzen, welcher in dem rechten Bock festgeschraubt ist. Es wird vortheilhaft sein, das Schwungrad so weit nach rechts, ganz in die Nähe des rechten Bocks, zu verlegen, als es nur möglich ist, damit es den vor dem Tisch sitzenden Arbeiter so wenig als möglich inkommodirt. So ist es in Fig. 18 Taf. III angeordnet. Man legt die Schwungradwelle aus demselben Grunde auch so weit von dem Körper des Arbeiters fort als möglich. Liegt diese Welle jedoch rechtwinkelig zur Drehaxe des Tritts, so muß man zwei Lagerbuchsen für die Schwungradwelle anordnen, welche man gewöhnlich in zwei horizontal liegenden Verbindungsstangen anbringt, wie in Fig. 19 Taf. III dargestellt ist; oder man läßt sich das Schwungrad auf einem Bolzen drehen, der in einem rechtwinkelig nach innen vorstehenden Knaggen des rechten Bockes festgeschraubt ist. — Zur Verbindung des Schwungrades mit dem Tritt dient eine Zugstange von Holz oder Eisen. Die Verbindung derselben mit dem Tritt ist, wenn Schwungradwelle und Trittaxe parallell liegen, durch ein gewöhnliches Charnier, wenn dieselben aber senkrecht zu einander liegen, durch ein Universalgelenk hergestellt. Ein sehr einfaches Universalgelenk kommt hierbei oft unter der Form zweier genau in einander passender Ringe von Rundeisen vor, von denen der eine am Tritt, der andere am untern Ende der Zugstange befestigt ist (Taf. IV Fig. 21). Das obere Ende der Zugstange ist in allen Fällen der Einfachheit wegen ein einfaches Gelenk, welches entweder an der gekröpften Schwungradwelle, oder an einer mit dieser verbundenen Kurbel oder endlich an einem am Schwungrad selbst befindlichen Kurbelzapfen angreift. Diese einfache Charnierverbindung vertritt, wenn sich auch Schwungradwelle und Trittaxe kreuzen, ein Universal-Charnier und muß in diesem Falle so konstruirt sein, daß der Kurbelzapfen etwas länger gemacht wird, als sonst nöthig ist, damit der Gelenkkopf der Zugstange etwas Spiel auf ihm hat.

Auf der Schwungradwelle sitzt auch die Schnur- oder Riemscheibe, von der die Bewegung mittels einer Schnur oder eines Riemens, welche durch entsprechende Oeffnungen in der Tischplatte geführt werden, zu der auf der Hauptwelle der Maschine sitzenden entsprechenden Schnurscheibe übergeleitet wird. Ist eine Riemscheibe auf der Schwungradwelle vorhanden, so ist diese gewöhnlich nicht in einem Stück mit dem Schwungrad gegossen, wohl aber, wenn die Durchmesser der Scheiben so groß genommen werden können, daß eine Schnur in Anwendung kommen kann; ja häufig hat der Kranz des Schwungrades selbst eine Nuth, in welcher die Schnur läuft. Ueber die Größe des Schwungrades und der Schnurscheiben läßt sich im allgemeinen nichts feststellen. Nur im allgemeinen läßt sich bemerken, daß das Schwungrad in 1 Sek. nicht mehr als höchstens 2 bis 3 Umdrehungen macht, indem eine schnellere Trittbewegung des Fußes auf die Dauer nicht gut ausgeführt werden kann. Es kommt nun auf die Reibungswiderstände und die Trägheitsmomente in der Nähmaschine selbst an, wie groß das Umsetzungsverhältniß der Schnurscheibe genommen werden kann. Bei sehr leicht gebauten Maschinen, die also eine nur geringe Trägheit entwickeln und außerdem auch wenig Reibung haben, kommt ein Umsetzungsverhältniß von 6 : 1 vor, so daß also die Triebwelle der Maschine pro Sek. 18 Umgänge vollenden kann; da diese Maschinen gewöhnlich auch nur 1 Stich bei jeder Umdrehung der Triebwelle machen, so ergiebt sich hieraus die Anzahl der pro Minute ausgeführten Stiche = 1080, so daß man im Durchschnitt annehmen kann, die am schnellsten gehenden Nähmaschinen machen pro Minute 1000 Stich. Etwas schwerer gebaute Maschinen mittlerer Größe haben gewöhnlich ein Umsetzungsverhältniß von 4 : 1, wenn bei jeder Umdrehung der Triebwelle auch nur 1 Stich, aber sie haben ein Umsetzungsverhältniß von 2 : 1, wenn bei jeder Umdrehung der Triebwelle zwei Stiche vollendet werden, so daß man auf diesen Maschinen in einer Minute 720 Stiche machen kann. Nähmaschinen mittlerer Größe machen also 700 Stich pro Minute. Endlich haben die Maschinen größter Bauart nur ein Umsetzungsverhältniß von 2 : 1 bis 3 : 1, so daß sie in einer Minute höchstens 360 bis 540 Stiche auszuführen im Stande sind, indem sie bei jeder Umdrehung der Triebwelle gewöhnlich auch nur einen Stich ausführen, so daß eine Maschine erster Größe ungefähr 400 bis 500 Stiche in 1 Minute machen kann.

Die Nähmaschine ist auf der Tischplatte gewöhnlich durch Schrauben befestigt und zwar in allen den Fällen, wo man zu allen Bewewegungsmechanismen leicht gelangen kann, ohne die Maschine aufzukippen. Ist dies aber nicht der Fall, so ist die hintere Kante der Nähplatte mit Charnieren versehen, welche ein Aufkippen der Maschine bis zu einem Winkel von mindestens 45° gestatten. Während dies geschieht, muß dann natürlich die Schnur oder der Riemen von der Maschine entfernt werden.

Da die Nähplatte gewöhnlich nur eine geringe Ausdehnung hat, besonders bei den Nähmaschinen, auf welchen auch Stücke von hohler Form genäht werden sollen, so ist dafür gesorgt, daß man durch Aufsetzen eines hölzernen Anschiebetischchens die Fläche der Nähplatte erweitern kann, was durchaus nöthig ist, wenn man mit Nähstücken von großem Umfang zu thun hat, welche natürlich einer größeren Fläche zum ruhigen Aufliegen bedürfen. In vielen Fällen liegt auch die Nähplatte in gleicher Ebene mit der Tischplatte, so daß also dann kein Anschiebetisch nöthig ist; in diesem Falle muß aber, wenn die Maschine zum Nähen hohler Gegenstände eingerichtet ist, der Tisch mit einer Klappe versehen sein, durch deren Niederlassen der cylindrische Arm der Maschine frei gelegt werden kann.

Nach diesen allgemeinen Vorausschickungen kommen wir denn endlich zur Beschreibung der einzelnen Nähmaschinen selbst. Aus der so sehr großen Anzahl verschiedener Formen sind diejenigen herausgewählt worden, welche sich bis jetzt als die praktischsten bewährt haben. In der Reihe der Maschinen macht die Einfadenkettenstich-Maschine mit schwingendem Haken den Anfang, dann folgt die mit Drehhaken; hierauf kommen zwei Zweifadenkettenstich-Maschinen und endlich die Steppmaschinen, von denen die mit beweglichem Schiffchen am zahlreichsten vertreten sind und zwar in vier Arten, während eine Steppmaschine mit stehender Spule die ganze Reihe beschließt.

A. Die Maschine für Einfadenkettenstich mit schwingendem Haken.

Die in Fig. 1, 2, 3 und 4 auf Taf. I dargestellte Maschine ist schon eine ziemlich alte Konstruktion mit einer Transportirung von oben. Sie hat einen Durchgangsraum von nur 7$^1/_2$"; die Axe der Maschine erstreckt sich von der linken zur rechten Seite des Arbeiters, so daß die rechte Hand mit Leichtigkeit die an der Schnurscheibe befindliche Kurbel ergreifen kann. Die Richtung der Transportirung ist also vom Arbeiter hinweg gewendet, von der vordern nach der hintern Seite des Tisches. Der sich ebenfalls von links nach rechts erstreckende zweiarmige Hebel r s t, welcher an seinem linken Ende den Schnepper t trägt, gestattet, den Untertheil der Maschine so schmal zu gestalten, daß auf ihr mit Leichtigkeit Nähstücke von hohler Form verarbeitet werden können. Der Arm liegt deswegen ganz frei über dem Tisch in einer Höhe von 2 bis 4" und die Fläche der Nähplatte kann durch ein hölzernes Anschiebetischchen (h Fig. 13) beliebig erweitert werden. Die Triebwelle von $^1/_2$" Stärke liegt im Obertheil der Maschine, welches durch vier Schrauben mit dem Untertheil fest verbunden ist, parallel mit der Nähmaschinenaxe. — Der Untertheil der Maschine hat hinten, wo die Verbindung mit dem Bügel stattfindet, einen Fuß, welcher vier Lappen hat, die mittels Schraubenbolzen auf dem Tisch der Maschine befestigt werden. Die Nähplatte ist von niedrigen, ungefähr 1" hohen senkrecht nach unten stehenden Rändern begrenzt, die nach hinten zu in den erwähnten Fuß auslaufen. Sie hat vorn eine viereckige Oeffnung v, welche die Breite des Untertheils besitzt und ungefähr 2" lang ist. Ein Stahlschieber von $^1/_{16}$ bis $^1/_{12}$" Stärke (Fig. 8) wird quer über die Oeffnung geschoben, weswegen seine Ränder schwalbenschwanzförmig abgeschrägt sind. Dieser Schieber, welcher zugleich das Stichloch b enthält, trägt an seiner untern Fläche eine Blattfeder c angenietet, welche wiederum einen kurzen Stift d trägt, der in eine entsprechende Vertiefung w des Untertheils springt (Fig. 3), wodurch der Schieber fest gehalten wird. Will man den Schieber öffnen, so hat man erst die etwas vorspringende Feder zu heben und dann den Schieber herauszuziehen. Dicht unter dem Schieber oscillirt der Schnepper, so daß nur vielleicht $^1/_{24}$ bis $^1/_{16}$'' Spielraum zwischen beiden ist. Es ist genau darauf zu sehen, daß der Schnepper nicht am Schieber schleift und dadurch in seiner Bewegung gehemmt wird. Der Hebel, an welchem der Schnepper sitzt, hat seinen Drehpunkt ziemlich in der Mitte der Nähplatte, in welcher der Schraubenbolzen s fest eingeschraubt und durch eine Kontremutter an der obern Fläche der Nähplatte befestigt ist. Diese Mutter muß jedoch sehr flach und rund abgedreht sein, damit sie kein Hinderniß für die Bewegung des Nähstücks bildet. Der Stift u, gegen welchen der Schnepper rechts treffen muß, damit dieser bei der Weiterbewegung des Hebels eine kleine Vorrückung von hinten nach vorn erleide, ist in dem senkrechten Rande des Untertheils eingeschraubt und durch eine Kontremutter befestigt. Mit der Zeit nutzt sich der Stift sowohl als der Schnepper an der Berührungsstelle beider etwas ab und dann muß der Stift etwas weiter herausgeschraubt werden. Das hintere Ende des Schnepperhebels r (Fig. 1, 3 und 4) läuft in einen dünnen vierkantigen Stab aus, der aus einer hintern Oeffnung des Fußes um $^1/_2$ bis $^3/_4$'' hervorragt und mit dem untern Ende des an der Hinterfläche des Bügels angebrachten, senkrecht schwingenden Hebels q in Berührung ist. Dieser Hebel dreht sich um den Ansatz eines im hintern Theil des Bügels festgeschraubten Schraubenbolzens und trägt an seinem obern Ende ein Röllchen, welches auf cylindrischen Fläche des auf der Triebwelle hinten sitzenden Excenters o rollt. Eine Feder a, welche das hintere Ende des horizontalen Hebels von links nach rechts drückt, bewirkt, daß die beiden Hebelenden stets in Berührung bleiben, und daß das Röllchen des senkrechten Hebels immer auf dem Excenter bleibt. Es ist klar, daß der Schwingungshub der Schnepperspitze einzig und allein von der Form des Excenters abhängt. Die Größe aber, um welche die Schnepperspitze beim Beginn ihrer Bewegung von der Nadel entfernt ist, läßt sich leicht durch eine Schraube verändern, welche am untern Ende des senkrecht schwingenden Hebels eingeschraubt und durch eine Kontremutter befestigt ist. Das Ende dieser Schraube schlägt nun statt des Hebelendes selbst gegen das hervorstehende Stück des wagrechten Hebels; je weiter die Schraube herausgedreht wird, desto geringer wird der oben genannte

Abstand, desto eher schlägt aber auch der Schnepper gegen seinen Stift und desto größer wird die Verrückung des Schneppers von hinten nach vorn. Die Stellung der beiden schraubenförmigen Stifte bietet deswegen ein Hauptmittel der Regulirung der Maschine und durch die Veränderung ihrer Stellung kann man häufig alle Fehler, welche durch Abnutzung der Theile hervorgebracht werden, wieder beseitigen. — Am vordern Ende der Hauptwelle, im Kopf des Bügels, sitzt die Scheibe l mit excentrischer Nuth, welche den Nadelschieber h bewegt. Noch vor der Scheibe aber sitzt ein kleiner Excenter d mit cylindrischer Fläche, welche den Hin- und Hergang des Transporteurs a b, und ein Röllchen, welches den Hub des Transporteurs bewirkt, der hier auf $^5/_{16}$″ festgesetzt ist. Nehmen wir an, daß der stärkste Stoff, welcher auf dieser Maschine genäht werden soll, $^1/_4$″ stark ist, so darf der Nadelschieber nur so weit hinuntergehen, daß er nie mit seinem untersten Ende den Transporteurfuß berührt. Rechnet man für die Stärke dieses Fußes $^1/_{12}$″, so wird der Nadelschieber bei seinem tiefsten Stand noch um $^3/_8$″ von der Ebene der Nähplatte entfernt bleiben müssen. Nimmt man ferner an, wie es in der Zeichnung der Fall ist, daß die Spitze des Schneppers um $^1/_8$″ unter dieser Ebene liege, daß beim Erfassen der Schlinge das Nadelöhr um $^1/_{12}$″ unter der Schnepperspitze liege und daß der Hub zur Schlingenbildung $^1/_8$″ betrage, so ergiebt sich für die Nadellänge vom Nadelschieber bis zum Oehr eine Größe von $8^1/_2$‴. Hebt sich also der Nadelschieber um diese Größe, so wird das Nadelöhr gerade aus dem Stoff heraustreten. Ist nun die Spitze der Nadel $^1/_4$″ lang, so wird sich der Nadelschieber noch um 4‴ heben müssen, damit die Nadel im Stande ist, ganz aus dem Zeuge herauszutreten. So ergiebt sich denn für den Hub des Schiebers $12^1/_2$‴, wofür man gewöhnlich 13‴ nimmt. Hierdurch allein ist aber die Lage und Größe der excentrischen Kreisnuth, von welcher die Bewegung des Nadelschiebers ausgeht (Fig. 10), noch nicht bestimmt. Wir nennen diejenige Linie, welche von beiden Rändern der Nuth an allen Punkten gleich weit absteht, die Mittellinie der Nuth und auf die Konstruktion derselben kommt alles an. Die Mittellinie einer kreisförmigen Nuth ist ein Kreis. Denkt man sich den Durchmesser dieses Kreises gezogen, welcher zugleich durch den Mittelpunkt o der excentrischen Scheibe geht, so theilt der Mittelpunkt o, den Durchmesser in zwei Theile, M und N, deren Differenz M — N gleich dem Hub des Nadelschiebers ist. Der Theil N giebt zugleich den kürzesten Abstand des Kreises, welchen die Mittellinie der Nuth darstellt, vom Mittelpunkt der Excenterscheibe. Ist nun r der Radius des in der Nuth laufenden Röllchens, so ist N — r der kürzeste Abstand der innern Kante der Nuth vom Mittelpunkt der Scheibe. Auf der Scheibe sitzt aber noch ein kleiner Transporteur-Excenter, dessen größter Radius $^7/_{16}$'' ist. Es muß demnach mindestens $N - r = {}^7/_{16}$'' sein. Die Röllchen haben aber einen Durchmesser von $^3/_8$'', so daß $r = {}^3/_{16}$'' ist, woraus sich $N = {}^5/_8$'' ergiebt. Nun ist aber, wie wir gesehen haben, $M - N = {}^{13}/_{12}$'', woraus $M = {}^5/_8 + {}^{13}/_{12} = 1^{17}/_{24}$'', also der Durchmesser der Nuthmittellinie: $D = M + N = 2^{11}/_{24}$'', wofür man $D = 2^1/_3$'' setzt, also der Radius $R = 1'' \; 2'''$. Für den Abstand des Mittelpunktes der Scheibe vom Mittelpunkt der Nuth ergiebt sich demnach: $R - N = 1'' \; 2''' - {}^5/_8'' = 5^1/_2'''$. — Der Durchmesser des in der Nuth rollenden Röllchens bestimmt natürlich die Breite der Nuth; die Tiefe derselben beträgt $^1/_4$''.

Der auf dem hintern Ende der Hauptwelle sitzende Excenter, von welchem die Bewegung des Schneppers ausgeht, hat einen Rand, der aus zwei koncentrischen Kreisbögen von ungleichem Halbmesser zusammengesetzt ist, die durch unregelmäßig gekrümmte Linien in einander übergehen. Die Differenz der Halbmesser der beiden Kreisbögen bestimmt den Hub des Schneppers und je größer dieser sein soll, desto größer muß auch die genannte Differenz sein.

Es kommt nun darauf an, die Dimensionen dieses Excenters festzustellen, und dazu ist vor allen Dingen nöthig, die Größe der Bewegung des Schneppers zu bestimmen. Diese ist am besten durch graphische Konstruktion darzustellen; sie setzt sich aus drei Theilen zusammen: aus dem Abstand der Schnepperspitze von der Nadel beim Beginn der Schnepperbewegung, welchen wir in früherem $= {}^1/_8$'' angenommen haben; aus der Größe der Bewegung des Schneppers von der Nadel bis zur Berührung des Stifts, welche sich $= {}^3/_8$'' ergiebt, und aus einem dritten Theil, welcher die Verrückung von hinten nach vorn bewirkt. Um diese Verrückung hervorzubringen, muß der Drehpunkt des Schneppers eine seitliche Bewegung von $^1/_8$'' machen. Wollen wir die obigen Größen ebenfalls auf die Bewegung des Schnepperdrehpunkts zurückführen, so haben wir sie mit einer Größe $\frac{n}{m}$ zu multipliziren, worin m die Länge des untern Hebels von seinem Drehpunkt bis zur Schnepperspitze, n die Länge desselben von seinem Drehpunkt bis zum Drehpunkt des Schneppers bedeutet. In unserem Beispiel ist aber: $m = 5\frac{1}{2}''$ und $n = 4\frac{1}{2}''$, so daß sich $\frac{n}{m} = \frac{9}{11}$ und der ganze Hub für den Drehpunkt des Schneppers $= \frac{9}{11} \cdot \frac{1}{2} + \frac{1}{8} = 0{,}534''$, wofür man $\frac{1}{2}''$ nimmt. Ferner macht man die Arme des wagrechten und ebenso die des senkrechten Hebels gleich lang, so daß auch die Differenz der erwähnten koncentrischen Kreisbögen, welche den Umfang des Excenters bestimmen, $\frac{1}{2}''$ beträgt. Der Excenter ist mit einer Nadel versehen, welche $\frac{1}{4}''$ Wandstärke hat, so daß man $\frac{1}{2}''$ für den Radius des mehrerwähnten kleineren, $1''$ aber für den Radius des mehrerwähnten größeren Excenterkreisbogens nehmen kann. — Wenn der Nadelschieber seine tiefste Stellung erreicht hat, d. h. wenn sein Röllchen in α der Nuth des Nadelschieber-Excenters steht, muß das Röllchen m des hintern senkrechten Hebels den kleinern Kreisbogen des Schnepperexcenters verlassen; in $\alpha_{,}$ wird also der Uebergang zum großen Kreisbogen beginnen müssen. Der Einfachheit wegen nehmen wir an, das Röllchen des hintern senkrechten Hebels schwinge nicht in einem Bogen, sondern in einer geraden Linie om, welche durch den Mittelpunkt des Excenters geht. Wenn sich die Nadel um $\frac{1}{8}''$ gehoben hat, befindet sich das Nadelschieber-Röllchen in β und die Welle hat sich also um den Winkel $\alpha o \beta$ gedreht; also auch der Schnepperexcenter hat sich um einen diesem gleichen Winkel $\alpha_{,} o \beta_{,}$ gedreht. In diesem Moment muß aber der Schnepper sich ebenfalls um $\frac{1}{8}''$ fortbewegt haben: hieraus ergiebt sich der Punkt $\beta_{,}$ wenn wir $o\beta_{,} = o\alpha_{,} + \frac{1}{8}''$ machen. So zeichnen wir jetzt die Linie $\alpha_{,}\beta_{,}$ und führen sie, kontiniurlich verlängernd und spiralförmig um den Mittelpunkt des Excenters laufen lassend, in den größern Kreisbogen über. Bei der weitern Drehung bleibt nun der Schnepper auf seinem äußersten Punkt stehen und schlägt erst schnell zurück, wenn die Nadelspitze die Schlinge erfaßt hat. Je später der Schnepper zurückschlägt, desto sicherer wird die Schlinge erfaßt; jedenfalls muß er aber so früh zurückschlagen, daß die Schnepperspitze noch unter dem Nadelöhr und zwar gewöhnlich in einem Abstande von $\frac{1}{16}$ bis $\frac{1}{12}''$ zurückgeht. In unserer Zeichnung ist dieser Abstand $= \frac{1}{16}''$ genommen. Das Nadelschieberröllchen steht in diesem Moment in ε, das Röllchen des Schnepperexcenters, dessen Mittelpunkt die punktirte Linie $\alpha\beta\gamma \ldots$ durchläuft, wird sich also in diesem Moment mit seinem Mittelpunkt auch in dem entsprechenden

Punkt ε befinden müssen und zwar wird dieser Punkt ε um $^1/_8$'' von dem kleinern Kreisbogen $\alpha\zeta$ abstehen müssen. Man wird also den kleinern Kreisbogen $\alpha\zeta$ so durch einen Bogen $\zeta\varepsilon$ verlängern, daß dieser in ε schon eine radiale Richtung angenommen hat. Indem man von der so gezeichneten Bahn des Röllchenmittelpunktes m immer um den Halbmesser dieses Röllchens entfernt bleibt, findet man die Begrenzung des Schnepperexcenters, welche in dem Punkte, der das schnelle Zurückspringen des Schneppers bewirken soll, eine scharfe Kante hat. Hierdurch entsteht aber der Uebelstand, erstens, daß der Schnepper-Excenter sich an dieser Stelle sehr schnell abnutzt, weswegen man häufig dazu übergegangen ist, den Excenter aus Gußstahl herzustellen, dann aber auch, daß beim Gange der Maschine in diesem Moment immer ein bedeutender Schlag entsteht, welcher desto größer ist, je stärker die Spannung der gegen den horizontalen Hebel drückenden Feder ist. Aus diesem Grunde hat man sich häufig bewogen gesehen, den Excenter mit dem Rande zu ersetzen durch eine wirkliche excentrische Nuth, um der genannten Schlagfeder entbehren zu können. Dadurch kann man allerdings einen viel geräuschloseren und ruhigeren Gang der Maschine bewirken; aber die Nuth nutzt sich ebenfalls leicht ab und kann dann nur sehr schwer wieder reparirt werden, während man die Scheibe mit dem excentrischen Rande immer wieder etwas abdrehen und nachfeilen kann. Wenn auch hiernach der Excenter immer etwas kleiner wird, so läßt sich doch der so entstehende Fehler leicht durch den am untern Ende des hintern senkrechten Hebels befindlichen Stift verbessern, welcher dann etwas weiter herausgeschraubt werden muß, oder durch Aufsetzen eines neuen etwas größeren Röllchens. — Der Excenter ist durch eine Stellschraube, deren Spitze sich in eine entsprechende Vertiefung der Triebwelle senkt, befestigt. Durch eine geringe Verrückung des Excenters besitzt man ein wichtiges Mittel zum Reguliren der Maschine. Eine kleine Drehung des Excenters auf der Triebwelle in der Richtung der Drehung derselben bewirkt ein früheres Zurückschnellen des Schneppers, aber auch eine frühere Ankunft desselben an der Nadel, d. h. also eine Vergrößerung des Abstandes der obern Kante des Schneppers vom Nadelöhr bei seinem Zurückschnellen, ferner eine Verringerung des Schlingenhubes und eine Vergrößerung des Abstandes der Schnepperspitze vom Nadelöhr beim Erfassen der Schlingen. Eine Drehung des Excenters auf der Triebwelle in entgegengesetzter Richtung bewirkt natürlich das entgegengesetzte.

Die excentrische Cylinderfläche des Transporteur-Excenters ist ebenfalls wieder aus zwei ineinander übergeleiteten koncentrischen Kreisbögen zusammengesetzt. An der Stelle, an welcher der Excenter auf die Hauptwelle aufgeschraubt ist, hat diese einen Durchmesser von $^1/_4$''; man macht deswegen den Halbmesser des kleinsten der Bögen gleich $^1/_4$'', sodaß $^1/_8$'' Wandstärke bleibt, welche genügt, da der Excenter von Stahl hergestellt werden muß. Da nun die größte Stichlänge gleich $^1/_4$'' vorausgesetzt wird, so muß der Hub des Transporteur-Excenters $^1/_8$'' betragen, indem er gegen den Transporteur an einer Stelle drückt, welche ungefähr in der Mitte zwischen seinem Drehpunkt und der geriffelten Fläche seines Fußes liegt. Man macht daher den Halbmesser des größern Bogens gleich $^3/_8$ bis $^5/_{12}$''. Wenn das Röllchen des Nadelschiebers den Punkt m erreicht, muß der Excenter den Transporteur zu bewegen beginnen. Da der Transporteur links von seinem Excenter liegt (von vorn gesehen), so ist m, der Punkt, in welchem der kleinere Kreisbogen in den größern überzugehen beginnen muß.

Der Uebergang selbst wird durch eine Linie gebildet, welche den kleinern Kreisbogen tangirt und zuletzt durch eine kleine Biegung in den größern Kreisbogen verläuft. Diese Uebergangslinie muß so gestaltet sein, daß die Transportirung nur so kurze Zeit wie möglich dauert, d. h. der Centri-Winkel $m_1 o m_2 = \psi$, zwischen welchem diese Uebergangslinie liegt, muß so klein wie möglich sein. Die Uebergangslinie, welche den Rückgang des Transporteurs bewirkt, hat dieselbe Form, wie die eben beschriebene; weil auch der Rückgang so schnell wie möglich vollendet sein muß. Während dieser Rückgang erfolgt, muß der Transporteur auf seinem höchsten Punkt bleiben; daraus folgt, daß die untere Begrenzung des Gabelhebels c d, welche zwischen einem Centri-Winkel $= \psi$ liegt, ein Kreisbogen sein muß. Dieser Kreisbogen $\nu_1 \nu_2$ geht auf beiden Seiten in wagrechte Linien über. Aus der höchsten Lage des Gabelhebels ergiebt sich der Abstand, in welchem das den Hebel hebende Röllchen b vom Mittelpunkt der Excenterscheibe stehen muß. Die genaue Lage des Röllchens auf der Excenterscheibe ergiebt sich dann ganz bestimmt aus der Bedingung, daß der Transporteur sich zu heben beginne, wenn der Schnepper die Schlinge sicher gefaßt hat, d. h. ungefähr wenn der Schnepper gegen den Stift stoßt. Dies entspricht dem Moment, in welchem das Röllchen des Nadelschiebers im Punkt η der Nuth steht. Ist die Lage des Röllchens bestimmt, so ergiebt sich hieraus wieder der Punkt, wo der

Hub des Transporteurs eben vollendet ist und wo also der horizontale Rückgang desselben beginnen muß. Hieraus folgt die Lage des Punktes n_1 am Transporteur-Excenter, in welchem die zweite Uebergangslinie vom größern zum kleinern Kreisbogen beginnen muß.

Die praktische Ausführung der eben entwickelten Grundsätze über Form und Anordnung der einzelnen Theile ist so klar aus der Zeichnung und aus früher gesagtem ersichtlich, daß nichts weiter darüber angeführt zu werden braucht. Auch der angewendete Fadenspannungsapparat ist schon früher beschrieben worden und es bleibt nur noch übrig, einiges über die Leitung des Fadens vom Spannungsapparat nach dem Nadelöhr zu bestimmen.

Die bewegliche Leitung ist in unserm Falle eine unvollkommene und die Anwendung derselben wird sich aus folgender Ueberlegung rechtfertigen. Wir wollen einmal genauer untersuchen, wann von der Nadel und dem Schnepper Faden verbraucht und Faden freigegeben wird und stellen uns zu diesem Zwecke die Nadel in ihrer höchsten Stellung vor Der Schnepper hält in diesem Moment die Schlinge des vorhergehenden Stichs noch fest und das Nadelöhr gleitet über dem Faden herunter, ohne etwas davon zu verbrauchen. Erst wenn das Oehr in das Zeug dringt, wird Faden verbraucht; bald darauf läßt aber auch der Schnepper die Schlinge fahren und giebt also Faden frei. Die Fadenlänge, aus welcher die Schlinge gebildet ist, reicht aber nicht hin, um genug Faden zu liefern, welchen die immer tiefer sinkende Nadel verbraucht. Hieraus geht also hervor, daß, bevor der Nadelschieber auf seinen tiefsten Punkt sinkt, auch das Führungsauge sinken muß, um Faden frei zu geben, nnd die heruntergehende Bewegung des Führungsauges muß also schon beginnen, bevor das Nadelöhr in den Nähstoff dringt. Je früher das Führungsauge anfängt niederzusteigen, desto mehr Faden wird frei und desto loser wird er also. Ja gewöhnlich läßt man das Führungsauge mit dem Nadelschieber steigen und fallen, indem man es an diesem selbst befestigt. Hat nun die Nadel ihren tiefsten Punkt erreicht, so steigt sie wieder, um die Schlinge zu bilden, und während dieser Zeit darf die bewegliche Leitung eigentlich keinen Faden absorbiren, weil sonst die Schlinge wieder zugezogen werden würde; oder die Leitung muß vorher so viel Faden frei gegeben haben, daß sie jetzt, wenn sie mit der steigenden Nadel auch beginnt zu steigen, von dem überflüssigen Faden aufnehmen kann, ohne die Schlingenbildung zu stören. — Das Führungsauge sitzt an dem obern Ende des Nadelschiebers. Denken wir uns den vom Spannungsapparat kommenden, nach dem Führungsauge gehenden Faden zuerst in der Lage, wo der Nadelschieber seinen höchsten, dann aber in der Lage, wo derselbe seinen niedrigsten Punkt inne hat, so bilden beide Lagen des Fadens einen Winkel, welchen wir den Ausschlagswinkel der beweglichen Leitung nennen. Je größer dieser Winkel ist, desto größer ist die Wirksamkeit der Leitung, d. h. desto mehr Faden wird beim Niedergehn des Führungsauges frei, und desto mehr wird natürlich beim Steigen wieder von der Leitung aufgenommen. Dieser Winkel wird desto größer, je kleiner die Entfernung des Spannungsapparats vom Nadelschieber und je länger der Nadelschieber ist, an dessen oberem Ende das Führungsauge sitzt. Die Länge des Fadens, welche die bewegliche Leitung beim Niedergang des Schiebers frei giebt, liegt immer zwischen der einfachen und doppelten Größe des Nadelschieberhubes. — Die Wahl der richtigen Länge des Nadelschiebers und der Stellung des Spannungsapparats; d. h. die Wahl des Ausschlagswinkels kann, wie schon erwähnt, nur durch die Erfahrung bestimmt werden. Jedoch ist die Feststellung dieses Winkels dadurch erleichtert, daß eine Vergrößerug desselben über das richtige Maß hinaus keine eigentlichen wirklichen Nachtheile für die Naht hervorbringt.

Der Klemmapparat sitzt vorn auf der Kopfplatte und besteht in einer schwachen Blattfeder f (Fig. 1 und 7), welche an ihrem Ende eine kleine Stahl-Leiste trägt, welche gegen eine entsprechende, auf der Kopfplatte befindliche drückt, so daß zwischen beiden der Faden die Klemmung erleidet. Damit der Faden nicht aus dem Klemmer herausgleite, sind oft zwei Stifte ngebracht, zwischen welchen er geführt wird.

Die auf der Hauptwelle sitzende Schnurscheibe hat einen Durchmesser von 5″, während das zugleich als korrespondirende Schnurscheibe dienende Schwungrad einen Durchmesser von 15″ hat, sodaß das Umsetzungsverhältniß 3 : 1 beträgt. Da die beschriebene Maschine von mittlerer Größe ist, so wäre ein Umsetzungsverhältniß von 4 : 1 zulässig, wenn es nicht in der Natur der Maschine läge, daß sie ziemlich bedeutende Stöße beim Schlag des Transporteurs auf den Nähstoff und beim Schlag des hintern senkrechten Hebels an der eckigen Stelle des Excenters auszuhalten hätte.

Ein hölzernes Anschiebetischchen dient zur Erweiterung der Nähplatte und Schmierlöcher oder -kanäle führen nach allen Stellen hin, welche Reibung bewirken. Diese Maschine dient zum Aneinanderreihen der Tuche und Kattune in Fabriken, zur Mützenfutter- und Mützenfabrikation, zum Verzieren von Mänteln, Mantillen, Halsbinden, Handschuhen u. s. w. und zum Nähen von Säcken rc.

B. Die Maschine für Einfadenkettenstich mit sich drehendem Haken.

Die in Fig. 1, 2 und 3 auf Taf. II dargestellte Zeichnung ist eine Einfadenkettenstich-Maschine mit rotirendem Haken, einer Transportirung von unten und geringem Durchgangsraum. Der Unter- und Obertheil der Maschine ist in einem Stück gegossen und die Triebwelle b liegt unter der Nähplatte parallel mit der Axe der Maschine. Am hintern Ende der Triebwelle, welche einen Durchesser von nur $^3/_8$'' hat, weil sie nur auf eine kurze Strecke frei liegt und außerdem keinen großen Druck auszuhalten hat, leitet eine Zugstange h mittels eines Kreisexcenters die rotirende Bewegung auf einen zweiarmigen Hebel i über, dessen vorderes Ende den Nadelschieber k ergreift. Die Form des Hakens ist schon früher genau beschrieben; er sitzt an einem dünnen, $^1/_{12}$ bis $^1/_8$'' starken und $^1/_2$'' langen runden Zapfen, welcher in eine centrische Bohrung der Triebwelle genau paßt und mittels einer kleinen Stellschraube fest gehalten wird. Auf dem hintern Ende sitzt der Kreisexcenter, welcher mit einer kleinen Schnurscheibe und einem kleinen Schwungrad in einem Stück gegossen ist (Fig. 5). Eine Stellschraube befestigt dieses Rad auf der Triebwelle dicht hinter der hintern Lagerbuchse, in welcher die Welle läuft. Ein Stellring g sitzt vor der hintern Lagerbuchse auf der Triebwelle, welche also in dieser Weise gegen jede Verschiebung in der Richtung ihrer Axe gesichert ist. Die gußeiserne Zugstange (Fig. 10) müßte eigentlich in zwei Kugelcharnieren endigen; jedoch ist nur das obere wirklich ausgeführt, während das untere als gewöhnlicher Kreisexcenter gestaltet ist, der nur der Zugstange einiges Spiel in der Richtung der Axe der Triebwelle gestattet, also etwas breiter (um $^1/_{32}$'' ungefähr) sein muß, als die Zugstange unten stark ist. Ein Paar kleine Schrauben gestatten einen gewissen Anzug der Gelenke. Die Kugel des obern Gelenks ist am hintern Ende des Nadelschieberhebels (Fig. 11), welcher sich um einen am Bügel der Maschine festgeschraubten Bolzen dreht, fest eingeschraubt. Am vordern Ende hat dieser Hebel einen Schlitz c, in welchem ein horizontal am Nadelschieber (in i Fig. 12) hervorstehender Stift sitzt. Dieser Stift ist als Schraube gestaltet, deren Kopf eine seitliche Bewegung des Nadelschieberhebels verhindert und deren Verlängerung in einem senkrechten Schlitz des Bügelkopfes gleitet, um so eine Drehung des runden Nadelschiebers zu verhindern. Der Drücker ist ebenso gestaltet, wie der Schieber. Sein Fuß ist angeschraubt und auf ihm ruht die den Druck hervorbringende Spiralfeder, welche sich mit ihrem obern Ende gegen den Kopf des Bügels legt. Eine Schraube verhindert auch hier wie beim Nadelschieber eine Drehung und am obern Ende sitzt ein Ausrücker von gewöhnlicher Form. Die Nähplatte (Fig. 6) ist durch eine dünne Stahlplatte hergestellt, welche auf den Untertheil der Maschine mittels zweier Schrauben b aufgeschraubt ist. Die Triebwelle ragt vorn am Untertheil der Maschine um $^1/_2$'' hervor und ist an diesem Theil excentrisch abgedreht (a Fig. 5). Dieser excentrische Ansatz dient zur Bewegung des Transporteurs, und sitzt in einer quadratischen Oeffnung desselben, die einen etwas größern Querschnitt hat, als das dem Durchschnitt des excentrischen Zapfens umschriebene Quadrat. Diese quadratische Oeffnung des Transporteurs c (Fig. 2) ist auf der obern Seite von einem dünnen aufgeschraubten Stahlblättchen begrenzt, gegen welches sich der Excenter legt, wenn er den Transporteur hebt. Am hintern Ende des Transporteurs ist eine Bohrung in der Richtung der Transportirung, in welcher eine Spiralfeder sitzt, die sich mit dem aus der Bohrung hervorragenden Ende gegen den Schraubenbolzen v legt und so den Transporteur selbst immer gegen den Transporteur-Excenter drückt. Dicht vor dem Transporteur sitzt der Drehhaken, während sich rechts von ihm der Stichsteller befindet.

Der Drehhaken hat einen Durchmesser von 8''', also einen Halbmesser von 4'''. Nimmt man die Nähplatte $^1/_2$''' stark und läßt man die Hakenspitze, wenn sie ihre oberste Stellung hat, noch um $^1/_{12}$'' von der untern Seite der Nähplatte abstehen, so ergiebt sich der Abstand der Triebwellenaxe von der Ebene der Nähplatte = $5^1/_2$'''. Wählt man den Schlingenhub = $^1/_{12}$'' und den Abstand des Nadelöhrs von der Hakenspitze, wenn diese die Schlinge faßt, auch = $1/12''$, so folgt hieraus, daß das Nadelöhr um $3^1/_2'''$ unter der Ebene der Nähplatte stehen müsse, wenn es auf seinem tiefsten Punkt steht. Nimmt man ferner $2'''$ für die Stärke des dicksten Stoffs, welcher auf der Maschine verarbeitet werden soll, und $2'''$ für die Länge der Nadelspitze, so muß sich das Nadelöhr um mindestens $4'''$ über die Nähplatte erheben, damit die Nadel ganz aus dem Zeuge kommt. Nehmen wir dafür $4^1/_2'''$, so ergiebt sich für den Hub des Nadelschiebers $4^1/_2 + 3^1/_2''' = 8'''$. Die Länge der Nadel vom Schieber bis zum Oehr setzt sich aber zusammen aus dem Abstand des Nadelöhrs von der Nähplatten-Ebene, aus der Stärke des dicksten Stoffes und aus der Dicke des Drückerfußes, welche $1'''$ beträgt; hieraus ergiebt sich die Länge von $6^1/_2'''$, die man gewöhnlich auf $7'''$ erhöht. Die Arme des Nadelschieberhebels verhalten sich wie 3 : 1; also muß der Hub des Excenters $2^2/_3'''$ betragen, d. h. der Abstand des Excentermittelpunkts von der Axe der Hauptwelle = $1^1/_3'''$. Der Radius des Excenters setzt sich zusammen aus diesem Abstand ($1^1/_3'''$), ferner aus dem Halbmesser des Durchschnittskreises der Hauptwelle ($3/16''$) und der Stärke der dünnsten Wandstelle des Excenters ($1'''$), so daß sich also dafür $4^1/_2'''$ ergiebt; der Durchmesser des Excenters beträgt also $9'''$. — Die größte Stichlänge soll $1/8''$ betragen; also beträgt der Abstand des Mittelpunkts des Transporteur-Excenters von der Axe der Hauptwelle = $1/32''$. Da nun der Zapfen des Hakens $1/8''$ stark ist, so fällt die Axe des Transporteur-Excenters in die Oberfläche des Hakenzapfens und der Radius des Transporteur-Excenters wird also auf $1^3/_4'''$ festgesetzt werden können, der Durchmesser auf $3^1/_2'''$. Für die quadratische Oeffnung des Transporteurs, in welchem der Transporteur-Excenter sitzt, wird also eine Quadratseite von $5'''$ genügen, wenn man auf die größte Stichlänge ($1^1/_2'''$) Rücksicht nimmt. (Der Transporteur ist in Fig. 13 besonders abgebildet). — Der Spannungsapparat des Fadens ist aus der Zeichnung ersichtlich und es bleibt nur noch einiges über die bewegliche Leitung desselben zu sagen übrig. Wie man sieht, ist dieselbe Leitung wie bei der vorher besprochenen Maschine angewendet und es muß nun die Anwendung derselben gerechtfertigt werden. Wir untersuchen deswegen, wie das Freigeben und Verbrauchen des Fadens aufeinander folgt. Wir denken uns zu dem Zwecke die Nadel auf ihrem höchsten Punkte und sich zu senken beginnend. Das Nadelöhr wird am Faden heruntergleiten, bis es in das Zeug zu dringen beginnt. Von da an verbraucht die Nadel eine doppelt so große Fadenlänge, als die Größe beträgt, um welche sich die Nadel von da an bis zu ihrem tiefsten Punkte senkt. Während dieser Zeit hat sich die vom Drehhaken festgehaltene Schleife ihrer Größe nach fast nicht verändert. Während sich nun die Nadel wieder hebt, ergreift die Spitze des Hakens die Schlinge und erweitert diese bei seiner Weiterdrehung; zugleich wird die alte Schlinge frei und durch das Aufgehen der Nadel auch der beim Niedergang der Nadel verbrauchte Faden. Das Zuziehen der alten Schlinge giebt gerade Faden genug her, um die neue Schlinge zu erweitern; der beweglichen Leitung bleibt also nur die Aufgabe, beim Niedergang der Nadel so viel Faden herzugeben, als diese nöthig hat, und beim Aufgang der Nadel eben so viel wieder aufzunehmen. Dies wird dadurch erreicht, daß man den Faden von dem Fadenspannungsapparat zuerst nach einem Führungsauge leitet, welches dicht am Nadelschieber steht, und von da nach einem Führungsauge, welches am Schieber so hoch sitzt, daß es beim tiefsten Stande desselben noch immer über dem ersten Führungsauge bleibt. Zwischen diesem Führungsauge und der Nadel ist natürlich auch hier ein kleiner Klemmapparat eingeschaltet. Auf der Mitte des Weges vom Spannungsapparat nach dem ersten Führungsauge geht gewöhnlich der Faden noch durch ein Führungsauge, welches am Nadelhebel angebracht ist, und die Wirkung der beweglichen Leitung noch etwas verstärkt, so daß also eigentlich eine doppelte bewegliche Leitung vorhanden ist.

Die Maschine ist mittels einer von unten durch die Tischplatte gehenden Schraube befestigt. Die auf der Hauptwelle sitzende Schnurscheibe hat einen Durchmesser von 2¹/₄″, die korrespondirende Schnurscheibe aber, welche gleich mit dem Schwungrade verbunden ist, einen Durchmesser von 15″, so daß 6 : 1 das Umsetzungsverhältniß ist. In Kattunfabriken, wo diese Maschinen häufig zum Aneinandernähen der Kattunstücke benutzt werden, werden sie häufig durch Elementarkraft getrieben und man macht dann die treibende Schnurscheibe wol doppelt so groß und läßt sie 2 Umdrehungen in jeder Sekunde machen, sodaß in einer Minute eine Naht von 1500 Stichen vollendet wird. Eine so große Geschwindigkeit läßt sich dieser Maschine aus dem Grunde geben, weil alle Bewegungen, wie z. B. der Hub des Nadelschiebers, nur äußerst klein sind. Die Anwendung einer krummen Nadel (wodurch auch der Nadelschieber noch wegfällt), statt einer geraden, würde die beim Gange der Maschine hervorgebrachte Reibung noch mehr verringern und eine noch größere Geschwindigkeit zulassen. — Es ist oben erwähnt worden, daß die Schlinge vom Haken losgelassen wird, wenn eben die neue Schlinge von der Hakenspitze ergriffen worden ist. Früher haben wir gesehen, daß der Haken die Schlingen ein halbes Mal herumdreht; dadurch bekommen sie das Bestreben, sich in entgegengesetzter Richtung wieder aufzudrehen, und dabei legen sie sich manchmal vor die Hakenspitze, so daß sie von dieser zweimal ergriffen werden. Die Hakenspitze hat so zwei Schlingen auf einmal gefaßt und ein Zerreißen des Fadens ist unvermeidlich. Um diesen Uebelstand zu beseitigen, hat man vor dem Haken ein Stück von einer Art Ring e angebracht, dessen innere gerade Fläche von der Hakenspitze berührt wird und zwar gerade bis zu einer Zeit, wo die angegebene Gefahr vorüber ist, so daß der Bogen der Berührung kurz hinter der Nadel beginnt und ziemlich die Größe eines Halbkreises erreicht. Dieses Stück ist in Fig. 9 besonders dargestellt.

Ein doppeltes hölzernes Anschiebetischchen, welches von rechts und links an die Nähplatte geschoben wird, dient zur Erweiterung derselben. Das für diese Maschinen gebrauchte Gestell ist das in Fig. 21 auf Taf. III dargestellte. Durch eine längliche Oeffnung, welche sich in der Nähplatte befindet, bewegt sich die Schnur. An allen Theilen, welche der Reibung ausgesetzt sind, sind Schmierlöcher angebracht, um Oel aufgeben zu können.

Diese Maschinen werden jetzt zum größten Theil in Kattun- und Tuchfabriken benutzt, um die Stücke Zeug aneinander zu reihen; auch zur Mützen- und Mützenfutterfabrikation, zum Anfertigen von Halsbinden, Handschuhen 2c., zum Verzieren von Mänteln, Mantillen u. s. w. Ja man hat diese überaus zweckmäßige Maschine auch mit einer Transportirung von oben versehen, um nur auf ihr Stoffe nähen zu können, welche auf der untern Seite so locker sind, daß eine Transportirung von unten nicht anwendbar ist.

Die Anordnung würde sich dann am zweckmäßigsten so machen lassen, daß man zwei parallele Hauptwellen, eine über, eine unter der Nähplatte, anwendet und sie an ihrem hintern Ende durch zwei Kammräder von gleichem Durchmesser verbindet. Die Einrichtung des Bügels mit Nadelschieber und Transportirungsmechanismus kann ganz ähnlich der zuerst beschriebenen Einfadenkettenstich-Maschine mit schwingendem Haken hergestellt werden und es würde vortheilhaft sein, das Untertheil der Maschine als schmalen, frei wagrecht über dem Tisch liegenden Arm zu gestalten, damit auch Gegenstände hohler Form auf der Maschine verarbeitet werden können.

Es ist schon früher erwähnt worden, daß diese Tambourirmaschinen mit Drehhaken von James Willcox herrühren. Derselbe richtete sie zugleich so ein, daß sich auch noch andere Sticharten, die auch früher erwähnt worden sind, auf ihnen ausführen ließen. Er erreichte dies theils dadurch, daß er noch einen festen Haken unter der Nähplatte anbrachte, welcher die Wirksamkeit des Drehhakens veränderte, theils dadurch, daß er die Transportirung bei jedem zweiten Stich aussetzen ließ. Jedoch können diese Abänderungen nur als Spielerei betrachtet werden, da sie keine praktische Anwendung erfahren haben.

C. Die Maschinen für Zweifadenkettenstich

zerfallen nach den frühern Auseinandersetzungen in zwei Abtheilungen. Die Maschinen der ersten Abtheilung sind den Einfadenkettenstich-Maschinen mit schwingendem Haken durchaus ähnlich und sind zuerst in Frankreich ausgeführt worden, während die der zweiten Abtheilung aus Amerika stammen.

Wir haben schon früher gesehen, auf welche Art der Kettenstich mit zwei Fäden gebildet wird, und bemerkt, daß die Bewegungen des Schneppers ganz dieselben sind, wie die des Schneppers der Einfadenkettenstich-Maschine. Auch die Bewegung der Nadel ist demselben Gesetz unterworfen. Daher kommt es denn, daß man den ganzen Mechanismus einer Einfadenkettenstich-Maschine auch anwenden kann für eine Zweifadenkettenstich-Maschine; nur die Form des Schneppers selbst ist natürlich eine andere und daraus folgt, daß auch die Größe der Bewegung von links nach rechts und von hinten nach vorn sich etwas modificirt und also auch die Form des Schnepper-Excenters sich etwas ändert. Die Größe der Bewegung des Schneppers setzt sich auch hier aus drei Theilen zusammen: aus dem Abstand der Schnepperspitze von der Nadel beim Beginn der Bewegung, welche auch hier = $1/8''$ genommen wird; aus der Größe der Bewegung des Schneppers von der Nadel bis zur Berührung des Stifts, welche sich = $5/16''$ ergiebt;

endlich aus einem dritten Theil, welcher die Verrückung von hinten nach vorn bewirkt, = $^{5}/_{32}''$. Reduciren wir durch Multiplikation mit $^{5}/_{7}$, dem Verhältniß der Entfernungen des Schnepperdrehpunkts und der Schnepperspitze vom Drehpunkt des Schnepperhebels, die beiden ersten Bewegungen auf den Drehpunkt des Schneppers, so ergiebt sich für den seitlichen Hub dieses Punktes: $^{15}/_{32}''$, welches auch die Differenz der Radien der koncentrischen Kreisbogen ist, aus welchen der Umfang des Schnepper-Excenters zusammengesetzt ist. Man erhöht diese Differenz jedoch meist auf $^{1}/_{2}''$.

Der Spannungsapparat für den untern Faden ist unter der Nähplatte an der hintern Seite angebracht α (Fig. 1 Taf. I); damit man leicht zu ihm gelangen könne, ist die rechte Wand des Untertheils nach der punktirten Linie z ausgeschnitten. Die Axe des Spannungsapparats liegt horizontal von links nach rechts, der Faden läuft nach vorn in der Richtung des untern Hebels und tritt in den Schnepper von links nach rechts. Bei den geringen Oscillationen des Schneppers wird fast kein Faden von der Spule abgewickelt, welcher nicht auch wirklich für den Stich selbst gebraucht würde; daher kommt es, daß keine bewegliche Fadenleitung nöthig ist. — Beim Beginn des Nähens muß der vom Schnepper kommende untere Faden erst durch das Stichloch von unten nach oben gezogen werden. Dies geschieht dadurch, daß man den das Stichloch enthaltenden Schieber herauszieht, den Faden durch das Stichloch führt und dann die Platte wieder in die Maschine einschiebt.

An der untern Fläche des Schiebers ist vom Stichloch aus in der Richtung von links nach rechts eine kleine Aushöhlung gemacht, sodaß die Schlinge, welche vom Schnepper in dieser Richtung gezogen wird, so viel wie möglich freies Spiel hat. Eine ähnliche, aber kleinere Aushöhlung befindet sich an der obern Fläche des Schiebers, aber in entgegengesetzter Richtung, damit der eben gebildete Stich bei der Transportirung des Stoffes nicht an der obern Kante des Stichlochs sich stoße oder gar hängen bleibe. Dies ist besonders beim Kettenstich mit zwei Fäden nöthig, weil dieser auf der untern Seite des Stoffes etwas dick aufliegt.

In allen übrigen Theilen sind die Einfaden- und Zweifadenkettenstich-Maschinen vollkommen gleich; ja, wie schon früher erwähnt worden ist, hat man Maschinen gebaut für Ein- und Zweifadenkettenstich zugleich. Dies ist jedoch nicht rathsam; denn die Stellung des Stiftes zunächst, gegen welchen der Schnepper schlägt, ferner die Stellung des Stiftes, welcher die Berührung des senkrechten und horizontalen Hebels der Maschine regulirt, endlich auch die Form des Schnepper-Excenters sind in beiden Fällen wol annähernd, aber nicht vollständig gleich. Man müßte sich deswegen für eine mittlere Stellung der beiden erwähnten Stifte und für eine Durchschnittsform des Schnepper-Excenters entscheiden, wodurch eine Unsicherheit in der Bildung der Nähte beider Art entstehen würde. Man könnte hierbei einwenden, daß ja die Stellung der beiden Stifte nach Belieben jeden Augenblick verändert werden kann; dies ist allerdings richtig, aber in den meisten Fällen wird der Arbeiter nicht im Stande sein, d. h. nicht die Geschicklichkeit und die Kenntniß von dem Gange der Maschine besitzen, um diese Aenderung selbständig vornehmen zu können. Man ist deswegen fast ganz von dieser Kombination zweier Maschinen zurückgekommen.

Die Zweifadenkettenstich-Maschine nach dem System von Grover & Baker ist auf Taf. III in zwei senkrechten Durchschnitten (Fig. 1 und 2) und einer Ansicht von oben (Fig. 3) dargestellt. Die Hauptwelle y liegt senkrecht zur Axe der Maschine und unter der Nähplatte. Sie trägt mitten zwischen ihren zwei Lagern eine kleine Riemscheibe von 1″ Breite und 2″ Durchmesser und an ihrem rechten Ende eine Scheibe, welche einestheils als Excenter für die Transportirung von unten dient, anderntheils ein Röllchen von $^3/_8$″ Durchmesser trägt, das sich in dem Schlitz eines Hebelarms c bewegend diesen in schwingende Bewegung setzt. Dieser Hebelarm c ist ein Theil eines zweiarmigen Hebels, welcher bei d seinen Drehpunkt hat und dessen anderer Arm e die gekrümmte Nadel trägt. Der Krümmungshalbmesser der Nadel beträgt 9″ und als so groß kann auch nahezu der Durchgangsraum der Maschine angesehen werden. Die Nadel liegt mit ihrem zur Spitze entgegengesetzten Ende in einer am Nadelhebel befindlichen halbrunden Nuth, welche gerade so lang ist, daß sie bei der richtigen Einstellung der Nadel ganz von dieser ausgefüllt wird, und dadurch ein Nadellängenmaß entbehrlich macht. Ein einfacher Schraubenkopf hält die Nadel in ihrer Lage fest. Die Drehaxe d des Hebels ist zwischen Schraubenspitzen beweglich und liegt so dicht über der Nähplatte als möglich, damit die krumme Nadel unter möglichst rechtem Winkel in den Nähstoff dringe, welcher auf der Nähplatte ausgebreitet ist. Die Schraubenspitzen erleichtern eine präcise Einstellung der Nadel auf die Mitte des Stichlochs. — Die Weite des Schlitzes am Ende des untern Hebelarms c ist gleich dem Durchmesser des in ihm beweglichen Röllchens, also gleich $^3/_8$". Die Länge dieses Schlitzes ist um wenig größer als der Hub der Nadel, welcher sich folgendermaßen berechnet. In der eigenthümlichen noch näher zu besprechenden Einrichtung der beweglichen Fadenführung liegt es, daß der obere Faden, während die Nadel die ersten $^3/_{16}$" ihres Hubes zurücklegt, fortwährend straff gehalten wird und also keine Schlinge bilden kann. Erst nachdem sich die Nadel so weit gehoben hat, beginnt sich die Schlinge zu bilden und dann auch nicht ganz ungehindert. Der sich weiter nach oben bewegende Nadelhebel zieht jetzt nämlich selbst den Faden mit nach oben, natürlich um soviel, als er steigt. Aus diesem Umstande folgt, daß sich jetzt die Nadel um doppelt so viel heben muß, wenn sie eine gute Schlinge bilden will, als nöthig gewesen wäre, wenn dieser Umstand wegfiele; würde man sonst den Hub für die Schlingenbildung auf $^3/_{32}$" festgesetzt haben, so muß er jetzt auf das doppelte, also auf $^3/_{16}$" erhöht werden. Hierzu kommt $^1/_{12}$" als Abstand der Hakenspitze vom Nadelöhr nach Beendigung der Schlingenbildung, ferner $^3/_{16}$", als Abstand der Schnepperspitze von der Stichlochplatte, $^1/_{16}$" als Dicke der Stichlochplatte, $2^1/_2$''' als Dicke des stärksten auf der Maschine zu vernähenden Zeuges, $^1/_4$" als Länge der Nadelspitze vom Oehr an gerechnet und endlich noch $^1/_{12}$" als Höhe der Nadelspitze über dem Nähstoff in der höchsten Stellung der Nadel. Zählt man diese verschiedenen Größen zusammen, so ergiebt sich $1^1/_4$" als Hub der Nadelbewegung. Die Hälfte davon, also $^5/_8$", ist der Abstand des den Nadelheber in Bewegung setzenden Röllchens von dem Mittelpunkt der Scheibe, welche es trägt. Streicht man in der Reihe der oben aufgeführten Größen die Länge der Nadelspitze ($^1/_4$") und den Hub der Nadelspitze über den Nähstoff ($^1/_{12}$"), bringt aber wiederum $^1/_{12}$" hinzu, als Raum für den Drückerfuß zwischen dem Nähstoff und dem auf seinem tiefsten Punkte befindlichen Nadelhebel, so ergiebt sich gerade 1" für die Länge der Nadel vom Oehr bis zu dem Punkte, wo sie eingespannt ist. — Der ähnlich wie die sogenannte Unruhe einer Taschenuhr sich hin und her drehende Haken ist mittels einer Klemmschraube in einer $^5/_{16}$" starken Spindel befestigt, welche oben in einem Halslager q, unten aber mit einer konischen Spitze in einer entsprechenden Pfanne läuft, welche im obern Ende einer durch eine Mutter feststellbaren Schraube befindlich ist. Diese Spindel ist mit einer Art Schraubengang versehen, welchen man sich auf folgende Weise entstanden denken kann. Man denke sich die noch unversehrte runde Spindel an zwei diametral gegenüber liegenden Stellen der ganzen Länge nach flach gefeilt, sodaß ihr Querschnitt die Gestalt des schraffirten Theiles der Fig. 6 auf Taf. III annimmt; denkt man sich ferner den mittlern Theil der so veränderten Spindel schraubenförmig rechts gewunden und zwar so, daß die Windungen unter einem Winkel von 45° ansteigen: so hat man im wesentlichen ein richtiges Bild. Natürlich zeigt auch der schraubenförmige Theil der Spindel an jeder Stelle einen Querschnitt von der beschriebenen Form und die die Spindel in drehende Bewegung setzende Mutter besteht in einem einfachen Stahlplättchen a (Fig. 6), welches einen für den Querschnitt der Spindel passend breiten Schlitz enthält. Das Plättchen sitzt ebenfalls am untern Ende des Hebelarms c (Fig. 1), ist jedoch daran nicht besonders befestigt, sondern nur in einen Schlitz b desselben (Fig. 5) eingeschoben. Die Länge des schraubenartigen Ganges der Spindel berechnet sich aus dem Bogen, welchen der Haken zu beschreiben hat und welcher $^2/_3$ eines ganzen Kreises beträgt. Da die Windungen der Spindel unter einem Winkel von 45° steigen, so wird die Mutter sich genau um soviel heben, als die Länge des von dem Halbmesser des Spindelquerschnitts beschriebenen Bogens beträgt; da aber bei der vollständigen Drehung des Hakens der Drehungswinkel $^2/_3$ eines ganzen Kreises beträgt, so beträgt die Länge, auf welcher die Spindel gewunden ist, $^2/_3$ eines zu einem Durchmesser von $^5/_{16}$″ gehörigen Kreises, d. h. fast genau $^2/_3$″. Nun hat aber nach Vollendung der Schlinge der Haken schon seine Drehung begonnen und zwar hat sich die Spitze des Hakens um $^1/_8$″ fortbewegt, was einer Hebung der Mutter von $\frac{^5/_{16} \cdot {^1/_8}}{^1/_2} = {^5/_{64}}$ oder nahezu $^1/_{16}$″ entspricht. Der nicht gewundene untere Theil der Spindel würde demnach eine Länge von $^3/_{16} + {^3/_{16}} - {^1/_{16}} = {^5/_{16}}$″, der nicht gewundene obere Theil derselben aber eine Länge von $1^1/_4 - {^5/_{16}} - {^2/_3} = {^1/_4}$″ haben. — Der Transportirungsmechanismus ist an dem obern Theil einer Art doppelten Hängelagers angebracht, in welchem die Hauptwelle läuft (Fig. 2). Der Transporteur selbst trägt bei g das durch eine Schraube befestigte geriffelte Plättchen, bei l einen Stahlwinkel, welcher auf den excentrischen Flächen des Excenters läuft, und hat an seinem linken Ende einen Schlitz, welcher einen fest sitzenden Stift b gabelförmig umfaßt, der dem Transporteur zugleich als Drehpunkt und Geradführung dient. Zwischen einem an der untern Seite der Nähplatte b und einem an der obern Seite des Transporteurs c angegossenen Knaggen liegt die Spiralfeder, welche den Transporteur zwingt, den Flächen seines Excenters bei der Rückbewegung zu folgen. Damit der Knaggen c bei seiner hin- und her- und auf- und absteigenden Bewegung freien Spielraum habe, ist an der untern Seite der Nähplatte eine entsprechende Vertiefung e gelassen. In einem zweiten Schlitz a des Transporteurs liegt der Stichsteller, dessen Einrichtung aus Fig. 13 genauer zu ersehen ist. Er dreht sich um eine Schraube d und drückt mit federnder Kraft die Spitze des an seinem andern Ende befestigten Griffes e in kleine, auf einem Kreisbogen angeordnete Vertiefungen f, wodurch ein leichtes und sicheres Feststellen des Stichstellers ermöglicht ist. Die wirkenden Flächen des Transporteur-Excenters sind so gestaltet, daß das geriffelte Plättchen die Bewegung zur Bildung der Stichlänge eben zu machen beginnt, wenn die Nadel den höchsten Punkt ihres Hubes erreicht hat und also eben beginnt, wieder niederzusteigen. Kurz ehe der Transporteur die horizontale Bewegung beginnt, hat er sich um circa $^1/_{12}$" gehoben, und kurz nachdem er die horizontale Bewegung vollendet hat, senkt er sich wieder um $^1/_{12}$" und macht dann während der übrigen Zeit einer Umdrehung der Hauptwelle seine Rückbewegung. Die Form der cylinderförmigen Fläche des Transporteurs ist aus Fig. 7, die der spiralförmigen aber aus Fig. 8 zu ersehen, in welcher die Linie deabcd die Biegungen der Fläche versinnlicht. In beiden Figuren sind mit gleichen Buchstaben diejenigen Stellen der beiden Flächen bezeichnet, welche zu gleicher Zeit mit dem Transporteur in Berührung kommen. Während das Stück ab der Fig. 7, welches den Kreisbogen dea in den etwas größern Kreisbogen bc überführt, den Transporteur um $^1/_{12}$" hebt, verhindert das Stück ab der Fig. 8 die horizontale Bewegung des Transporteurs, welche zwischen b und c beginnt. In dieser Zeit verhindert wieder der Kreisbogen bc der Fig. 7 eine vertikale Bewegung; erst nach Vollendung der horizontalen Bewegung, zwischen c und d der Fig. 8, gestattet das Stück cd der Fig. 7 wieder ein Sichsenken und nach Vollendung dieses tritt zwischen d und a (Fig. 8) die Rückbewegung ein, während welcher der Kreisbogen dea der Fig. 7 den Transporteur auf dem tiefsten Punkte erhält. — Der Drücker l (Fig. 1, 2 u. 10) ist aus einem Streifen gebogenen Stahlblechs hergestellt, welcher in dem Kopf des Bügels mit seinen abgeschrägten Seiten, die dem Drücker einen schwalbenschwanzförmigen Querschnitt geben, eine einfache Führung hat. In einer Höhlung des Kopfes liegt die Spiralfeder, welche den Druck des Drückers hervorbringt; dieselbe stützt sich an ihrem obern Ende gegen den obern Theil des Kopfes selbst, an ihrem untern Ende aber gegen einen am Drücker festgenieteten Stift. Der Drücker hat an seinem obern Ende einen länglichen Schlitz, in welchem der Ausrücker x wirkt, der in einem entsprechenden Schlitz des Bügelkopfes drehbar ist. Der Drücker muß bei der Zusammensetzung der Maschine mit seiner Spiralfeder und seinem Ausrücker schon am Bügel angebracht sein, ehe dieser selbst durch zwei Schrauben fest mit der Nähplatte verbunden wird. Der Fuß des Drückers hat eine gabelartige Form, welche von der Form des geriffelten Plättchens (Taf. III Fig. 4) abhängig ist. Von der Form dieses Plättchens und der Größe des größten Stichs, welcher hier zu $^1/_4$″ bestimmt ist, hängt wiederum die Form der entsprechenden Oeffnung in der Stichlochplatte ab. Dieselbe ist durch zwei Schrauben auf der Nähplatte befestigt und bedeckt einen Theil der in dieser befindlichen $2^1/_4$″ breiten und $2^5/_8$″ langen Oeffnung, deren anderer Theil von einem Schieber bedeckt ist, so daß man mit Leichtigkeit zu dem untern Apparat gelangen kann, wenn man den Schieber entfernt. Das Stichloch hat nahezu die Größe von $^1/_{12}$″, ist an der untern Seite der Stichlochplatte erweitert (Fig. 9) und verläuft an der obern Seite in der Richtung der Fortbewegung des Nähstoffs durch eine kleine Vertiefung, welche zur Aufnahme der an der untern Seite des Nähstoffs etwas dick aufliegenden Stiche dient.

Das Röllchen, von welchem sich der untere Faden abwickelt, sitzt lose auf einem dünnen horizontalen Stift, welcher an der untern Seite der hölzernen Tischplatte befestigt ist; von da läuft er nach dem Spannungsapparat w (Fig. 3) und dann direkt nach dem Haken. Die Einrichtung des Spannungsapparats ist nach der Zeichnung aus früherem verständlich. Derselbe Spannungsapparat befindet sich auch für den obern Faden am Nadelhebel, während hier der Stift für das Garnröllchen t an dem hintern Ende des Bügels angebracht ist. Ehe jedoch der vom Spannungsapparat kommende obere Faden das Nadelöhr erreicht, geht er durch einen langen Schlitz des gebogenen Stabes k, um welchen eine feine Spiralfeder von Messingdraht gewunden ist, die dem Faden einen sanften Druck nach oben giebt. Der Stab k ist durch eine kleine Klemmschraube in dem Bügel der Maschine befestigt und die lichte Weite der Spiralfeder ist um etwas größer als der Durchmesser des Stabes, sodaß jene sich auf diesem spielend verlängern und verkürzen kann. Die Feder legt sich mit ihrem einen Ende gegen den Bügel selbst, folgt der Krümmung des Stabes und trägt an ihrem andern Ende eine Stahlhülse, welche mit ihrem obern wulstigen Rande allein mit dem Faden in Berührung kommt. Der Ausdehnung der Spiralfeder wird durch einen oben auf dem Stabe k befindlichen Knopf eine Grenze gesetzt. Die Fig. 12 zeigt die Vorrichtung in natürlicher Größe, Fig. 11 das vordere Ende des Nadelhebels mit einer Vorrichtung versehen, welche ebenfalls zur beweglichen Führung des obern Fadens gehört. Ein T-förmiges Stahlplättchen h ist mit einem zweiten fast ebenso geformten (nur daß der eine Arm fehlt) durch eine Schraube am Nadelhebel befestigt. Die links hervorstehenden Arme derselben sind da, wo sie auf einander liegen, mit Tuch belegt und halten zwischen sich den von der Spiralfeder kommenden und nach dem Nadelöhr gehenden Faden fest. Jedoch wird der Faden nicht in jedem Moment von diesem Klemmapparat festgehalten, weil der rechte Arm des obern Stahlplättchens auf einem am Kopf des Bügels befestigten Stück g schleift, wodurch die Klemme zu gewissen Zeiten offen gehalten wird. Das Stück g ist ebenfalls nach dem von der Nadel bei ihrer Bewegung beschriebenen Bogen geformt und hat nur da eine Vertiefung n erhalten, wo der Klemmer seine Wirkung thun soll. Die oben beschriebene Spiralfeder erhält nämlich durch Ausübung ihres Druckes gegen den obern Faden diesen immer gespannt und würde es also auch nie zu einer Schlingenbildung, welche ja eben in einer Schlaffheit des Fadens besteht, kommen lassen, wenn der Klemmapparat den Faden nicht vor der straffziehenden Kraft der Spiralfeder schützte. Während nun aber die aufsteigende Nadel die ersten $^3/_{16}$" ihres Hubes zurücklegt, ist der Klemmer geöffnet; erst jetzt schließt er sich, faßt den Faden wie zwischen zwei Fingern und die Schlingenbildung beginnt. Man muß aber nun auch bedenken, daß der Klemmapparat sich mit dem Nadelhebel nach oben bewegt und also doch den Faden etwas anzieht, allerdings nur halb so viel, als durch die Bewegung der Nadel frei wird. Daher kommt es denn aber, daß bei dieser Anordnung die Schlingenbildung auch doppelt so lange dauert, als sonst, d. h., daß der Hub zur Schlingenbildung doppelt so groß genommen werden muß, wie schon früher erwähnt worden ist. Sobald die Schlinge gebildet und vom Haken erfaßt worden ist, öffnet sich auch der Klemmapparat wieder und der obere Faden kommt nun wieder unter den Druck der straffziehenden Spiralfeder. Die Wirkung dieser wird erst vollständig ersichtlich, wenn man eine vollständig auf- und niedersteigende Bewegung des Nadelhebels verfolgt. Wir beginnen mit dem Moment, in welchem er seinen höchsten Punkt erreicht hat. Auch die Spirale hat dann ihre größte Ausdehnung und die Hülse derselben befindet sich ebenfalls auf ihrem höchsten Punkt. Der Haken hält in dieser Zeit die Schlinge des vorhergehenden Stichs noch fest und das Nadelöhr gleitet über den Faden herunter, ohne eher etwas von dem Faden zu verbrauchen, als es in den Nähstoff gedrungen ist: bis dahin ist also auch die Spiralfeder in Ruhe. Dann aber tritt Fadenverbrauch ein und zwar muß doppelt so viel Faden von der Spiralfeder frei gegeben werden, als der Weg beträgt, welchen die Nadel von da an zurücklegt. Da die geringe, durch die Schwingungen des Nadelhebels hervorgebrachte Bewegung des Spannungsapparats nicht in Betracht kommt, so ist klar, daß gerade so viel Faden von der Spiralfeder freigelassen wird, als der Weg beträgt, welchen ihre Hülse sinkend zurücklegt, und daß dann natürlich auch so viel von ihr aufgenommen wird, als der Weg beträgt, welchen die Hülse steigend zurücklegt. Während des ganzen Niederganges der Nadel verbraucht sie aber, wie man leicht berechnen kann, 1‴ (so groß sei der gemachte Stich) und 2 mal 11‴ Faden, wenn wir annehmen, daß Zeug von 2½‴ Stärke auf der Maschine genäht wird. Der Fadenverbrauch beträgt also 23‴. Bedenkt man nun, daß das obere Garnröllchen für jeden Stich 3½‴ Fadenlänge hergiebt und daß durch Freilassen der Schlinge des vorhergehenden Stichs ebenfalls eine Fadenlänge von 10½‴ abgegeben wird, so ergiebt sich durch Abzug dieser beiden Größen eine Fadenlänge von ¾″, welche von der Spiralfeder periodisch geliefert und wieder aufgenommen werden muß. Demnach muß der in dem die Spiralfeder tragenden Stabe befindliche Schlitz ¾″ Länge haben. In der oben berechneten Größe von 23‴ ist auch die doppelte Dicke des Nähzeugs und die Länge des Stichs mit enthalten; in der zweiten oben berechneten Größe von 3½‴, welche wieder in Abzug gebracht wird, ist aber die Länge des Stichs und die einfache Dicke des Nähzeugs und in der dritten Größe von 10½‴, welche ebenfalls in Abzug gebracht wird, ist die Dicke des Zeugs nochmals enthalten: hieraus folgt, daß die Länge des Schlitzes unabhängig ist von der Stichlänge und von der Zeugstärke. — Beim Niedergang der Nadel wird also zuerst die nöthige Fadenlänge von der sich zusammenziehenden Spiralfeder hergegeben; hat der obere Faden das untere Ende des mehrerwähnten

Schlitzes erreicht, so wickelt sich das obere Garnröllchen unter Mitwirkung des Spannungsapparats ab und inzwischen ist auch die Schleife des vorhergehenden Stichs wieder frei geworden und giebt den letzten Rest der nöthigen Fadenlänge her. Es ist klar, daß auch beim Niedergang des Nadelhebels ein Punkt eintritt, wo sich der Klemmapparat auf einige Zeit schließt; aber gleichwohl wird er dann den Faden nicht festhalten, sondern über ihm fortgleiten, weil die Kraft der Klemmfeder doch immer noch weit geringer ist, als die des Spannungsapparats. Es ist aber noch auf einen andern Umstand aufmerksam zu machen, welcher wesentlicher ist und als ein Uebelstand dieser Anordnung der beweglichen Fadenführung betrachtet werden muß. Wie wir gesehen haben, giebt das obere Garnröllchen in einer Zeit den nöthigen Faden her, in welcher die Nadel noch im Sinken begriffen ist; die Nadel hat also dann die volle Spannung des Fadens zu überwinden und dies ist um so nachtheiliger, als die Nadel wegen ihrer Krümmung weniger geeignet ist, auf sie einwirkenden Kräften zu widerstehen. Es folgt hieraus, daß man auf so konstruirten Maschinen nicht mit allzugroßer Spannung des obern Fadens arbeiten darf, d. h. daß nicht allzustarke und feste Stoffe auf ihnen genäht werden können. Dasselbe Resultat ergiebt sich noch aus folgender andern Ursache. Wir haben gesehen, daß erst bei der Bildung der neuen Schlinge des obern Fadens die alte Schlinge des vorhergehenden Stichs zugezogen wird: ist das Nähzeug sehr fest, so hat die alte Schlinge beim Anzug eine bedeutende Reibung zu überwinden und nicht nur der Faden wird sehr angestrengt, sondern auch die Nadel, welche die dadurch erhöhte Spannung des Fadens zu ertragen hat, muß deswegen wieder sehr widerstandsfähig sein.

Die Nähplatte der Maschine ist ohne Füße und liegt einfach in einer entsprechenden Oeffnung der Tischplatte des Gestells auf kleinen Guttaperchascheibchen, welche verhindern, daß sich die Schwankungen der Maschine auf das Gestell übertragen. Diese Maschinen haben übrigens einen ruhigen und geräuschlosen Gang; die bei der Bewegung derselben zu überwindende Reibung ist Dank der vortheilhaften Bauart nicht sehr bedeutend, besonders wenn die Theile der Maschine mit der nöthigen Genauigkeit gearbeitet und zusammengestellt sind, und es läßt sich deswegen eine ziemlich große Nähgeschwindigkeit mit ihr erreichen. Man giebt der auf der Schwungradwelle sitzenden Riemscheibe einen Durchmesser von 8 bis 10", so daß sich ein Umsetzungsverhältniß von 1 : 4 bis 1 : 5 ergiebt. Bei Zugrundelegung dieses Verhältnisses erreicht man schon eine Zahl von 500 Stichen pro Min., wenn man nur 2 Tritte auf die Sekunde rechnet, also einen mittlern Kraftaufwand des arbeitenden Fußes voraussetzt.

Erwägt man diese Verhältnisse und bedenkt noch, daß die Handhabung dieser Maschinen sehr einfach und daher sehr leicht zu erlernen ist, so kommt man zu dem Schluß, daß dieselben für den Familiengebrauch überaus zu empfehlen sind. Der allerdings etwas verschwenderische Garnverbrauch kommt hier, wo schnelle und bequeme Arbeit die Hauptsache ist, wenig oder gar nicht in Betracht; sehr starke und feste Stoffe werden von der Hausfrau nur äußerst selten verarbeitet und die Doppelkettennaht hat genug Dauer und Elastizität, um allen für den häuslichen Gebrauch gestellten Anforderungen genügen zu können. Die Zweifadenkettenstich-Maschine nach dem System von Grover & Baker ist daher als die eigentliche Salon-Nähmaschine zu bezeichnen.

D. Die Maschinen für Steppstich mit beweglichem Schiffchen

haben bei weitem die größte Verbreitung gefunden. Ihre Erfindung datirt vom Jahre 1834, in welchem Walter Hunt in Amerika die erste derartige Maschine konstruirte. Obgleich das Prinzip derselben mit dem vollständig übereinstimmt, nach welchem die Steppmaschinen mit beweglichem Schiffchen noch jetzt gebaut werden, so gerieth die Maschine wegen anderer Mängel, die sie für die praktische Anwendung untauglich machten, in Vergessenheit bis zum Jahre 1846, in welchem Elias Howe mit einer ganz ähnlichen Bauart Glück hatte. Jedoch wurde auch seine Maschine, besonders von Singer in New-York, welcher die Bewegung des Schiffchens zuerst mittels Kurbel und Zugstange hervorbrachte, bis in die neueste Zeit vielfach verbessert. Diese Hunt-Howe'sche Maschine ist deshalb in der Folge als Steppmaschine nach dem System Singer bezeichnet und beschrieben. Später veränderte und verbesserte theilweis Chr. Hoffmann in Leipzig, welcher sich überhaupt große Verdienste um die Verbreitung der Nähmaschinen in Deutschland erworben hat, die Singer'sche Maschine: diese Konstruktion ist mit geringen Abweichungen im folgenden als Steppmaschine nach dem System Hoffmann aufgeführt. Grover & Baker in Boston gingen dann wieder theilweis auf die frühere Howe'sche Anordnung zurück, indem sie ein etwas verändertes Schiffchen wieder im horizontalen Bogen schwingen und seine Bewegung von einem sich drehenden Cylinder mit excentrischer Nuth ausgehen ließen: diese Steppmaschine nach dem System Grover & Baker findet sich ebenfalls im folgenden. Endlich hat Thomas in London eine während einer Reihe von Jahren fortwährend veränderte und verbesserte, eigenthümliche Konstruktion geschaffen, welche nur im Prinzip mit den vorher genannten Maschinen übereinstimmt, sonst aber in allen Stücken von ihnen abweicht. Sie ist als Steppmaschine nach dem System Thomas ebenfalls beschrieben. — Es ist nicht möglich, alle die Veränderungen, welche die Steppmaschinen im Laufe der Zeit erfahren haben, anzuführen, alle Patente zu erwähnen, welche auf wirkliche und angebliche Verbesserungen genommen worden sind, und die Namen aller bedeutenden und unbedeutenden Erfinder auf diesem Gebiete der Technik zu nennen. Die vorgenannten mögen deswegen genügen.

1. Das System Singer.

Die Steppmaschine nach dem System Singer ist auf Taf. IV in Fig. 1, 2, 3 und 4 in ziemlich bedeutenden Dimensionen ausgeführt, da sie einen Durchgangsraum von 12″ aufweist; der Obertheil ist durch drei Schraubenbolzen auf dem Untertheil befestigt. Von den zwei vorhandenen Triebwellen, die parallel mit der Nähmaschinenaxe laufen, liegt eine über, eine unter der Nähplatte. Gewöhnlich sitzen auf diesen Wellen Kammräder, welche durch ein größeres, mit der Schnurscheibe der Maschine in einem Stück gegossenes Kammrad getrieben werden. Diese Anordnung zeigt Fig. 18 auf Taf. III, während die oben angeführten Abbildungen eine andere Konstruktion zeigen. Auf den hintern Enden der beiden Triebwellen sitzen mit Keil und Schraube befestigte Scheiben von $3^3/_4$″ Durchmesser, welche in einer $1^1/_2$″-igen Entfernung vom Mittelpunkt mit je einem eingeschraubten Zapfen versehen sind. Eine genau gleiche Scheibe dreht sich auf einem im Untertheil der Maschine festgeschraubten Bolzen, der parallel und in gleicher Höhe mit der untern Triebwelle links von dieser in einer

Entfernung von $4^1/_2$" liegt. Die Zapfen der drei Scheiben sind durch ein gußeisernes Dreieck verbunden, welches die drehende Bewegung der untern Welle auf die obere überträgt. Damit aber bei dieser Bewegungsübertragung kein todter Punkt entstehe, ist eben die dritte Scheibe angebracht. Tritt nämlich in der Stellung der Scheiben der beiden Hauptwellen der todte Punkt ein, wie in Fig. 3 auf Taf. IV gezeichnet ist, so kann man sich die Bewegung der untern Hauptwelle mittels der wagrechten Dreieckseite auf die seitliche Scheibe und von dieser mittels der schrägliegenden Dreieckseite auf die Scheibe der obern Hauptwelle übertragen denken und sieht so den todten Punkt vermieden. — Vorn auf der obern Welle sitzt eine Planscheibe, welche ein Röllchen trägt, das sich in der mit dem Nadelschieber fest verbundenen herzförmigen Nuth bewegt. Eine vorn auf der untern Welle sitzende Kurbel treibt mittels einer Zugstange das Schiffchen. Das Schiffchen wird von dem Treiber hin- und herbewegt, welcher eine wagrechte von links nach rechts gehende Führung hat; es gleitet mit seiner ebenen Seite an der senkrechten, parallel mit dieser Führung gehenden sogenannten Führungsleiste, während es mit seiner untern gebogenen Fläche unr.:längs einer Linie anliegt und längs derselben in der etwas flacher, als die Rundung des Schiffchens ist, ausgehöhlten Nuth schleift. Der Treiber ist, wie Fig. 1 zeigt, aus zwei Stücken zusammengeschraubt, von denen das untere einen langen Ansatz hat, dessen unterstes Ende gerade in der Höhe der untern Welle liegt, so daß die an diesem Ende angreifende Zugstange um eine wagrechte Lage schwankt. Der Treiber hat an beiden Seiten Vorsprünge, zwischen welchen das Schiffchen liegt; der an der linken Seite a (Fig. 18), welcher gegen das Hintertheil des Schiffchens preßt, bleibt $^1/_8$ bis $^3/_{16}$" von der Führungsleiste entfernt, wodurch der Anzug der Schlinge des obern Fadens, wenn das Schiffchen durch sie hindurch geschossen ist, sehr erleichtert wird, indem der Schlingfaden zwischen dem Knaggen a und dem Schiffchenhintertheil passiren muß. Der vordere Vorsprung b liegt in einer entsprechenden, auf der obern Fläche der Schiffchenspitze angebrachten Vertiefung p von gleicher Form und bewirkt durch seinen Druck die Rückbewegung des Schiffchens. Dasselbe hat zwischen den beiden Vorsprüngen des Treibers einen Spielraum von ungefähr $^1/_{12}$", so daß, wenn der Knaggen a mit dem Schiffchen in Berührung ist, zwischen dem Knaggen b und der Schiffchenspitze genügender Raum bleibt, um den Faden der Schlinge frei und ungehindert hindurch zu lassen, wie in Fig. 22 A ersichtlich ist. Diese Form des Treibers hat vor allen später zu erwähnenden den Vortheil, daß der Druck des Knaggens an der Spitze nicht eine vermehrte Reibung zwischen Schiffchen und Führungsleiste hervorruft. Der Treiber ist meist aus Rothguß, auch wol aus Gußeisen hergestellt.

Das Schiffchen hat eine Länge von 2¹/₄". Da seine Spitze beim Beginn des Hubes noch um ¹/₄" von der Nadel absteht (Fig. 22 E) und sein hinterster Punkt bei Vollendung des Hubes gerade über die Nadel hinweg ist (Fig. 22 C), so ergiebt sich 2¹/₂" für die Größe des Schiffchenhubes, das ist 1¹/₄" für die Länge der treibenden Kurbel. — Die Nadel tritt nach Durchdringung des Zeuges in eine Nuth, welche in der Führungsleiste befindlich ist und also dicht unter der Stichlochplatte beginnt. Dieselbe hat den Zweck, die Nadel in der Zeit, während welcher sie mit dem Schiffchen gemeinsam operirt, vor jeder Art der Verbiegung zu schützen; sie ist so breit, daß auch die stärkste Nadel noch mit Spiel in ihr auf- und absteigen kann, also ungefähr ¹/₁₂", bei kleinen Maschinen nur ¹/₁₆". Die Tiefe der Nuth ist nicht von wesentlichem Einfluß; sie muß mindestens ebensoviel betragen, ist meist noch größer und erreicht häufig ¹/₈". Die Nadel muß genau so in der Nuth stehen, daß das vorbeischießende Schiffchen dicht an ihr vorbeigeht, ohne sie jedoch zu berühren. Steht die Nadel zu weit zurück, so kann die Schiffchenspitze die Schlinge nicht bequem genug erfassen und es entstehen Fehlstiche; steht aber die Nadel zu weit hervor, so stoßt die Schiffchenspitze gegen die Nadel und entweder springt diese entzwei oder jene wird verletzt. Auch die rechte Kante der Nuth ist an der Stelle, wo beim Vorgang des Schiffchens dessen Spitze, und die linke Kante an der Stelle, wo beim Rückgang des Schiffchens dessen Hintertheil an ihr anstoßen könnte, etwas gebrochen und abgerundet. — Denkt man sich das Schiffchen mitten in der Schlinge des obern Fadens sitzend, so wird der Faden zwischen Schiffchen und Schiffchenführung geklemmt werden; die letztere ist deswegen an der entsprechenden Stelle und auch da, wo die Nuth der Führungsleiste auf den Boden der Schiffchenführung stoßt, ebenfalls etwas ausgehöhlt (k Fig. 18), so daß der Faden vollkommen frei liegt.

Um die Form der herzförmigen Nuth, welche mit dem Nadelschieber verbunden ist, zu bestimmen, müssen wir noch einmal auf die von einander abhängige Bewegung von Nadel und Schiffchen zurückgehen. Das Herzstück ist in Fig. 20 dargestellt; der Mittelpunkt des Röllchens, welches den Nadelschieber treibt, beschreibt die Linie kcde und auf deren Form kommt es wesentlich an. Das Schema derselben ist in Fig. 19 noch besonders abgebildet, worin der innere Kreis die von dem den Nadelschieber treibenden Röllchen beschriebene, der äußere aber die von der das Schiffchen treibenden Kurbel beschriebene Bahn darstellt. Die zwei Pfeile geben die entsprechende Richtung der Bewegung und die Zahlen 1, 2, 3, 4 und 5 die gleichzeitigen Stellungen des Röllchens und der Kurbel an, denen wiederum die Stellungen von Schiffchen und Nadel in Fig. 22 A, B, C, D und E entsprechen. Die Linie kcde besteht aus drei Theilen: aus zwei geraden Linien kc und de, von denen die erstere genau unter einem Winkel von 45°, die andere annähernd unter diesem Winkel geneigt ist, und aus einem beide verbindenden Kreisbogen cd. Zuvörderst ist klar, daß die Punkte k und e von der senkrechten Axe des Nadelschiebers denselben Abstand haben müssen, als das Röllchen von der Axe der obern Hauptwelle. Denken wir uns das Röllchen seinen Lauf in k beginnend, so wird es, im Punkte 5 angekommen, den Nadelschieber um die Größe h5 zum Sinken gebracht haben. Ueber den Punkt 5 hinauseilend hebt es die Nadel wieder und hat sie im Punkte 1 wieder so weit gehoben, daß die Schlinge gebildet ist und der Stillstand der Nadel beginnen kann. Da der Schlingenhub $^1/_8$" betragen soll, so muß die Differenz der Größen 5h und 1c auch $^1/_8$" betragen; die Größe 5h ergiebt sich durch die Lage des Punktes 5 auf dem vom Röllchen beschriebenen Kreise und diese ist einfach dadurch bestimmt, daß der Bogen 5k einen halben rechten Winkel beträgt. Ist die Größe 5h nach diesen Angaben gefunden, so ergiebt sich also: $1c = 5h - {}^1/_8''$, und hieraus bestimmt sich die Lage des Punktes 1. Der diesem entsprechende Punkt auf dem Kurbelkreise ergiebt sich aus der Bedingung, daß das Schiffchen den ersten Viertellzoll seines Hubes zurückgelegt haben muß, wenn die Nadel die Schlinge gebildet hat. Die Nadel beginnt sich erst gegen Ende des Schiffchenhubes wieder langsam zu heben und zwar in dem Moment, wo das Schiffchen die Stellung der Fig. 22 B erreicht hat. Dies ergiebt die Lage des Punktes 2 auf dem Kurbel- und die Lage des entsprechenden Punktes auf dem Röllchenkreise und hieraus ergiebt sich wieder der Endpunkt d des um den Mittelpunkt b ($ab = 1c$) mit dem Halbmesser des Röllchenkreises beschriebenen Kreisbogens. Die Linie de bildet die geradlinige Fortsetzung dieses Bogens, so daß nun die Mittellinie der herzförmigen Nuth vollendet ist, wenn man noch den im Punkte c stattfindenden Knick dieser Linie durch einen kleinen Verbindungsbogen fortgeschafft hat. Verfolgen wir jetzt die Bewegung von Nadel und Schiffchen weiter: während das letztere seinen Vorgang vollendet, steigt die Nadel (Fig. 22 C) und wenn sie ihren höchsten Punkt (4) erreicht hat, ist das Schiffchen schon wieder im Rückgang begriffen (Fig. 22 D). Hat dieses endlich auch seinen Rückgang vollendet (5), so hat auch die Nadel ihre tiefste Stellung wieder eingenommen (Fig. 22 E). Es bleibt nur noch übrig, den Durchmesser des von dem Röllchen durchlaufenen Kreises zu bestimmen. Der Nadelhub setzt sich zusammen aus dem Schlingenhub und dem Durchmesser des genannten Kreises; oder umgekehrt ist der Durchmesser gleich der Differenz von Nadel- und Schlingenhub. Wir müssen deswegen zuerst den Nadelhub bestimmen. Die Höhe des Schiffchens beträgt $^7/_{16}$"; die obere Kante desselben liegt noch $^1/_{16}$" unter der ebenfalls $^1/_{16}$" starken Stichlochplatte; nehmen wir ferner an, daß das Nadelöhr bei seiner tiefsten Stellung noch um $^3/_{16}$" tiefer als die untere Kante des Schiffchens liegt, daß der stärkste auf der Maschine zu verarbeitende Stoff $^5/_{16}$" dick, daß die Spitze der Nadel $^1/_4$" lang ist und daß dieselbe beidem höchsten Stande noch $^1/_{16}$" über dem Zeuge stehen soll: so ergiebt sich durch Addition aller dieser Größen $1^3/_8$" als die Größe des Nadelhubes und (durch Abzug von $^1/_8$") für den Durchmesser des obengenannten Kreises $1^1/_4$". Für die Nadellänge, vom Ende des Nadelschiebers bis zum Oehr gerechnet, erhält man, wenn $^1/_8$" für den Raum des Drückerfußes zwischen dem Nähstoff und dem Nadelschieber in dessen tiefster Stellung gelassen wird, die Größe von $1^1/_{16}$", welche allerdings schon bedeutend ist. Bedenkt man aber wiederum, daß diese Maschine für die stärksten Stoffe eingerichtet ist, also auch mit den stärksten Nadeln näht, so verschwindet die Schädlichkeit dieser großen Nadellänge.

Die Scheibe, auf welchem das Röllchen für die Bewegung des Nadelschiebers sitzt, ist mit ihrer Nabe auf das Ende der oberen Welle geschoben und mittels eines durch Nabe und Welle hindurchgehenden Stiftes befestigt, weil sich eine einfache Stellschraube zu leicht lockern würde. Die Kurbel aber, welche das Schiffchen treibt, ist durch eine Stellschraube auf ihrer Welle festgestellt, um dadurch ein Mittel zu bekommen, den Zeitpunkt, in welchem die Schiffchenspitze beim Vorwärtsgehen an die Nadel gelangt, etwas zu verlegen und dadurch den Schlingenhub etwas zu verändern. Bei der oben besprochenen Anwendung von Zahnrädern zur Kuppelung der beiden Hauptwellen ist auch die Kurbel mittels eines durchgehenden Stiftes befestigt, weil die Zahnräder selbst das Mittel hergeben, die gegenseitige Stellung von Schiffchen und Nadel zu reguliren.

Die Transportirung ist durch ein Rad hergestellt, welches mit der früher beschriebenen Zangeneinrichtung versehen ist. Die seitlich liegende Welle, welche die beiden Hebel trägt, von denen der eine die Zugstange ergreift, der andere von einem Excenter der untern Hauptwelle getrieben wird, läuft vorn (Fig. 4) mit einem Zapfen in der Wandung des Maschinenuntertheils, hinten aber mit einer kleinen konischen Vertiefung auf einer Schraubenspitze, damit sie ohne Umstände herausgenommen und wieder eingesetzt werden kann. Diese Welle ist häufig aus Gußeisen und mit den beiden Hebeln in einem Stück gegossen. Der Excenter, welcher den Transportirungsmechanismus in Bewegung setzt, besteht ebenfalls mit der Kurbel aus einem Stück (Fig. 17). Der von diesem Excenter bewegte Hebel ν (Fig. 2) trägt an seiner oberen Seite einen aufrecht stehenden Stift, welcher zeitweilig mit dem schneckenförmigen Stichsteller in Berührung kommt. Die Größe der excentrischen Erhöhung an der Kurbel (a Fig. 17) ergiebt sich aus den Größenverhältnissen des Hebelwerks und aus der auf $^1/_4$" festgesetzten größten Stichlänge zu $^3/_8$". Der Stichsteller (Fig. 16) ist mit einem Zifferblatt a versehen und wird mittels eines besondern Schlüssels c gestellt. Ueber die Drückervorrichtung ist schon früher das weitere angedeutet worden. Der Fadenspannungs-Apparat (Fig. 1 und 5) besteht in einer Walze, um welche sich der Faden mehr oder weniger oft herumwindet, während das Röllchen w, von welchem das Garn abläuft, lose auf einem senkrechten Stift sitzt.

Um die Art und Weise der beweglichen Fadenleitung bestimmen zu können, muß untersucht werden, bei welcher Nadelstellung Garn verbraucht und Garn wieder frei wird. Wir denken uns die Nadel auf dem höchsten Punkt, sich zu senken beginnend: das Oehr fährt über dem Faden herunter, bis es das Zeug erreicht. Von da an wird Faden verbraucht und zwar doppelt soviel, als der Weg lang ist, welchen die Nadel von dem Augenblicke an bis zu ihrem tiefsten Punkte zurückzulegen hat. Wenn das Schiffchen in die Schlinge tritt, wird wieder zur Erweiterung derselben Faden gebraucht. Der ganze verbrauchte Faden wird aber sofort frei, wenn das Schiffchen die Schlinge wieder verlassen hat, d. h. wenn die Nadel zu steigen beginnt.

Hieraus ergiebt sich die Forderung, daß das bewegliche Führungsauge sich zu senken beginnen muß, wenn das Nadelöhr in das Zeug tritt, und daß durch die Senkung so viel Faden frei werden muß, als nöthig ist. Nun ist aber das Führungsauge an dem Nadelschieber selbst (q Fig. 1 und 2) befestigt und die Größe der Bewegung jenes ist also gleich der Größe der Bewegung dieses. Dadurch wird allerdings Faden genug hergegeben, aber das Freiwerden beginnt schon früher als nöthig und gut ist. Dadurch entsteht der Uebelstand, daß der Faden schon schlaff und locker wird, bevor das Nadelöhr den Nähstoff erreicht, wodurch einestheils die Stiche auf der obern Seite locker liegen und häufig eine Fadenschleife, einen sogenannten Schlupp, bilden, wodurch anderntheils die Gefahr eintritt, daß die Nadelspitze in den schlaffen Faden selbst hineinsticht. Um dies zu vermeiden, ist ein Klemmapparat z angebracht, und der von dem Spannungsapparat kommende, durch das feste Führungsauge r und das bewegliche q tretende Faden muß diesen Klemmer erst passiren, bevor er zum Nadelöhr gelangt. Mag nun beim Beginn der niedersteigenden Nadelbewegung der Faden auch zwischen Spannungsapparat und Klemmer schlaff werden, so bleibt er doch zwischen Klemmer und Nähstoff schwach gespannt. Man sieht also, daß auch hier die bei der Einfadenkettenstichmaschine mit schwingendem Haken angewendete Vorrichtung passend ist. Man hat aber auch häufig eine Konstruktion angeordnet, welche sich auf Taf. III Fig. 17 abgebildet findet. Es ist ein bei b in einer vertikalen Ebene drehbarer Drahtstift angebracht, welcher vor dem Nadelschieber zu einem Führungsauge a gestaltet ist. Eine Feder drückt diesen Stift nach oben oder der Stift ist durch seine spiralförmige Biegung bei b selbst federnd gemacht und hat das Bestreben, sich nach oben zu bewegen, bis er an dem obern Ende des aus Draht gebildeten Schlitzes d, in welchem er gewissermaßen Führung hat, eine Grenze seiner Bewegung findet. Ein ähnlicher, aus Draht gebildeter Schlitz e, welcher an dem obern Ende des Nadelschiebers befestigt ist, nimmt beim Niedergang der Nadel den Träger des Führungsauges mit. Je weiter dieser bewegliche Schlitz nach oben steht, desto später wird das Führungsauge nach unten gedrückt und dieser Schlitz läßt sich also genau so stellen, daß das Führungsauge seine Bewegung beginnt, wenn das Nadelöhr in den Stoff tritt. Die federnde Kraft der Führung ist aber nicht sehr bedeutend, wenigstens geringer als die Spannungskraft des Spannungsapparats; daraus folgt, daß der Stift des Führungsauges bei seiner Bewegung nach oben den obersten Punkt des Schlitzes d von selbst nicht erreichen kann. Deswegen muß das obere Ende des Nadelschiebers den Stift noch vollends nach oben drücken und durch seinen Druck die Kraft des Spannungsapparats überwinden, welche den zu einem Stich nöthigen Faden hergiebt. Der Führungsstift muß also, wenn er den höchsten Punkt des Schlitzes d und wenn der Nadelschieber den höchsten Punkt seines Hubes erreicht hat, auf dem obersten Ende des Nadelschiebers aufliegen. Es ist noch zu bemerken, daß, wenn das bewegliche Führungsauge auch bei der Schlingenbildung wieder nach oben geht und den Faden wieder anzieht, dennoch immer Faden genug für eine vollkommene Schlingenbildung übrig bleibt, weil ja die bewegliche Leitung bei ihrem Niedergang so viel Faden hergegeben haben muß, daß er auch noch für die nachherige Erweiterung der Schlinge durch das Schiffchen hinreicht.

Die Schiffchenführung ist von zwei Schiebern aus Messing- oder Eisenblech bedeckt und in der Mitte von der Stichlochplatte überbrückt. — Die untere Hauptwelle trägt eine Riemscheibe e (Fig. 1), welche einen vier- bis fünfmal kleinern Durchmesser hat, als die entsprechende Riemscheibe k (Fig. 21) auf der Schwungradwelle. Der Riemen hat eine Breite von 1½ bis 2″ und die obere Riemscheibe einen Durchmesser von 2″. Sind aber die beiden Hauptwellen der Maschine durch Kammräder verbunden, so hat die obere und untere Schnurscheibe einen gleichen Durchmesser von ungefähr 5″ und das Umsetzungsverhältniß der Räder beträgt dann 4 : 1 bis 5 : 1. Die Theilung der Räder nimmt man zu ¼″, so daß die Zahnstärke auf dem Theilkreise etwas weniger als ⅛″ beträgt. Die Breite der Zähne ist gewöhnlich ½″. In vielen Fällen greift die von dem Tritt des Gestells gehende Zugstange auch direkt an einen Zapfen, welcher am großen Kammrade sitzt. Dann trägt aber die obere Triebwelle ein Schwungrad, um den Gang der Maschine gleichförmiger zu machen; dasselbe hat einen Durchmesser von 8 bis 10″ und ein Gewinn von 8 bis 10 Pfd. Die Maschine steht so auf dem Gestell, daß die Transportirung von der vordern nach der hintern Seite des letzteren gerichtet ist. Ein hölzerner Anschiebetisch dient auch hier zur Erweiterung der Nähplatte.

Die Maschinen nach dem System Singer können also 700 Stiche in der Minute machen. Sie nähen mit dieser Schnelligkeit die stärksten Stoffe, selbst das dickste Leder, so daß sie zu den schwersten Arbeiten benutzt werden können, welche in der Schuhfabrikation, Sattlerei,

Riemerei und bei der Verfertigung von Militärarbeiten vorkommen. Wegen ihres großen Durchgangsraumes sind sie besonders bei der Herstellung von Herren- und Damenmänteln bequem. Um nicht so oft in der Arbeit unterbrochen zu werden, macht man wol auch das Schiffchen noch etwas größer als gewöhnlich.

Vor dem Beginn des Nähens muß man die Maschine einmal leer herum gehen lassen, damit der obere Faden, dessen Ende man lose in der Hand hält, den untern Faden aus dem Stichloch herausziehe. Das Schiffchen legt man aus und ein, nachdem man den vordern Schieber weggezogen hat. Die sich reibenden Theile müssen gut geölt werden, indem man täglich einige Tropfen in die entsprechenden, zu den sich reibenden Flächen führenden Kanälchen gießt. Besonders ist für Oel an der Führungsleiste des Schiffchens zu sorgen; fehlt es daselbst, so geht die Maschine nicht nur schwer, sondern die Naht wird auch nicht regelrecht.

2. Das System Hofmann.

Die auf Taf. V in Fig. 1 und 2 in den wesentlichen Theilen nach dem System Hofmann dargestellte Maschine ist in geringern Größenverhältnissen ausgeführt, als die vorhergehende Maschine nach Singer. Sie hat einen Durchgangsraum von nur 7″; das Zeug bewegt sich von der rechten zur linken Seite der Maschine. Es ist aber nur eine Triebwelle von $^5/_8$″ Stärke vorhanden, die unter der Nähplatte parallel mit der Axe der Nähmaschine liegt. Diese Welle läuft in zwei Lagern, von denen das hintere auf beiden Seiten konisch ausgedreht ist, wodurch die Welle gegen Verschiebung in der Richtung ihrer Axe selbst gesichert ist. Das hintere Lager muß aus diesem Grunde mit einem durch zwei Schrauben zu befestigenden Deckel versehen sein. Die Welle ist gegen ihr vorderes Ende verkröpft und an dieser Stelle greift eine Zugstange an, welches den Treiber des Schiffchens in Bewegung setzt. Diese Anordnung ist fast genau so, wie bei der vorher beschriebenen Maschine; nur muß der eine Kopf der Zugstange (Fig. 6) ebenfalls mit einem beweglichen Deckel versehen sein. Auf dem hintern Ende der Welle sitzt ein Cylinder g (Fig. 1 und 2) mit excentrischer Nuth, welche einen Winkelhebel klm in Bewegung setzt, der vorn mittels einer Zugstange dem Nadelhebel die Bewegung mittheilt oder direkt an einem Stift des Nadelhebels angreift.

Schiffchen, Führungsnuth des Schiffchens, senkrechte Nuth der Führungsleiste, Treiber ꝛc. sind so eingerichtet, wie bei der vorherbeschriebenen Maschine, nur liegt die Spitze des Schiffchens höher und zwar $^3/_{16}$" über seiner eigenen untern Kante, so daß $^1/_8$" für den Schlingenhub und $^1/_8$" für den Abstand genommen werden kann, welchen die Schiffchenspitze vom Nadelöhr in dem Augenblick hat, wo die Schlinge ergriffen wird. So berechnet sich auch hier der Schlingenhub auf $2^1/_2$", die Kröpfung der Welle muß demnach $1^1/_4$" betragen. Die Nadel befindet sich, wenn sie auf ihrem tiefsten Punkt steht, mit ihrem Oehr noch $^1/_{16}$" unter der untern Kante des Schiffchens; die Höhe des Schiffchens beträgt $^7/_{16}$", der Abstand der obern Kante des Schiffchens von der untern Fläche der $^1/_{16}$" dicken Stichlochplatte ebenfalls $^1/_{16}$". Rechnet man für die Stärke des dicksten auf der Maschine zu vernähenden Stoffes $^1/_4$", $^1/_4$" für die Länge der Nadelspitze und setzt man endlich fest, daß die Spitze sich noch $^1/_{16}$" über das Zeug erheben müsse, so ergiebt sich durch Summation aller dieser Größen $1^3/_{16}$" für den Nadelhub. Rechnet man von diesen Größen die Länge der Nadelspitze ($^1/_4$") und den Abstand der Spitze vom Zeug beim höchsten Stande der Nadel ($^1/_{16}$"), also im Ganzen $^5/_{16}$" ab, dafür aber $^1/_8$" als den Raum, welcher für den Drücker zwischen dem Nadelschieber und dem Zeug bei der untersten Stellung der Nadel nöthig ist, hinzu, so ergiebt sich die Nadellänge vom Nadelschieber bis zum Oehr = 1".

Um den Lauf der excentrischen Nuth zu verzeichnen, denken wir uns die Oberfläche des Cylinders aufgerollt. Da die Armlängen des Winkelhebels, welcher die Nuth mit dem Nadelschieber verbindet, sich wie 6 : 5 verhalten, so muß das Röllchen $^5/_6$ des Weges zurücklegen, wie die Nadel, und es folgt hieraus, daß die Mittellinie der Nuth, von rechts nach links fortschreitend, sich immer um $^5/_6$ soviel senken und heben muß, als die Nadel sich hebt und senkt. Denken wir uns die Nadel auf dem tiefsten Punkte, so wird das Röllchen in 1 stehen (Fig. 17). Nun stellt der innere der in Fig. 16 gezeichneten Kreise die vom Krummzapfen der Hauptwelle beschriebene Bahn dar und die auf ihm verzeichneten Zahlen bezeichnen die den Zahlen in Fig. 17 entsprechenden Stellungen des Krummzapfens, während die korrespondirenden Zahlen auf der geraden Linie der Fig. 16 die Stellungen des Schiffchens darstellen. Rückt das Schiffchen bis 2 vor, so dreht sich der Krummzapfen auch bis 2 und dem entspricht auch ein Vorrücken des Röllchens bis 2, so daß also die entsprechende Ordinate $1^1/_4'''$ betragen muß. Während das Schiffchen so weit vorschreitet, daß sein cylindrischer Theil eben in die Schlinge tritt, muß die Nadel wieder um $^1/_8''$ gesunken sein; da aber die Strecke 23 dem Bogen 23 entspricht, welchen der Krummzapfen zurücklegt, so ergiebt sich hieraus das Kurvenstück 23. Von hier an muß der Stillstand der Nadel stattfinden, welcher so lange dauert, als das Schiffchen bis zur Hacke durch die Schlinge hindurch ist; dies entspricht dem Bogen 34 und diesem entspricht wieder die Strecke 34. Dann muß sich die Nadel wieder heben und zwar so schnell, daß das Nadelöhr mindestens aus dem Stichloch heraus ist, wenn das Schiffchen bei seinem Rückgang mit dem cylindrischen Theil wieder die senkrechte Nuth der Führungsleiste erreicht hat. Dies findet statt, wenn der Krummzapfen den Bogen 45 durchlaufen hat, welcher der Strecke 45 entspricht. Von da an erhebt sich die Nadel mit gleicher Geschwindigkeit, bis sie ihren höchsten Punkt erreicht hat, und senkt sich dann so schnell, daß sie bei Vollendung einer Umdrehung des Cylinders mit der excentrischen Nuth wieder den tiefsten Punkt erreicht hat. — Der Drehpunkt des Winkelhebels liegt senkrecht über der mittlern Stellung des schwingenden Röllchens und da das Röllchen an einem Hebel sitzt, also in einem Bogen schwingt, so muß der Hebel so lang genommen werden, daß das Röllchen sich bei seiner Schwingung ebensoviel über die horizontale Ebene, welche durch die Axe der Triebwelle gelegt gedacht wird, hebt, als unter dieselbe senkt. Die Drehaxe des Winkelhebels bildet ein Bolzen l (Fig. 3), welcher iu dem Bügel der Maschine eingeschraubt und durch eine Kontremutter befestigt ist.

Die Transportirung von unten besteht in einem geriffelten Plättchen, welches von einem Transporteurexcenter γ in Bewegung gesetzt wird, der ebenfalls auf der Hauptwelle sitzt. Dieser Excenter wirkt durch zwei excentrische Cylinderflächen, welche in einem Stück vereinigt sind. Diese Cylindermäntel sind wie gewöhnlich aus zwei koncentrischen Kreisbögen zusammengesetzt, die in einander übergeführt sind (Fig. 16). Der Cylindermantel, welcher das Heben des Transporteurs besorgt, muß eine Differenz der Radien von $^1/_{12}''$, der andere aber von $^1/_4''$ haben, weil die größte Stichlänge ebensoviel betragen soll. Da die Welle $^5/_8''$ im Durchmesser hat, so kann man den Radius des kleinsten Bogens $= {}^5/_{12}''$ nehmen, woraus sich dann die Radien der andern Kreisbögen leicht ergeben. Das Heben, Fortrücken und Senken des

Transporteurs geschieht schnell hintereinander. In der gezeichneten Stellung beginnt der Transporteur mit der Fläche ab eben zu heben; das Heben ist vollendet, wenn der Punkt b senkrecht über der Axe steht. In diesem Augenblicke muß der Vorschub beginnen, d. h. in dem Punkt b, wenn ∠ bob, ein rechter ist, muß der Uebergang des Cylinders zum größern Radius geschehen. Hat der Punkt c_1 die Stellung erlangt, welche der Punkt b_1 beim Beginn des Vorschubes inne hatte, so ist der Vorschub vollendet und das Sinken beginnt, d. h. der Punkt c (∠ coc, ist ein rechter) steht dann senkrecht über der Axe. Hat der Punkt d diese Stelle eingenommen, so kann der Rückgang beginnen, d. h. in Punkt d, (∠ d, od ist ein rechter; ∠ 603 = 405) beginnt der Uebergang des größten Kreisbogens in den kleinsten. Hierdurch ist also die Form des Excenters vollständig bestimmt. — Die Konstruktion des Transporteurs (Fig. 2 und 12) selbst ist schon früher besprochen worden und es bleibt nur noch übrig, einiges über die bewegliche Leitung zu sagen.

Was den Spannungsapparat betrifft, so ist seine Anordnung aus der Zeichnung genügend ersichtlich. Auch ist aus der Beschreibung der vorhergehenden Maschine klar, in welcher Weise der Faden von der Nadel und dem Schiffchen verbraucht und wieder freigelassen wird. Der von dem Spanuungsapparat kommende Faden geht einfach, nachdem er ein festes Führungsauge auf dem Bügel passirt hat, wie bei den Einfadenkettenstichmaschinen durch das Führungsauge, welches am obern Ende des Nadelschiebers befestigt ist; denn es kommt ja eben nur darauf an, daß beim Niedergang des Nadelschiebers so viel Faden von der beweglichen Leitung frei wird, als Nadel und Schiffchen nöthig haben, und daß beim Aufgang der Nadel der nicht verbrauchte Faden von der beweglichen Leitung wieder aufgenommen werde, d. h. daß der Hub des Nadelschiebers nur groß genug genommen werde. Dies ist der Grund, daß man den Hub der Nadel bei diesen Maschinen etwas größer macht, als sonst nöthig wäre, ungefähr um $^1/_8$", wodurch $^1/_4$" Fadenlänge mehr beim Niedergang der Nadel zur Disposition gestellt wird. Ein an der Kopfplatte befestigter Klemmapparat hat den Zweck, den Faden straff zu erhalten, während die Nadel beim Niedergang sich noch mit dem Oehr außerhalb des Nähstoffes befindet. — Die Stichlochplatte (Fig. 13) der Maschine enthält die Oeffnung, aus welcher das bewegliche Transporteurplättchen hervorragt, und ist an der vordern Seite der Schiffchenführung durch zwei Schrauben befestigt, ohne diese Führung ganz zu überbrücken. Die beiden Schieber stoßen deswegen unmittelbar aneinander.

Die Schnurscheibe i der Maschine ist mit einem kleinern Schwungrade in einem Stück gegossen und hat einen Durchmesser von 2½", während die mit dem großen Schwungrade unter der Tischplatte verbundene entsprechende Schnurscheibe einen Durchmesser von 10" hat, so daß sich ein Umsetzungsverhältniß von 4 : 1 ergiebt, wodurch diese Maschinen im Stande sind, in einer Minute 700 Stiche auszuführen.

Diese Maschinen, welche besonders für Herren- und Damenschneiderarbeiten sehr praktisch sind, werden oft zur Arbeit im Stehen eingerichtet und ihr Untertheil bildet mit seinen vier Füßen an den Ecken der Nähplatte selbst eine Art Tisch, der wiederum auf der hölzernen Tischplatte des Gestells steht und dessen links liegende Füße durch zwei Charniere mit der Tischplatte verbunden sind. Ein hölzerner Anschiebetisch dient zur Erweiterung der Nähplatte. — Ist die Einrichtung aber für sitzende Arbeit berechnet, so wird die Nähplatte nicht von Füßen getragen und liegt in einer entsprechenden Oeffnung der hölzernen Tischplatte auf vier Gummischeibchen α, die auf entsprechende Stifte β gesteckt sind.

3. Das System Grover & Baker.

Die Maschinen nach dem System Grover & Baker haben eine Konstruktion, welche einen schnellen Gang und eine einfache Herstellungsweise gestattet. In der äußeren Form unterscheiden sie sich nicht von den eben beschriebenen nach dem modificirten System Hofmann. Es sind deswegen nur die abweichenden Theile, besonders der Mechanismus des untern Apparats, auf Taf. V dargestellt, während die andern Theile aus der Zeichnung der Maschine nach Hofmann zu ergänzen sind. Die Nähplatte bildet ebenfalls nicht, wie bei den anderen bis jetzt beschriebenen Steppmaschinen, eine Art Tisch mit vier Füßen, welche auf der Tischplatte des Maschinengestells steht, sondern sie ist eine einfache Platte, welche in einer Oeffnung der Tischplatte des Gestells liegt, so daß auch hierdurch eine Erweiterung der Nähplatte durch einen Anschiebetisch unnöthig wird. Der Bügel wird durch vier Schrauben auf dem Untertheil aufgeschraubt und ist hohl. Die Triebwelle liegt unter der Nähplatte parallel mit der Axe der Maschine und läuft mit zwei Zapfen in Lagern, von denen das hintere einen durch Schrauben befestigten Deckel hat. Diese Welle trägt an ihrem hintersten Ende ein Schwungrad, welches zugleich mit einer Schnurscheibe verbunden ist, außerdem zwei mit excentrischen Nuthen versehene Cylinder, von denen der eine, wie bei der Maschine nach Hofmann, die Bewegung auf das Schiffchen, der zweite auf den Nadelschieber, und zwar beide mittels Winkelhebel, überträgt, von denen je ein Ende mit einem Röllchen versehen ist, welches in der entsprechenden Nuth läuft. Der Winkelhebel, welcher das Schiffchen treibt (Fig. 20 und 21), trägt an dem Ende seines andern Hebelarms den Treiber angeschraubt, welcher aus Gußstahl gefertigt ist. Da sich das cylindrische Schiffchen mit diesem Treiber in einem horizontalen Bogen bewegt, so muß auch die Schiffchenführung bogenförmig sein. Sie (in Fig. 19 besonders dargestellt) besteht ebenfalls aus Gußstahlblech und ist aus einer wagrechten Wand, auf welcher das Schiffchen der Länge nach aufliegt, und aus einer senkrechten Wand, gegen welche nur die Spitze und die Hacke des Schiffchens anliegt, zusammengenietet und -gelöthet und von unten gegen die Nähplatte geschraubt, welche an dieser Stelle eine senkrecht zur Maschinenaxe stehende $4^3/_4''$ lange und $1^1/_4''$ breite Oeffnung hat, durch welche man leicht zu dem Schiffchen gelangen kann. Diese Oeffnung ist einestheils von einem kleinen Theil der Stichlochplatte, anderntheils von zwei Schiebern bedeckt, welche leicht ein- und ausgeschoben werden können. Die Schiffchenführung enthält auch die senkrechte Nuth, in welcher die Nadel auf- und absteigt.

Den Drehpunkt des Schiffchenhebels bildet ein Schraubenbolzen g (Fig. 20 und 21), welcher in ein schmiedeeisernes Stück geschraubt wird, das selbst wieder mittels zweier Schrauben von unten gegen die Nähplatte befestigt wird. Das Verhältniß des den Treiber und das Röllchen tragenden Hebelarms ist 3 : 1, so daß also die Biegungen der excentrischen Nuth, welche das Schiffchen bewegt, dreimal flacher werden, als sie bei einem gleicharmigen Winkelhebel ausgefallen sein würden. Der in einer senkrechten Ebene schwingende Winkelhebel, welcher die Bewegung von dem andern Excenter auf den Nadelschieber überträgt, hat zwei sich in ihrer Länge wie 6 : 5 verhaltende Arme und seinen Drehpunkt bildet ebenfalls ein im Bügel festgeschraubter Bolzen l (Fig. 24). Er liegt ganz im innern des hohlen Bügels, der auf der linken Seite durch einen mit zwei Schrauben befestigten Deckel geschlossen ist. Der Nadelschieber ist trapezförmig, von geringem Querschnitt, damit er so leicht wie möglich sei, und bewegt sich in einer von der Kopfplatte und dem Kopf des Bügels gebildeten Führung, ganz ebenso wie der ähnlich gestaltete Drücker.

Die Nuthen der Excenter sind so eingerichtet, daß bei einer einmaligen Umdrehung der Triebwelle je zwei Hube der Nadel und des Schiffchens vollendet, also zwei Stiche gemacht werden. Das Schiffchen hat eine Länge von $2^{1}/_{4}$" und da es sich auf seiner äußersten Stellung links noch $^{1}/_{4}$" mit seiner Spitze von der Nadel entfernt befindet, so wird der Hub des Schiffchens $2^{1}/_{2}$" betragen und das Röllchen des Hebels wird deswegen bei seinen Schwingungen nur 10''' zurücklegen. Der Durchmesser des cylindrischen Theils des Schiffchens beträgt $^{3}/_{8}$" und zwischen ihm und dem $^{1}/_{16}$" starken Stahlschieber ist auch immer noch ein Zwischenraum von $^{1}/_{16}$". Die Spitze des Schiffchens liegt also $^{5}/_{16}$" unter der Ebene der Nähplatte und das Nadelöhr auf dem Punkte seiner tiefsten Stellung noch $^{25}/_{48}$" unter dieser Ebene, wenn man 1''' für den Schlingenhub und $^{1}/_{8}$" für den Abstand rechnet, welchen die Schiffchenspitze vom Nadelöhr nach gebildeter Schlinge hat Rechnet man ferner $^{1}/_{4}$" für die größte Dicke des zu verarbeitenden Stoffes, $^{3}/_{16}$" für die Nadelspitze vom Oehr ab gerechnet und $^{1}/_{2}$''' für die Entfernung, welche die Nadelspitze von der obern Fläche des Nähstoffs beim höchsten Stande der Nadel haben soll: so ergiebt sich 1" für den Hub des Nadelschiebers, den man aber auf $^{5}/_{4}$" aus Gründen vergrößert, welche bei der Erwähnung der beweglichen Leitung näher auseinandergesetzt werden sollen. Für die Länge der Nadel ergiebt sich, wenn man $^{5}/_{48}$" für den Zwischenraum zwischen Nähstoff und dem untern Ende des Nadelschiebers auf seinem tiefsten Punkt rechnet, damit der $^{1}/_{12}$" dicke Drückerfuß Platz habe, $^{7}/_{8}$".

Die Nuthen der Excenter (Fig. 22 und 23) sind aus zwei vollständig gleichen Theilen zusammengesetzt und es ist daher auch nur nöthig, den Verlauf der einen Hälfte zu verzeichnen. Die Nuthen haben eine Bewegung in der Richtung des Pfeils, die Röllchen werden also in den Nuthen sich in entgegengesetzter Richtung fortbewegen, so daß wir bei den entsprechenden Punkten 1 beginnen können. Die Punkte, an welchen die Röllchen gleichzeitig stehen, liegen immer um einen Bogen von 90° auseinander. Während die Nadel den Schlingenhub ausführt, sich also bis zum Punkte 2 bewegt, hat sich die Schiffchenspitze um $^{1}/_{4}$" vorwärts geschoben, so daß sie also an der Nadel steht, d. h. die Nuth des Schiffchenexcenters hat sich um $^{1}/_{12}$" nach oben gewendet und ist so auch im Punkte 2 angelangt. Während nun das

Schiffchen gleichmäßig weitergeht, bis es seinen Hub in 3 vollendet hat, hat die Nadel in derselben Zeit bis 3 Stillstand gehabt und während nun das Schiffchen seinerseits bis 4 Stillstand hat, hat sich die Nadel bis 4 aufwärts bewegt. Das Schiffchen beginnt dann seinen Rücklauf und vollendet ihn (bis 5) in derselben Zeit, wo die Nadel auf ihren Höhepunkt steigt und wieder hinabsteigend ihren tiefsten Punkt in 5 erreicht hat. Die Kurvenläufe 1 bis 5 in Fig. 22 und 23 vollenden sich in gleicher Zeit, d. h. bei einer halben Drehung der Hauptwelle und die andere Hälfte des Kurvenlaufes ist nur eine Wiederholung des beschriebenen.

Man sieht, daß der Lauf der Nadelexcenterkurve sehr stark gekrümmt ist, und dies ist ein bedeutender Nachtheil dieser Art Maschinen, weil die Abnutzung der Nuth sich dadurch bedeutend steigert. Es ergiebt sich hieraus die Forderung, den Durchmesser des Nadelexcenters so groß wie möglich zu machen, weil dadurch die Krümmungen auf eine größere Strecke vertheilt und also flacher werden. Beide excentrische Cylinder sind durch Stellschrauben auf der Hauptwelle befestigt, damit man ihnen beim Reguliren der Maschine leicht eine kleine Versetzung gegeneinander geben kann. — Der Drehpunkt des Schiffchenhebels liegt in der Axe der Maschine, so daß also die Hauptwelle so weit rechts von der Axe liegt, als der kurze Arm des Schiffchenhebels lang ist. Steht der lange Arm des Schiffchenhebels parallel zur Axe der Maschine, so ist er gerade auf die senkrechte Nuth der Führungsleiste gerichtet. Die Ebene, in welcher der Nadelhebel schwingt, liegt etwas rechts von der Maschinenaxe, so daß die Gabel des einen Arms dieses Hebels einen seitlich im Nadelschieber befestigten Stift erfassen kann. Während bei der Maschine nach dem System Hofmann das Röllchen des Nadelhebels an der rechten Seite des Excenters schwang, geschieht dies hier an der linken (Fig. 24).

Die Transportirung von unten besteht in einem beweglichen Plättchen, welches von einem Transporteurexcenter in Bewegung gesetzt wird, der ebenfalls auf der Hauptwelle sitzt und auf ihr durch eine Stellschraube befestigt ist. Auch dieser Excenter muß natürlich zwei Hübe vollenden bei einer Umdrehung der Hauptwelle. Es ist schon früher die Art und Weise auseinandergesetzt, wie der Verlauf der zwei cylindrischen Ränder dieses Excenters verzeichnet wird, und es ist deswegen nicht nöthig, dieselbe zu wiederholen (Fig. 18).

Das System der Fadenspannung ist aus der Zeichnung zu ersehen und die bewegliche Leitung ist einfach dadurch hergestellt, daß der von dem Spannungsapparat kommende Faden durch ein am obersten Ende des Nadelschiebers befindliches Führungsauge und von da nach dem Nadelöhr geleitet wird. Selbst wenn man auch dicht hinter dem Nadelschieber noch ein Führungsauge anbringen würde, so daß der von der beweglichen Leitung periodisch freigegebene und wieder aufgenommene Faden das Maximum seiner Länge, d. h. die doppelte Länge des Nadelhubes erreicht, so würde diese Länge noch nicht hinreichen, um den von der Nadel von ihrem Eintritt in den Nähstoff bis zu ihrem tiefsten Punkt und den von dem Schiffchen bei der Erweiterung der Schlinge gebrauchten Faden herzugeben; man macht deswegen auch hier den Hub der Nadel um soviel größer, als nöthig ist, damit beim Niedergang der Nadel so viel Faden frei werde, als gebraucht wird, d. h. circa um 1/4", wodurch nahe an 1/2" mehr Fadenlänge frei wird. Dieser Faden wird aber schon viel früher frei, als er verbraucht wird, d. h. er wird ganz locker werden, wenn die Nadel beginnt niederzusteigen. Es ist deswegen noch eine Spiralfeder angebracht, welche den Zweck erfüllt, den Faden fortwährend straff zu erhalten und außerdem auch als Führungsauge zwischen dem beweglichen Führungsauge des Nadelschiebers und dem Spannungsapparat dient. Ein runder Eisenstab von 1/4" Durchmesser und 2 1/2" Höhe ist senkrecht in dem Bügel dicht hinter dem Nadelschieber eingeschraubt (Fig. 4) und trägt an seinem obern Ende Mutter mit Kontremutter e und f, welche beide mit der Hand festgestellt werden können. Die untere Hälfte des Stabes ist mit einem Längsschlitz von 1/16" Breite versehen und auf dem Stabe sitzt zwischen dem Bügel und den Muttern eine ganz dünne Spiralfeder von feinstem Messingdraht mit Windungen, welche 1/32" von einander abstehen, und die so lang ist, daß sie ziemlich stark zusammengedrückt ihre geringe Spannung nicht sehr erhöht. Diese Feder sitzt an ihrem untern Ende auf einer dünnen Stahlhülse c, welche unten einen kleinen wulstigen Rand hat und spielend auf dem Eisenstabe auf- und abgleiten kann.

Der vom Spannungsapparat kommende Faden wird nun von hinten nach vorn durch den Schlitz des Stabes, aber unter der Stahlhülse hindurchgeführt, ehe er nach dem Nadelschieber geht, so daß er fortwährend von der Feder sanft nach unten gedrückt wird. Denken wir uns nun den Nadelschieber auf dem höchsten Punkte, so hat der Faden bie Spannung des Spannungsapparats und die Spannung der Spiralfeder kann also vom Faden überwunden werden, d. h. die Spiralfeder ist vom Faden so hoch gehoben, als es der Schlitz des Eisenstabes erlaubt. Beginnt der Nadelschieber zu sinken, so läßt das bewegliche Führungsauge Faden frei, ohne daß Nadel und Schiffchen welchen verbrauchen. Der Faden würde also locker werden, wenn die sich jetzt wieder senkende Spiralfeder ihn nicht straff erhielte, so daß das Nadelöhr leicht über den Faden hinabgleiten kann. Dies dauert so lange, bis das Nadelöhr in den Nähstoff eintritt. Der Schlitz des runden Federstabes muß also so lang sein, daß die sinkende Spiralfeder genau so viel Faden aufnimmt, als das sinkende Führungsauge bis zu dem Augenblick abgiebt, wo das Oehr in den Nähstoff tritt, d. h. also ungefähr doppelt so lang, als die Bewegungsgröße des Nadelschiebers bis zu dem angegebenen Augenblick. Von dem Moment an wird so viel Faden von dem beweglichen Führungsauge geliefert, als die Nadel verbraucht. Beim Eintritt des Oehrs in den Nähstoff muß die Spiralfeder ihren Ruhepunkt erreicht haben; denn wäre dies nicht der Fall, so würde, wenn sich nun die Nadel wieder hebt und die Schlinge bildet, die Spiralfeder nochmals ihre Kraft äußern, wenn sie sich noch ausdehnen könnte, und die gebildete Schlinge wieder zuziehen. Da bei dickem Stoff das Nadelöhr eher eindringt als bei dünnem, so muß auch die Spiralfeder bei jenen eher ihren Ruhepunkt erreicht haben, als bei diesen; man muß also diesen Ruhepunkt bei dicken Stoffen erhöhen, d. h. entsprechend dicke Blättchen auf den Bügel unter die Stahlhülse legen. Dies ist aber einestheils umständlich, anderntheils auch nicht leicht so genau auszuführen als nöthig ist. Deswegen macht man den Schlitz des Eisenstabes nur so kurz, als für die dicksten Stoffe nöthig ist, und muß also bei dünneren gestatten, daß der Faden kurz vor Eintritt des Oehrs in den Stoff etwas locker wird, was meistentheils nichts schadet, manchmal aber doch bewirkt, daß ein sogenannter S c h l u p p entsteht, d. h. daß sich der Faden bei einem Stich auf der obern Fläche des Zeugs locker legt. — Sobald das Schiffchen seinen Hub vollendet hat, wird der Faden wieder frei, zugleich aber auch beginnt der Aufgang der Nadel und also auch das Steigen des beweglichen Führungsauges, welches den Faden wieder aufnimmt. Gegen Ende des Nadelhubes, wo die Schleife des oberen Fadens schon zugezogen ist, das bewegliche Führungsauge aber immer noch Faden aufnimmt, hebt sich dann die Spiralfeder wieder und ist auch dies nicht mehr möglich, so ergänzt der Spannungsapparat die noch nöthige Fadenlänge, wodurch zugleich der Stich die nöthige Festigkeit bekommt. —

Die Stichlochplatte der Maschine enthält auch hier die Oeffnung, aus welcher der bewegliche Transporteur über die Fläche der Nähplatte hervortritt.

Die Schnurscheibe ist mit einem kleinen Schwungrad verbunden und in einem Stück gegossen, welches auf dem hintersten Ende der Hauptwelle sitzt; sie hat einen Durchmesser von 4 bis 5", während die ebenfalls in einem Stück mit dem auf der Schwungradwelle unter der Tischplatte sitzendem Schwungrade gegossene Schnurscheibe einen Durchmesser von 8—10" besitzt, so daß sich ein Umsetzungsverhältniß von 2 : 1 ergiebt. Rechnet man hinzu, daß jede Umdrehung der Hauptwelle zwei Stiche vollendet, so ergeben sich vier Stiche für jeden Hub des Trittbretts, also ungefähr 700 Stiche pro Minute.

Diese Maschine ist besonders für Damenkleiderarbeiten, für gröbere Arbeiten in Leinen und Baumwolle, dann aber auch für Tuch ꝛc. überaus praktisch. Sie ruht auf vier Gummiplatten, welche die Schwankungen der Maschine verhindern, auf das Gestell überzugehen, und ist häufig durch zwei Charniere an der linken Kante des Untertheils auf der Tischplatte befestigt, so daß sie behufs des Einölens leicht aufgekippt werden kann.

4. Das System Thomas.

Diese Maschine ist zum Nähen hohler Gegenstände eingerichtete und ihr Untertheil besteht deswegen in einem schmalen und dünnen Arm, welcher so über der Tischplatte wagrecht hervorragt, daß die Nähplatte ungefähr 5" über derselben liegt. Das Untertheil b (Fig. 1, 2, 3 und 4 auf Taf. VI) ist deswegen an seinem hintern Ende auf einem Dreifuß a, welcher wiederum mit Schraubenbolzen auf der Tischplatte befestigt ist, mittels $^3/_8$" starker Schrauben befestigt. Mit der Richtung des Armes ist die Axe der Maschine parallel nnd das Obertheil der Maschine c ist mit dem Untertheil wieder durch zwei starke Schrauben t ($^3/_8$") fest verbunden. Die Hauptwelle u der Maschine liegt hinten senkrecht zur Nähmaschinenaxe und etwas unter der Nähplatte. Auf ihr sitzt zur rechten Seite der Axe eine große Scheibe mit zwei excentrischen Nuthen, von denen die eine das Schiffchen, die andere die Nadel treibt; auf der linken Seite aber der Transporteur-

Excenter p q, welcher durch eine Hebelkombination die Transportirung von oben in Bewegung setzt.

Der wie gewöhnlich gestaltete Treiber c (Fig. 4, 5 und 9) des Schiffchens, welcher hier gewöhnlich von Rothguß, selten von Gußeisen ist, hat eine viereckige Leiste, welche in einer entsprechenden Führung gleitet und durch eine über ihr liegende, am Untertheil durch vier kleine Schrauben befestigte, ebenfalls quadratische Leiste festgehalten wird. Als Fortsetzung dieser Führung kann eine tiefe in derselben geraden Linie liegende, im hintern Theil des Untertheils laufende Nuth k l (Fig. 1) von 1/3" Höhe und 1" Tiefe betrachtet werden, in welcher ein entsprechend geformter 5/4" langer Stein k gleitet, der einestheils vorn das Röllchen m auf horizontalem Stift trägt, welches in der treibenden Nuth der erwähnten Scheibe läuft, anderntheils mit dem Treiber durch einen runden Eisenstab h von 1/4" Durchmesser verbunden ist. Dieser Stab hat an beiden Enden Schraubengewinde und ist sowohl im Treiber als im besagten Gleitstück fest eingeschraubt. Die Spitze des Schiffchens ist nach hinten gerichtet. Die Stichlochplatte besteht aus einem Stahlwinkel d, der seitlich rechts mit zwei kleinen Schrauben und von oben links ebenfalls durch eine Schraube befestigt ist. Der übrige Theil der Schiffchenführung auf beiden Seiten der Stichlochplatte ist durch Klappen von Messing e und f (besonders dargestellt in Fig. 14) geschlossen, welche leicht auf- und zugemacht werden können. Auch die übrige Oberfläche des Untertheils von der Schiffchenführung zur hintern Nuth ist durch eine mit zwei Schrauben befestigte Messingplatte g bedeckt.

Ein Hebel von Schmiedeeisen $\alpha\, y\, \beta$ mit zwei gleichen Armen, dessen Drehpunkt der im Obertheil festgeschraubte Schraubenbolzen y bildet, überträgt die Bewegung der zweiten excentrischen Nuth auf den Nadelhebel. Zu diesem Zweck trägt der hintere Hebelarm ein Röllchen α an horizontalem Stift, der andere Hebelarm ist vorn gabelförmig gestaltet und umfaßt damit einen horizontal hervorstehenden Stift des Nadelschiebers $\pi\, \rho$, häufig mit Anwendung eines viereckigen Steins.

Die Länge des Schiffchens beträgt auch hier wieder 2 1/4" und der Hub der Schiffchenbewegung 2 1/2". Beträgt die Höhe des Schiffchens 7/16", der Abstand seiner obern Kante von der Unterseite der Stichlochplatte 1/16" und die Dicke der Stichlochplatte auch 1/16"; nimmt man ferner die Dicke des stärksten auf der Maschine zu vernähenden

Stoffes = 1/4", 1/4" auch für die Nadelspitze; bestimmt man endlich, daß die Nadelspitze noch 1/16" über der Oberfläche des Zeuges beim höchsten Stande der Nadel, und daß das Nadelöhr noch 1/16" unter der untern Kante des Schiffchens beim tiefsten Stande der Nadel liege: so ergiebt sich durch Zusammenzählen aller dieser Größen 1 1/8" für den Hub des Nadelschiebers. Berücksichtigt man ferner, daß der Fuß des Transporteurs noch 1/8" Raum haben muß zwischen Zeug und dem untersten Punkt des Nadelhebels, so erhält man für die Länge der Nadel von dem Punkt ihrer Befestigung bis zum Oehr 1". — Die gegenseitigen Stellungen von Nadel und Schiffchen geben die Anhaltepunkte für die Konstruktion der excentrischen Nuthen. Wir beginnen mit den Punkten der Nuthen, welche dem Augenblick entsprechen, wo das Schiffchen und die Nadel ihren Hub beginnen. Rechnet man 3/4" für den Durchmesser der Hauptwelle, 3/8" für den Durchmesser der Röllchen, d. h. für die Breite der Nuth und 1/8" Fleisch zwischen Welle und Nuth, so wird die innere kleinere Nuth, welche das Schiffchen treibt, um 11/16" von dem Mittelpunkt der Scheibe an dem Punkte, wo sie ihm am nächsten ist, und, da der Schiffchenhub 2 1/2" beträgt, 3 3/16" an dem Punkt, wo sie von ihm am entferntesten ist, abstehen. Die Röllchen des Nadelhebels und des Schiffchentreibers stehen in ihren Nuthen auf den durch die entsprechenden Zahlen bezeichneten Stellen zu gleicher Zeit. Wir beginnen mit den Punkten 1, die wie alle entsprechenden Punkte um einen Winkel von 90° auseinanderliegen. Diese Bemerkung ist wesentlich, um aus der Stellung des einen Röllchens die des andern finden zu können. Wir bezeichnen im folgenden das Röllchen des Nadelhebels durch „erstes Röllchen", das des Schiffchentreibers durch „zweites Röllchen". Hat das erste Röllchen den Punkt 2 erreicht, dessen Radius um 1/12 bis 1/8" verkürzt ist, weil der Schlingenhub so viel betragen soll, so ist auch das zweite Röllchen nach Punkt 2 gelangt, dessen Radius um 1/4" eingezogen ist, weil in der anfänglichen Stellung die Schiffchenspitze von der Nadel um 1/4" entfernt war. Die Bahn 23 des ersten Röllchens ist symmetrisch der Bahn 12, weil sich die Nadel ebenso wieder senkt, wie sie sich gehoben hat: in derselben Zeit ist das zweite Röllchen nach Punkt 3 gelangt, dessen Radius wieder um so viel verkürzt ist, als die Länge der Schiffchenspitze beträgt, weil dann der cylindrische Theil des Schiffchens die Nadel eben erreicht haben muß. Die Nuth des zweiten Röllchens zieht sich nun immer näher nach dem Mittelpunkt der

Scheibe bis zum Punkte 4, der der Stellung des Schiffchens nach vollendetem Hube entspricht. Bis dahin hat die Nadel Stillstand gehabt, weswegen die Strecke 34 der Bahn des ersten Röllchens als ein Kreisbogen gestaltet ist. Von dem Punkt 4 an hat die größere Nuth nur die Bedingung zu erfüllen, daß ihr Radius bis auf seine geringste Größe abnimmt und dann wieder bis zum Punkt 1 zurückkehrend anwächst. Man kann deswegen die Nuth symmetrisch gestalten und findet die Symmetrieaxe durch Verbindung des Scheibenmittelpunkts mit dem Punkt 2. In dieser Axe muß auch der Punkt a der Nuth liegen, in welchem der Radius ein Minimum ist. In dieser Weise ist die äußere Kurve vollständig verzeichnet. Wenn das erste Röllchen den Punkt 4 erreicht hat, muß Stillstand des Schiffchens eintreten, der so lange dauert, bis das Nadelöhr die Höhe der Nähplatte erreicht hat; dies entspricht dem Punkte 5 in der Nuth des zweiten Röllchens. Das Stück 45 der innern Nuth besteht also in einem koncentrischen Bogenstück. Da nun auch die innere Kurve von 5 an keine andere Bedingung zu erfüllen hat, als daß ihr Radius wieder bis zur Größe im Punkte 1 anwächst, so kann man auch diese Kurve symmetrisch gestalten. Man halbirt deswegen den Bogen 45, verbindet den Halbirungspunkt mit dem Mittelpunkt der Scheibe und erhält so die Symmetrieaxe. Mit dem Radius 0 1 schlägt man den koncentrischen Bogen 1 e, um die eine symmetrische Hälfte der Kurve zu vollenden, und ergänzt endlich die zweite Hälfte. — Die Wahl des Punktes 1 ist für die Größe der äußern Kurve von Wichtigkeit; man rückt ihn natürlich der inneren Kurve so nah wie möglich, aber nur so nahe, daß zwischen den Punkten der beiden Nuthen, welche sich am nächsten liegen, immer noch eine Wand von mindestens 1/4″ übrig bleibt. Den Radius der Scheibe wählt man so groß, daß auch die Wand der äußern Kurve an der Stelle, wo sie am schwächsten ist, immer noch mindestens 1/4″ stark bleibt.

Die Scheibe ist auf der Welle aufgeschraubt und durch eine Kontremutter unverrückbar befestigt; die Welle aber läuft in einer 2″ langen Lagerbüchse und trägt am andern Ende den Transporteur-Excenter p q, welcher durch eine Nuth, in welche eine auf der Welle befindliche Nase paßt, an der selbstständigen Drehung und durch eine gegen den Excenter festgeschraubte Mutter n an der Verrückung in der Richtung der Axe verhindert wird. Auf dem äußersten Ende der Hauptwelle sitzt die Schnurscheibe m durch eine Stellschraube befestigt;

in vielen Fällen ist die Schnurscheibe mit der Nuthenscheibe in einem Stück gegossen.

Der Transporteur-Excenter setzt mittels eines doppelarmigen, in senkrechter Ebene schwingenden Hebels μ z ν, welcher sich um einen am Bügel festgeschraubten Bolzen z dreht, und einer zwischen Schraubenspitzen laufenden Hebelwelle e (Fig. 15) den Transporteur in Bewegung. Der Schenkel des Transporteurs λ (Fig. 1) hat Führung in einer $^3/_{16}$" breiten und $^3/_4$" tiefen im Kopf des Bügels eingeschnittenen Nuth; er hat oben in der Richtung seiner Länge einen gabelförmigen Schlitz, welcher einen oben in der Nuth sitzenden Stift umfaßt, und hat so in diesem einen Drehpunkt, welcher ihn jedoch nicht verhindert, sich zu heben und zu senken. Eine Blattfeder preßt den Transporteur von links nach rechts, so daß er, wenn er in Wirkung tritt, diesen Druck überwinden muß. Der senkrecht schwingende Hebel ist an seinem vordern Ende mit dem Transporteur verbunden, indem er durch eine bei ξ und σ angehängte Spiralfeder nach unten gedrückt wird; an seinem hintern Ende trägt er ein Röllchen an horizontalem Stift, welches auf dem cylindrischen Rand des Excenters rollt, so daß also hierdurch das Heben und Senken des Transporteurs bewerkstelligt wird. Die Hebelwelle (Fig. 15), d. h. eine parallel mit der Axe der Maschine laufende Welle, an deren beiden Enden senkrecht zu ihr Hebel sitzen, von denen der eine a an seinem untern Ende ein um einen senkrechten Stift drehbares Röllchen c trägt, welches auf der zweiten schraubenförmigen Fläche des Transportenr-Excenters rollt, von denen der andere b aber an seinem untern Ende einen horizontal hervortretenden Stift trägt (wie in Fig. 12 besonders dargestellt ist), welcher den Transporteur von rechts nach links drückt, bewirkt die Bewegung des Transporteurs von rechts nach links und von links nach rechts. — Der Stichsteller wirkt auf den hintern Hebel der Hebelwelle und seine Anordnung ist leicht aus der Zeichnung zu ersehen (Fig. 8).

Mittels dieser Transportirung können an hohlen Gegenständen, wie Rockärmeln, Stiefelschäften rc., nur Nähte gemacht werden, welche reifenförmig um die Gegenstände herum laufen. Häufig aber sind auch Nähte auszuführen, welche an diesen Gegenständen der Länge nach verlaufen, wie z. B. beim Festnähen von Strippen an den Stiefelschäften, und für diesen Fall ist an der Thomas'schen Maschine noch ein zweiter Transporteur angebracht, welcher den Nähstoff in der Richtung von vorn nach hinten fortschiebt. Zu diesem Zwecke ist ein zweiter, dem ersten ganz ähnlicher Transporteur angebracht, welcher seine Führung in einer zweiten senkrechten am Kopf des Bügels eingefraisten Nuth x hat, in der ebenfalls ein Stift sitzt, welcher von dem obern gabelförmigen Ende des Drückerschenkels umfaßt wird. Fig. 11 zeigt die Form dieses zweiten Transporteurs, während in Fig. 10 der erste abgebildet ist. Eine Blattfeder drückt auch gegen diesen Schenkel von hinten nach vorn. Um den zweiten Transporteur in Bewegung zu setzen, trägt der vordere Hebel der Hebelwelle an seinem untern Ende d (Fig. 12) nicht nur den Stift c, sondern noch einen Konus e, welcher sich gegen eine schräg gefeilte Fläche des zweiten Transporteurs a legt und, sich in der Richtung des Pfeils bewegend, diesem eine Bewegung von vorn nach hinten ertheilt. — Natürlich kann nur immer ein Transporteur in Anwendung sein, während der andere aus der Maschine herausgenommen ist. —

Der von dem Spannungsapparat kommende Faden muß auch hier durch ein bewegliches Führungsauge gehen, welches eine auf- und absteigende Bewegung hat. Das Auge ist aber nicht fest mit dem Nadelschieber verbunden, sondern wird nur von diesem gehoben, wenn er selbst sich hebt, ohne von ihm wieder mit hinabgenommen zu werden. Der Faden selbst zieht nämlich das Führungsauge herab, dessen Bewegung nur ein geringer Reibungswiderstand entgegengesetzt ist. Dadurch hat man den Vortheil erreicht, daß nur immer genau so viel Faden von der beweglichen Leitung hergegeben wird, als nöthig ist, und daß also beim Tiefgang des Nadelschiebers der Faden immer straf bleibt. Das Führungsauge γ (Fig. 1 und 2) ist deswegen am Ende eines gegen ein auf den Kopf des Bügels aufgeschraubtes Stahlplättchen ψ federnden Hebels von dünnem Stahlblech angebracht, welcher bei δ seinen Drehpunkt hat und sich in einer senkrechten Ebene bewegt. Durch den Druck des Hebels gegen das Stahlplättchen wird eine geringe Reibung bewirkt, welche durch die Spannung des Fadens, der von dem Spannungsapparat kommend zuerst durch ein festes, etwas rechts von dem Leitungshebel liegendes Führungsauge ε, dann durch das bewegliche Auge und endlich nach dem Nadelöhr geht, noch vermehrt wird. — Da die Größe des Nadelschieberhubes gewöhnlich für den Hub des beweglichen Leitungsauges nicht ganz hinreicht, so muß die Entfernung dieses Auges vom Drehpunkt des Leitungshebels etwas größer sein als der Abstand des den Leitungshebel hebenden, am Nadelschieber befindlichen Stiftes von demselben Drehpunkt. Ist die

Differenz dieser Abstände zu groß, so beginnt das Heben des Führungsauges zu spät, während der Anzug des Fadens doch am besten sogleich nach Vollendung des Schiffchenhubes, d. h. mit Beginn des Nadelschieberhubes anfängt. Ist die Differenz aber zu klein, so giebt die Leitung nicht soviel Faden her, als nöthig ist und es entstehen Schleifen an der untern Seite der Naht.

Bei dieser beweglichen Leitung hat der Faden mindestens immer die Spannung, welche der Reibung des Leitungshebels entspricht. In der Zeit aber, wo der in die Schlinge des obern Fadens eintretende Schiffchenschnabel dieselbe erweitert, ist es am besten, wenn der Faden gar keine Spannung hat, weil der sich um das Schiffchen herumlegende Faden dann durch das Gleiten am wenigsten angegriffen wird. Man hat deswegen manchmal die Einrichtung getroffen, daß der Reibungswiderstand in dieser Zeit der Schlingenerweiterung ganz aufhört.

Durch die Transportirung von oben und die Anordnung der zwei excentrischen Nuthen zur Bewegung von Schiffchen und Nadelhebel ist der Reibungswiderstand dieser Maschine doch so bedeutend, daß man sie nur sechs Umgänge pro Sekunde machen lassen kann. Das Umsetzungsverhältniß der beiden Schnurscheiben beträgt deshalb 2 : 1, und da die obere Schnurscheibe einen Durchmesser von 4″ Zoll hat, so hat die untere mit dem Schwungrad verbundene einen Durchmesser von 8″. — Ein Anschiebetischchen dient zur Erweiterung der Nähplatte.

Diese Maschine ist ganz besonders für Schuhfabrikation geeignet, bei welcher die Anfertigung hohl genähter Gegenstände am meisten vorkommt. Zugleich ermöglicht die Transportirung von oben ein Nähen in sehr gekrümmten Bogen, was bei dem Verzieren der Herren- und Damenschuhe sehr wesentlich ist. Auch Herren- und Damenkleiderarbeiten werden mit Vortheil darauf angefertigt und für Sattler-, Riemer- und Militärarbeiten ist sie ebenfalls von großem Vortheil, wenn sie nur solide genug und mit einem genügend großen Durchgangsraum hergestellt wird. Die Größe des Anschiebetischchens kann man ja leicht so wählen, daß auch die größten Arbeitsstücke darauf ruhig und bequem bearbeitet werden können.

E. Die Maschine für Steppstich mit stehender Spule.

Sie hat den Zweck, da sie nur zum Nähen leichter Stoffe dienen soll, die größte Geschwindigkeit, den sanftesten und geräuschlosesten Gang zu erreichen, welche möglich sind. Alle unnöthige Reibung ist deswegen zu vermeiden und vor allem sind alle excentrischen Nuthen zu beseitigen.

Der rotirende Haken mit stehendem Schiffchen, welcher gestattet, die Bewegung der Nadel von einer Kurbelbewegung ausgehen zu lassen, bietet dazu die beste Gelegenheit. Durch Anwendung einer krummen Nadel ist auch der Nadelschieber beseitigt. Die Transportirung ist von unten gewählt, weil diese ebenfalls kleinere Bewegungen macht, wie eine Transportirung von oben. Alle Theile sind leicht konstruirt, damit die Trägheit der schnell bewegten Theile nicht zu groß und störend werde.

Der Untertheil der Maschine (Fig. 1, 2 und 3 auf Taf. VII) besteht in einer gußeisernen Platte a, welche vorn zwei Lagerwände b und ϑ trägt, in deren Bohrungen die unter der Nähplatte senkrecht zur Axe der Maschine laufende Hauptwelle liegt, welche rechts dicht vor dem Lager den Greifer f trägt, der mit ihr aus einem Stück Stahl gearbeitet ist. Zwischen den Lagern sitzt auf der Welle mit einer Stellschraube befestigt, eine gußeiserne Riemscheibe β, welche mit dem rechts am Lager sitzenden Transporteur-Excenter γ und mit dem links am Lager sitzenden Kreis-Excenter r für die Bewegnng der Nadel in einem Stück gegossen ist. Dieser Kreis-Excenter macht eine horizontal über der Bodenplatte des Untertheils liegende Excenterstange schwingen, welche wiederum den als Winkelhebel gestalteten Nadelhebel qs in Bewegung setzt. Derselbe dreht sich zwischen Schraubenspitzen vv, die durch Kontremuttern ww in zwei auf dem hintern Theil der Bodenplatte angegossenen Säulen u und c befestigt sind. Die rechte dieser Säulen trägt zugleich den mit einer 3/8″-gen Schraube festgehaltenen Bügel der Maschine de, welcher vorn eine senkrechte Bohrung hat, in der der Drücker m sitzt. Die Lagerwände, durch welche die Hauptwelle geht, dienen zugleich als Träger der durch vier versenkte Schrauben auf ihnen befestigten stählernen Nähplatte l, welche das Stichloch enthält. Dicht unter der Nähplatte liegt über der Hauptwelle und parallel mit ihr eine Brücke $\varepsilon\varepsilon$ von flachem Schmiedeeisen, die so in ihrer

Führung liegt, daß sie eine Verschiebung in der Richtung der Hauptwelle erleiden kann; sie (in Fig. 21 besonders dargestellt) hat einen langen Schlitz in derselben Richtung und in ihm eine Stahlzunge, die am rechten Ende als geriffeltes Transporteur-Plättchen c gestaltet ist und durch deren linkes Ende ein in der Brücke sitzender horizontaler Stift e geht, so daß das geriffelte Plättchen eine selbstständige auf- und abgehende und eine von der Brücke überkommene hin- und hergehende Bewegung ausführen kann. Der Transporteur-Excenter drückt unter einen Wulst b der Zunge dieselbe nach oben, während das eigene Gewicht derselben den Niedergang bewirkt; zugleich preßt er gegen einen an der Brücke senkrecht nach unten vorspringenden Lappen von links nach rechts behufs der Transportirung, deren Rückgang durch eine kleine Spiralfeder hervorgebracht wird, welche, sich gegen die linke Fläche der linken Lagerwand stützend, einen andern am linken Ende der Brücke hervorspringenden Lappen a von rechts nach links drückt. In der Nähplatte selbst drehbar ist der mit einem Zifferblatt versehene Stichsteller δ (Fig. 1, 2 und 3; in Fig. 6 besonders abgebildet) links hinter der Transporteurbrücke angebracht.

Um die Dimensionen der einzelnen Theile zu bestimmen, müssen wir von der Form und den Größenverhältnissen des früher beschriebenen Greifers ausgehen. Er hat einen Durchmesser von $1^1/_2''$ und lassen wir zwischen ihm und der Bodenplatte, von deren Oberfläche aus wir alle Höhen nehmen, einen Zwischenraum von $2'''$, so liegt die Axe der Hauptwelle $11'''$ hoch. Ein Zwischenraum von ebenfalls $2'''$ ist zwischen dem Haken und der untern Fläche der $^1/_{16}''$ starken Nähplatte. Die Breite der Riemscheibe beträgt $1^1/_2''$ und sie hat einen Durchmesser von $1^1/_4''$, sodaß also zwischen der Nähplatte und der Riemscheibe ein Raum von $3^1/_2'''$ bleibt, welcher aber von der Transporteurbrücke, die $1^1/_2'''$ dick ist, auf $2'''$ reducirt wird. Rechnet man auf die Dicke des Riemens $1'''$, so bleibt für seine freie Bewegung noch ein Spielraum von $1'''$ übrig. Die Riemscheibe (Fig. 9) ist auf der linken Seite von einem $1'''$ starken Bund b, dessen Durchmesser $1''$ $5'''$ beträgt, begrenzt; auf der rechten Seite vertritt der Transporteur-Excenter d e die Stelle eines Bundes. Der excentrische Cylinderrand, welcher die Bewegungen des Transporteurs hervorbringt, erhebt sich da, wo er das Heben bewirkt, um $1^1/_2'''$, aber, wo der Transporteur seine tiefste Stellung einnimmt, um $^1/_2'''$ über die Fläche der Riemscheibe; so daß er also ein Heben und Senken von $1'''$ hervorbringt. Da die größte

Stichlänge $2^{1}/_{2}'''$ betragen soll, so wird der Wulst des Transporteur-Excenters da, wo er am stärksten ist, $3^{1}/_{2}'''$ dick sein. Der an der andern Seite sitzende Kreis-Excenter a hat eine Breite von $^{1}/_{4}''$, so daß dieser linke Ansatz mit dem Bunde 4''' beträgt. So ergiebt sich denn ein lichter Zwischenraum zwischen den Lagerwänden von $2^{1}/_{4}''$. Die rechte Lagerbuchse hat eine Länge von 5''', die linke von 4'''; so daß die Länge der Hauptwelle 3'' beträgt. Diese Hauptwelle trägt aber gewöhnlich noch eine Verlängerung, welche als Spulmaschine benutzt wird. Dieselbe ist an die Stahlwelle angeschraubt, hat auf einer Strecke von $1^{1}/_{2}''$ dieselbe Stärke, geht von da an in einen Konus über, der $2^{1}/_{2}''$ lang an seinem Ansatz $^{1}/_{4}''$ und an seinem Ende $^{1}/_{8}''$ Durchmesser hat. Dieser Ansatz dient zum Aufschieben der Holzröllchen und der Metallspülchen beim Aufspulen des Garns.

Die früher erwähnte Bremse (Fig. 5), welche gegen den cylindrischen Rand des Greifers drückt, besteht meistentheils in einer kleinen scharfen Bürste; seltener ist ein Stück Leder, weil dieses sich bald abnützt und ausgewechselt werden muß, allerdings aber auch eine einfachere Herstellung der Bremse zuläßt. Die Bürste, deren Borsten $^{1}/_{2}''$ lang sind und $^{1}/_{4}''$ aus einer Messinghülse, welche eine rechteckige Oeffnung von $^{1}/_{8}''$ Breite und $^{3}/_{8}''$ Länge hat, hervorragt, sitzt mittels einer Klemmschraube d befestigt in einem Eisenstück, welches wiederum an einem $^{1}/_{16}''$ dicken Eisenplättchen a sitzt, das an der rechten Seite der rechten Lagerwand so festgeschraubt werden kann, daß die Bürste auf früher angegebene Weiser am Greifer periodisch schleift und außer Berührung mit ihm kommt. Damit nun aber der Ort, an welchem die Bürste den Haken berührt, etwas geändert, d. h. erhöht und erniedrigt werden kann, hat das erwähnte Eisenplättchen einen mit dem Mittelpunkt des Greifers koncentrischen Schlitz, durch welchen die die Bremse befestigende Schraube gesteckt wird. Die Anordnung ist so getroffen, daß man zu dieser Schraube leicht mit dem Schraubenzieher hinzukommen kann.

Die Spule oder das Schiffchen liegt in einer Vertiefung des Greifers, muß aber daran gehindert werden herauszufallen. Deswegen ist die sogenannte Brille (Fig. 8) dagegen geschoben, welcher in einem dünnen kreisförmigen Ring von Gußeisen besteht, dessen Axe genau in der Axe der Hauptwelle liegt. In dieser Richtung ist sie auch nur verschiebbar; sie hat nämlich einen rechtwinkelig zur Fläche ihres Ringes stehenden Ansatz d, welcher an seiner untern horizontalen Fläche eine in der Richtung der Axe laufende Leiste e hat, die in einer entsprechenden Nuth der Bodenplatte liegt. Die ganze Brille wird durch eine leicht mit der Hand drehbare Schraube am Maschinenuntertheil befestigt und hat rechts noch einen senkrecht nach unten vorspringenden Lappen f, in welchem eine ebenfalls in der Richtung der Hauptwelle laufende Schraube mit Kontremutter befestigt ist. Das linke Ende dieser Schraube stoßt nämlich gegen die Bodenplatte und sie regulirt dadurch den größeren oder geringeren Abstand der Brille vom Greifer. Hierauf kommt sehr viel an für die Leistung der Maschine. Denn wir wissen, daß der Faden der Schlinge zwischen Spülchen und Haken einerseits, zwischen Spülchen und Brille andererseits hindurch schlagen muß: ist die Entfernung zwischen Greifer und Brille zu groß, so hat das Metallspülchen zu viel Spielraum, es rückt aus der Höhlung des Hakens etwas hervor, so daß der peripherische Schlitz des Spülchens nicht mehr vom Haken verdeckt wird, und der Faden der Schlinge, welcher zwischen Spülchen und Brille hindurch gehen sollte, geht leicht in den Schlitz des Spülchens hinein, wodurch die Bildung der regelrechten Naht unterbrochen wird; ist die Entfernung zwischen Greifer und Brille aber zu klein, so klemmt sich der Faden der Schlinge leicht, die Schlingen bleiben an der untern Seite des Nähstoffs liegen oder der Faden bricht wol gar. Anderntheils verringert sich, wenn die Spule zu viel Spielraum hat, dadurch die Spannung des untern Fadens, welche eben dadurch hervorgebracht wird, daß das Spülchen bei seiner Abwickelung eine geringe Reibung am Greifer und an der Brille zu überwinden hat; hat die Metallspule zu wenig Spielraum, so wächst diese Reibung und der untere Faden hat zu viel Spannung. Hieraus ergiebt sich, daß auf die Stellung der Schraube f der Brille sehr viel ankommt und sie richtig zu stellen, gelingt häufig erst nach vielen Nähversuchen. Zudem folgt hieraus, daß, wenn man auf einer Maschine mit verschiedenen Spülchen nähen will, dieselben vollkommen genau gleich gearbeitet sein müssen. — Das Spülchen hat einen Durchmesser von 14''' und der äußere Durchmesser des Brillenringes ist eben so groß. Der lichte Durchmesser des Brillenringes beträgt 1/4" wenig als der äußere; der Querschnitt des soliden Ringes hat die Form eines Halbkreises. Um den Durchgang des Schlingenfadens zwischen Spülchen und Brille noch mehr zu erleichtern, ist der ringförmige Wulst derselben an den Stellen b und c flach gefeilt. Die flache Stelle b, deren Querschnitt in b, abgebildet ist, hat den Zweck, den Eintritt des Schlingenfadens zwischen Brille und Spülchen zu erleichtern;

die flache Stelle c, deren Querschnitt in c_1 abgebildet ist, sichert der Schlinge, so lange sie von der Bremse festgehalten und dann angezogen wird, eine freie Lage.

Der auf der Hauptwelle links sitzende Kreis-Excenter wird von einer gußeisernen Zugstange (Fig. 15) umfaßt, deren Excenterring durch eine Spannschraube d festgezogen wird, wenn er durch Abnutzung Spiel bekommen hat. Das hintere Ende der Zugstange greift mittels Charnier an das untere Ende des senkrechten Armes des Nadelhebels und kann ebenfalls durch eine Spannschraube c fest angezogen werden. Dieser Hebelarm ist aber nicht an der Axe des Hebels angegossen, sondern durch eine $^3/_8$"-ge Schraube t (Fig. 1, 2 und 3) so an ihr befestigt, daß er leicht verlängert und verkürzt werden kann, weswegen er an dem Befestigungsende einen länglichen Schlitz hat. Dadurch hat man ein Mittel in Händen, den Hub der Nadel beliebig zu vergrößern und zu verkleinern, außerdem aber auch den Abstand des Nadelöhrs von der Greiferspitze in dem Moment, wo diese letztere in die Schlinge des obern Fadens tritt, zu verändern; eine Verkürzung des Hebels verringert, eine Verlängerung vergrößert ihn. Die Größe des Schlingenhubes kann leicht durch die Verrückung des Kreis-Excenters, d. h. Riemscheibe, welche auf der Hauptwelle durch eine Stellschraube befestigt ist, regulirt werden. — Um den Abstand des Kreis-Excenter-Mittelpunkts von der Hauptwellen-Axe zu bestimmen, müssen wir erst den Nadelhub feststellen. Die Greiferspitze, welche einen Abstand von 1‴ von dem Greiferumfang hat, liegt also in dem Augenblick, wo sie die Nadel erreicht, 3‴ unter der untern Fläche der Nähplatte. Rechnet man für den Schlingenhub $^1/_{16}$" und $^3/_{16}$" für den Abstand des Nadelöhrs von der Greiferspitze nach vollendeter Schlinge; beträgt die Dicke des stärksten Nähstoffs, welcher auf der Maschine bearbeitet werden soll, $^1/_8$", die Nadelspitze $^3/_{16}$" und setzt man fest, daß die Nadelspitze sich noch $^1/_{16}$" über der obern Fläche des Nähstoffs befindet, wenn sie ihre höchste Stelle erreicht hat: so ergiebt sich $^3/_4$" für den Hub der Nadel. Gleichwohl macht man ihn aus Gründen, die nachher auseinander gesetzt werden sollen, bedeutend größer, so daß er meist $1^1/_3$" beträgt. Der Nadelhebelarm beträgt nun aber 6", der kürzere Arm des Nadelhebels $1^1/_2$", so daß sich hiernach der Hub der Zugstange auf $^1/_3$", d. h. der obengenannte Abstand der beiden Mittelpunkte auf 2‴ berechnet. Den Durchmesser des Kreis-Excenters nimmt man = 1". — Den Abstand des Nadelöhrs vom Befestigungspunkt der Nadel findet man leicht = $^{13}/_{16}$", wenn man $^1/_8$" Raum für den

$^1/_{16}$" dicken Drücker zwischen Nähstoff und Nadelschieber bei der tiefsten Stellung dieses letztern gestattet.

Das Stichloch (Fig. 12) hat einen Durchmesser von $^1/_{16}$", ist nach unten stark konisch erweitert, damit der Faden unter der Nähplatte freies Spiel hat, und läuft in einem $^1/_{32}$" schmalen Schlitz **a b** aus, welcher in der Richtung der Hauptwelle von links nach rechts verläuft. Dieser Schlitz wird unten von einem schmalen Stahlplättchen in einer Entfernung von $^1/_8$" vom Stichloch gekreuzt, welches bei **k** unter der Nähplatte (Fig. 1, 2 und 3) angelöthet ist und dann, von der untern Seite der Nähplatte um $^1/_{32}$" abstehend, nach hinten läuft, wo es etwas hervorsteht. Es dient in Verbindung mit dem Schlitz dazu, den Faden des Metallspülchens, den man zwischen Feder und Platte bringt und ihn dann von hinten nach vorn zieht, von unten nach oben durch das Stichloch zu bringen, ehe man zu nähen beginnt. — Die zwei Schraubenspitzen, zwischen welchen der Nadelhebel sich dreht, werden dazu benutzt, die Nadel genau in der Mitte des Stichlochs auf- und abgehen zu lassen; steht die Nadel zu weit links, so wird die linke Schraube tiefer geschraubt, die rechte aber entgegengesetzt; steht die Nadel zu weit rechts, so umgekehrt. Steht die Nadel zu weit noch vorn oder hinten, so muß man sich durch gelinde Biegung der Nadel helfen. Bleibt die Nadel, während sie durch das Nadelloch auf- und absteigt, nicht f o r t w ä h r e n d in der Mitte des Stichlochs, so ist ihre Krümmung nicht richtig. —

Der Nadelhebel schwingt an der linken Seite des Bügels und trägt gewöhnlich an seinem hintern Ende in der Nähe seiner Drehungs-Axe die Fadenspannung g f; seltener ist sie an der hintern Säule befestigt, welche den Bügel trägt. In unserer Zeichnung ist das erstere der Fall und das bewegliche Führungsauge ζ sitzt ebenfalls vorn am Nadelhebel in der Nadelschraube selbst. Die so eingerichtete bewegliche Leitung läßt gerade soviel Faden beim Niedergang des Nadelhebels frei und nimmt so viel beim Aufgang wieder auf, als der Hub des Nadelhebels lang ist. Nun wissen wir aber, daß in dem Moment, wo die Greiferspitze die neue Schlinge gefaßt hat, die alte Schlinge von der Bremse losgelassen wird; daß also die neue Schlinge sich auf Kosten der alten erweitern kann, d. h. daß dadurch, daß die neue Schlinge sich erweitert, die alte verkleinert wird. Die Fadenlänge, welche der Greifer verbraucht, hat er sich also vorher schon selbst in Ueberfluß geliefert. Wir wollen die Rechnung noch etwas genauer anstellen. Nennen wir die Fadenlänge der Schlinge in dem Moment, wo die Greiferspitze sie faßt, gleich a und nehmen wir an, der Greifer vergrößere diese Länge, während er die Schlinge erweitert, um b; so wird die Fadenlänge der von der Bremse eben losgelassenen Schlinge nahezu gleich a + b sein. Durch Erweiterung der neuen Schlinge, wird also die alte wieder so weit zugezogen, daß ihre Fadenlänge wieder nur a beträgt. Während dies geschieht, ist aber auch die Nadel wieder in die Höhe und zwar bis zum höchsten Punkt gestiegen. Soll in dieser Zeit der Faden straff bleiben, so muß die bewegliche Leitung gerade die Fadenlänge a aufnehmen; da aber die Leitung so viel Faden aufnimmt, als der Hub der Nadel groß ist, so muß a gleich dem Nadelhub sein. Diese Größe a, d. h. die Länge der Schlinge, ehe sie vom Greifer erweitert ist, beträgt aber doppelt so viel als die Entfernung des Nadelöhrs von der obern Fläche des Nähstoffs, wenn die Nadel ihre tiefsten Stellung erreicht hat. Hieraus folgt also, daß sich das Nadelöhr so hoch über die obere Fläche des Nähstoffs erheben muß, als es sich unter dieselbe senkt, d. h. wenn man die mittlere Stärke des auf der Maschine zu vernähenden Stoffes = 1‴ nimmt, = 2 ($^9/_{16}$ + $^1/_{12}$) = 1″ 3$^1/_2$‴, wofür man 1$^1/_3$″ nimmt, wie früher schon angegeben worden ist. —

Im allgemeinen ist also zu bemerken, daß die Bildung eines Stichs selbst den vorhergehenden Stich anzieht. Dies ist aber nur dann möglich, wenn nicht zu feste und dicke Stoffe auf der Maschine vernäht werden, in welchen der Faden zu viel Reibung zu überwinden hat. Diese Maschinen sind deswegen die passendsten zur Anfertigung von Weißzeug, seidenen Mantillen, leichten Mützen 2c., weswegen sie auch unter dem Namen Weißzeugmaschinen bekannt sind. Leichte Tuch- und Wollensachen, Damenkleider, leichte Lederarbeiten 2c. können darauf bequem, schnell und gut angefertigt werden. Um größere Gegenstände bequem auf der Nähplatte placiren zu können, ist dieselbe durch zwei Anschiebetischchen von Holz zu vergrößern. Wegen des geringen Reibungswiderstandes, den sie bei der Bewegung zu überwinden haben, und wegen der fast vollkommenen Geräuschlosigkeit, mit welcher sie gehen, können sie auch mit großer Schnelligkeit arbeiten.

Die auf der Schwungradwelle sitzende Riemscheibe hat einen Durchmesser von 7$^1/_2$″, so daß das Umsetzungsverhältniß 6 : 1 beträgt, woraus eine Leistungsfähigkeit von über 1000 Stichen in der Minute resultirt. Zudem kann der Faden, mit welchem die Maschine näht, äußerst dünn und schwach genommen werden, weil er keine bedeutende Spannung auszuhalten hat. Wegen dieser guten Eigenschaften haben die Nähmaschinen dieses Systems eine bedeutende Zukunft. Sie eignen sich auch für den häuslichen Gebrauch, wenn ihre Anwendung hierbei auch häufig auf das Hinderniß stößt, daß ihre Handhabung am schwierigsten unter allen Maschinen zu erlernen ist. Der Mechanismus dieser Maschine ist sehr sinnreich und wiederum auch sehr einfach; aber die Arbeit der einzelnen Theile und ihre Zusammensetzung muß mit der größten Genauigkeit ausgeführt werden, wenn die Leistungsfähigkeit den Erwartungen entsprechen soll.

Diese Maschinen besitzen häufig noch einen Mechanismus, welcher das Nähen von Säumen und das Aufnähen von Schnüren und Litzen erleichtert. Der zu diesem letztern Zwecke eingerichtete Apparat besteht in einem besonders konstruirten Drückerfuß, der an seiner untern Fläche eine Furche in der Richtung der Transportirung hat, welche die Schnur aufnimmt, sodaß der Druck des Drückers nicht nur auf die Schnur, sondern auch auf das Zeug ausgeübt wird, auf welches die Schnur aufgenäht werden soll. Dabei hat man nicht nöthig, vorher die Schnur auf dem Zeuge durch Heftstiche zu befestigen. — Der Apparat zum Säumen besteht ebenfalls in einem besonders eingerichteten Drücker (Fig. 17), welcher links vom Stichloch als eine Art Schnecke gestaltet ist, welche das von dem Transporteur in sie hineingezogene Zeug von selbst knifft und zum Saum umlegt. Die Art der Wirksamkeit dieses Apparats erhellt besser aus dem in Fig. 19 dargestellten Schema. Die Breite des Saumes wird durch die schon früher beschriebene, hinter dem Säumer anzuschraubende Vorlage regulirt. An der untern Seite besitzt der Säumerfuß mehrere Furchen in der Richtung der Transportirung, in welche das geriffelte Transportirungsplättchen eingreift, um so das Zeug desto sicherer zu erfassen und fortzuschieben. — Eine einfachere Säumvorrichtung ist in Fig. 18 dargestellt; dieselbe (a) wird, gesondert vom Drücker, vor dem Stichloch d auf der Nähplatte aufgeschraubt und bringt das Zeug in ihrer röhrenförmigen Höhlung in die richtige Lage.

Sind an einer Maschine diese Apparate vorhanden, so besteht der Drücker gewöhnlich aus den zwei gesonderten Theilen des Schenkels und Fußes, die aneinandergeschraubt werden; ja häufig wird nur eine verschiedenartig gestaltete Fußplatte eingeschoben.

Druck von J. Dräger's Buchdruckerei in Berlin, Adlerstraße 9.

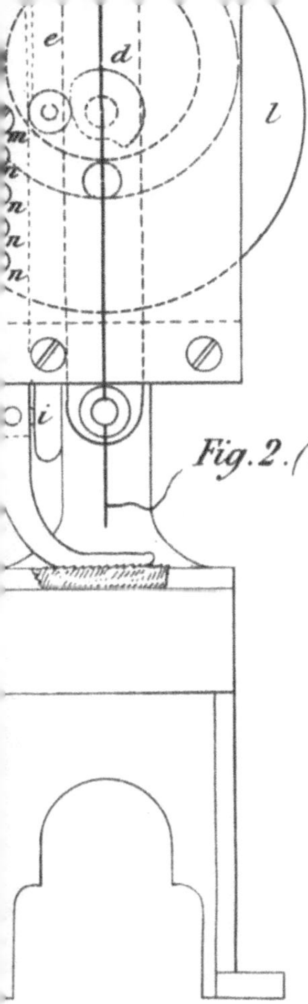

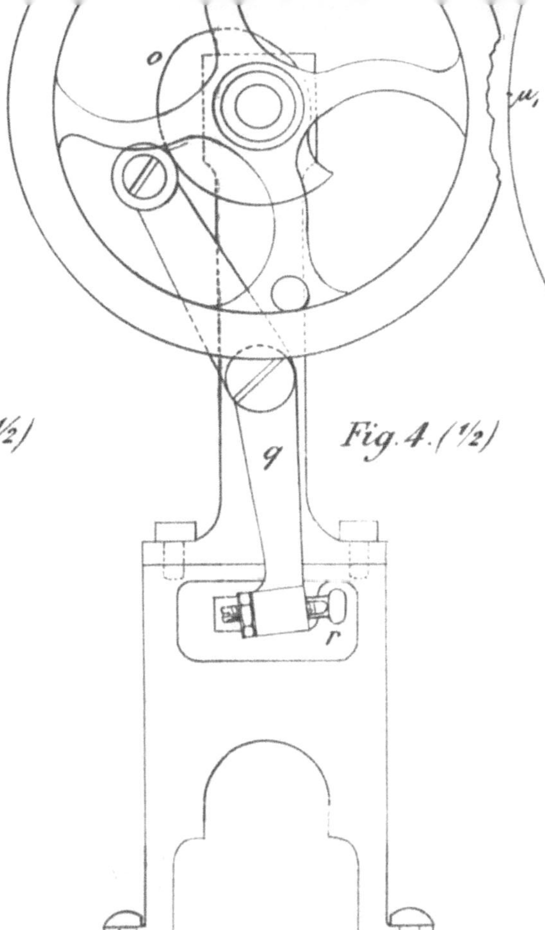

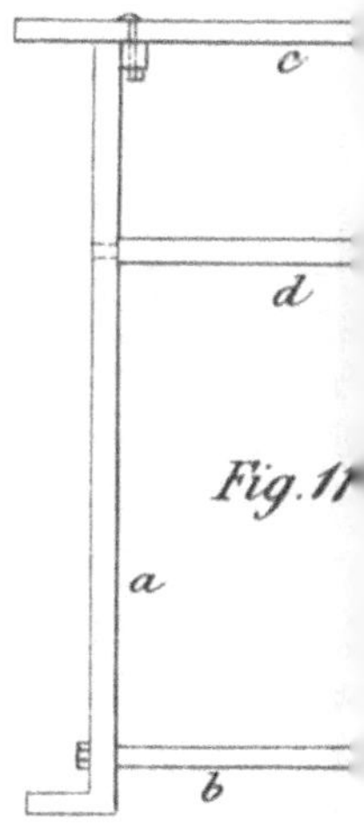

Fig.11

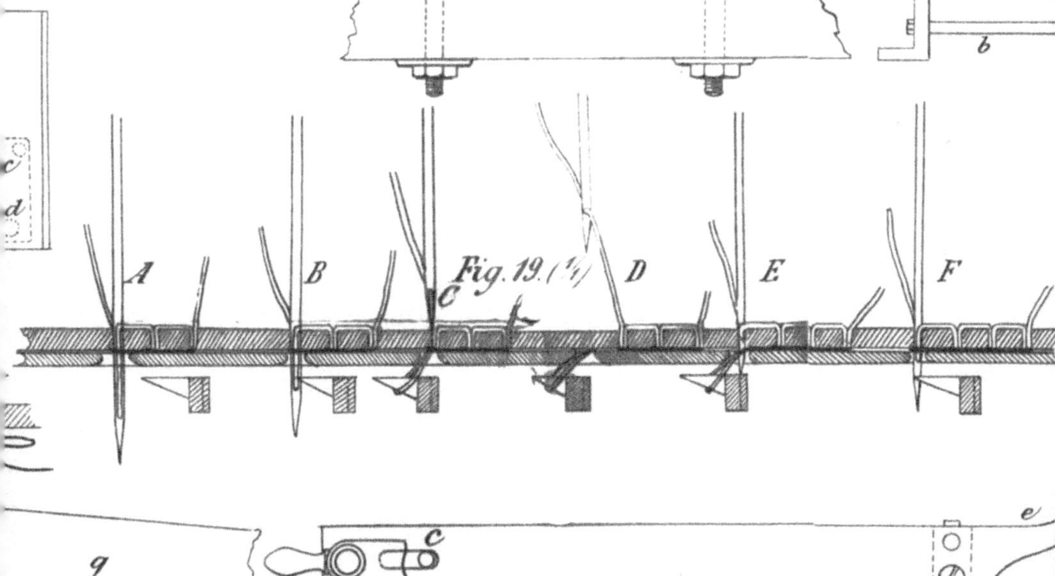

Fig.19.(¼)

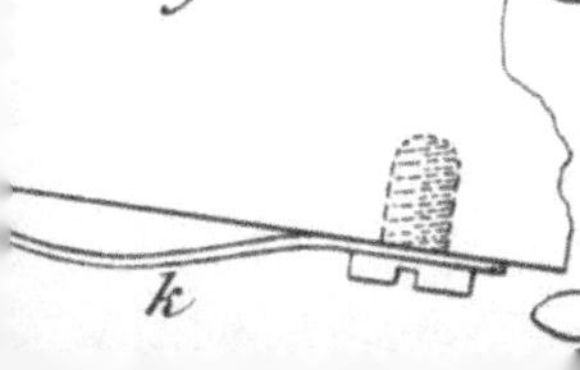

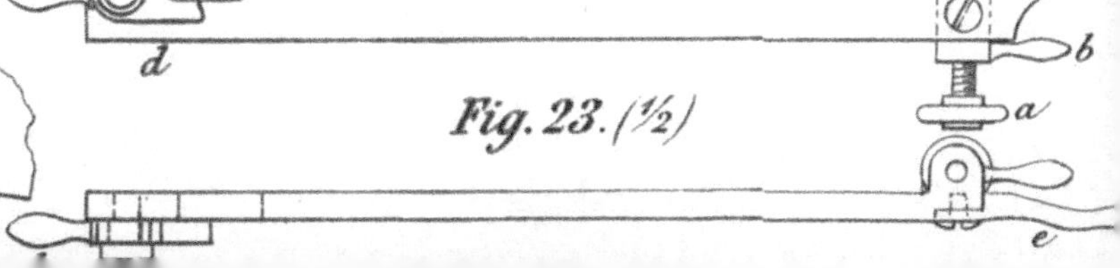

Fig.23.(½)

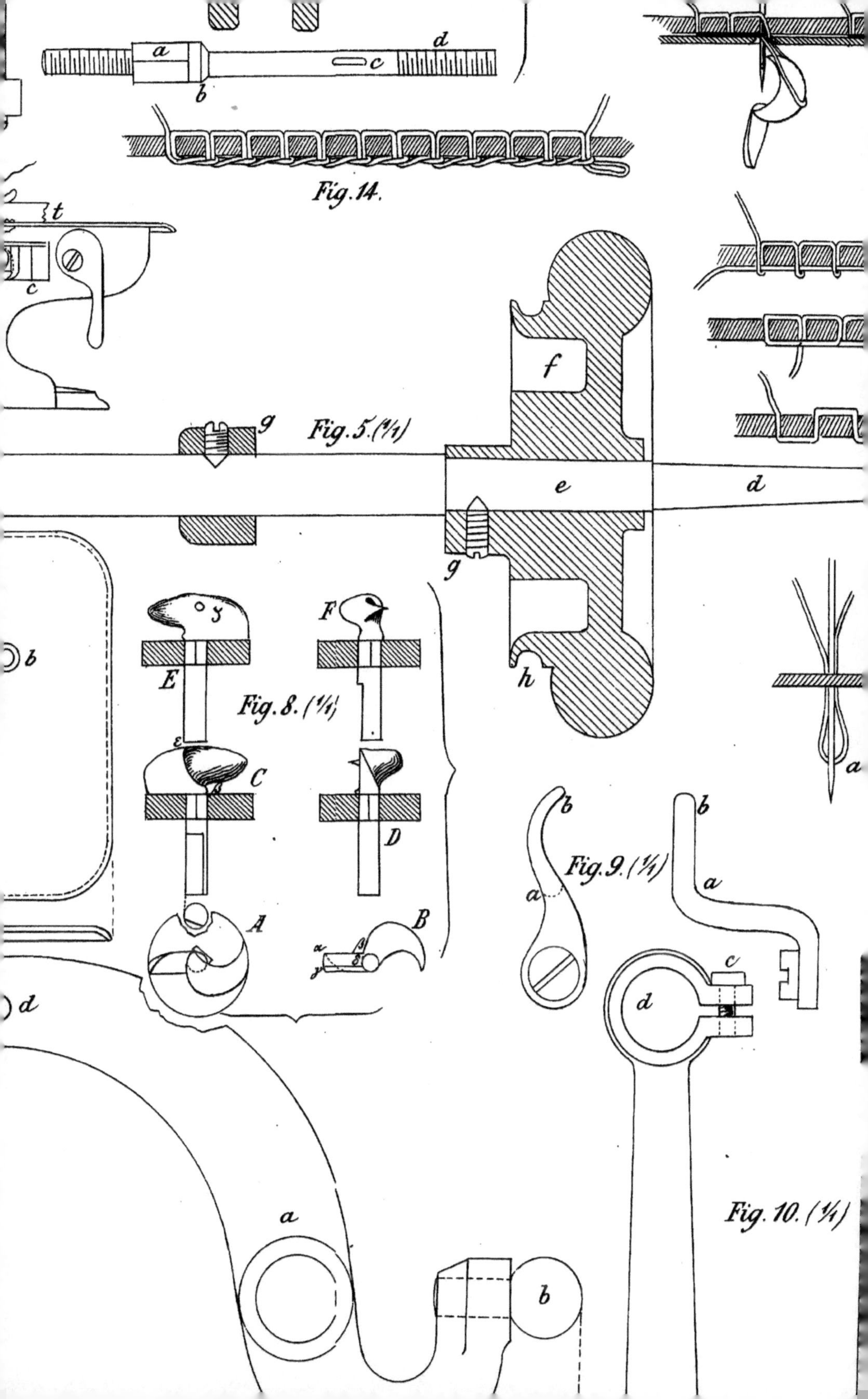

Fig. 14.

Fig. 5. (1/1)

Fig. 8. (1/1)

Fig. 9. (1/1)

Fig. 10. (1/1)

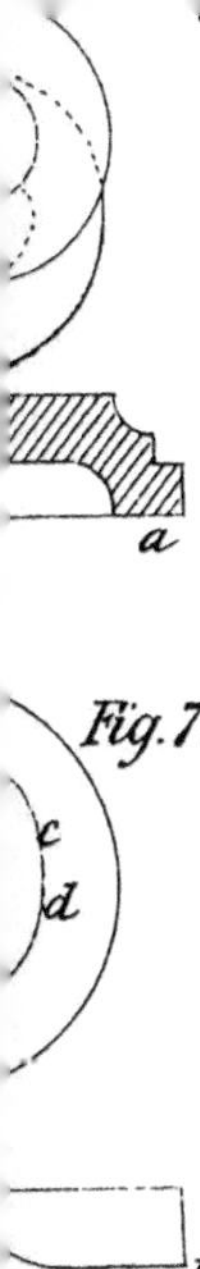

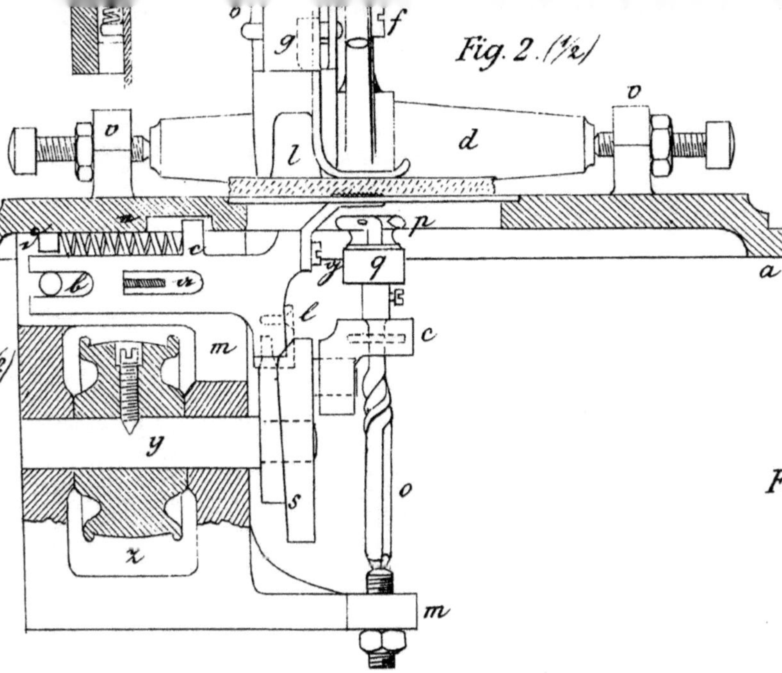

Fig. 2. (1/2)

Fig. 7. (1/2)

Fig. 15 (1/1) A

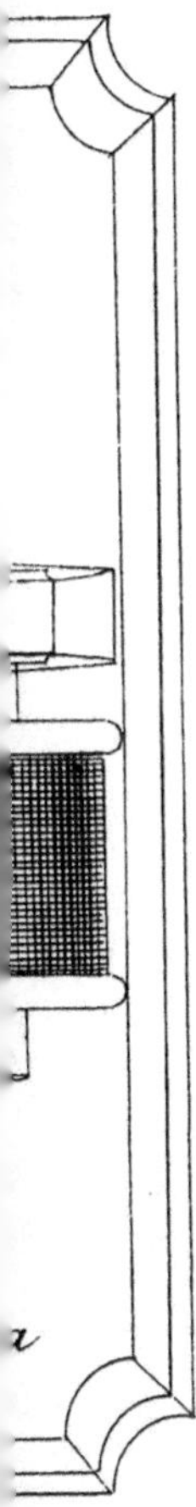

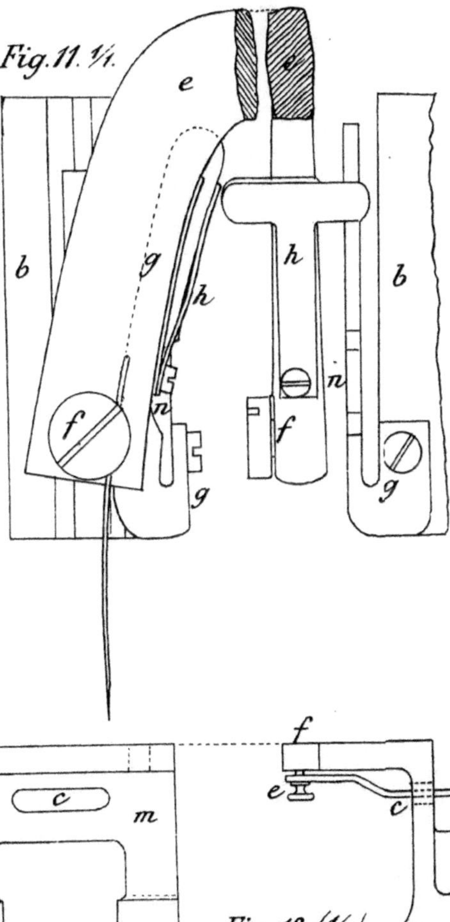

Fig. 11. 1/1.

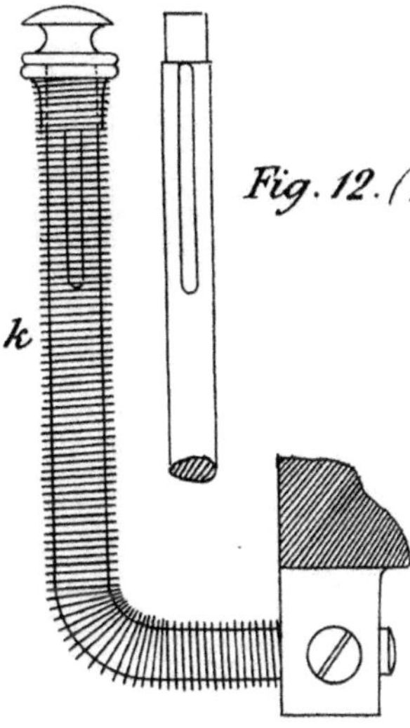

Fig. 12. (1/1)

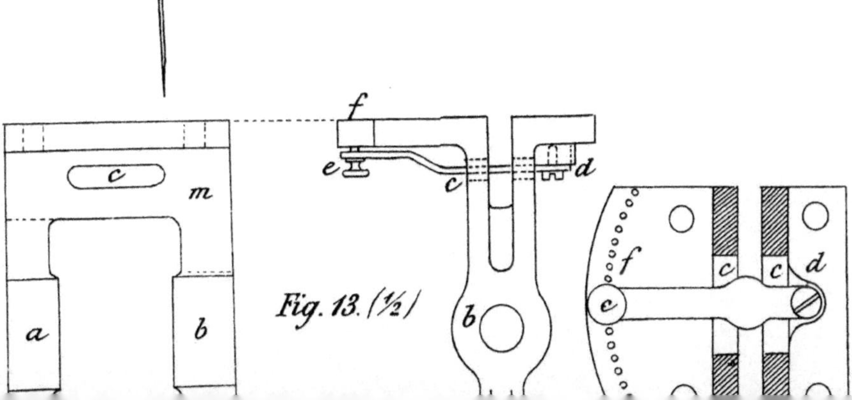

Fig. 13. (1/2)

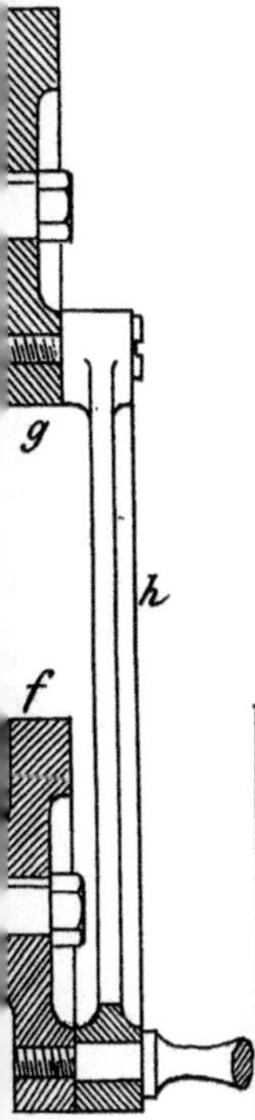

Fig. 7. (1/3)

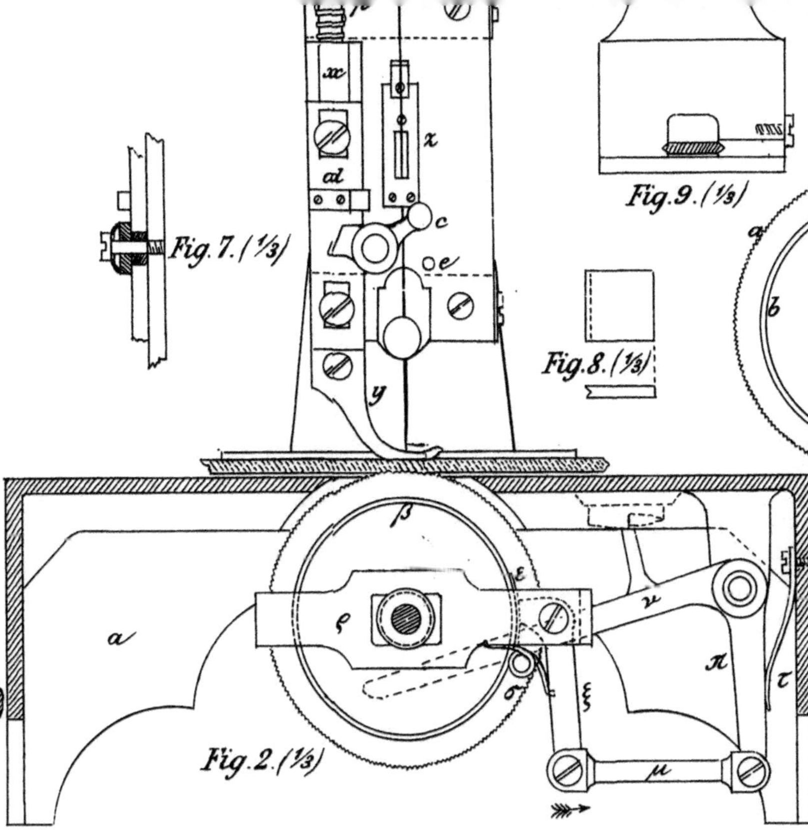

Fig. 2. (1/3)

Fig. 9. (1/3)

Fig. 11. (1/3)

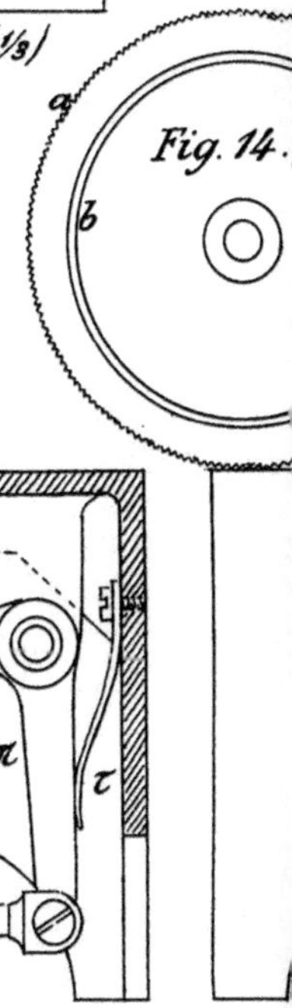

Fig. 14.

Fig. 8. (1/3)

Fig. 19. (1/1)

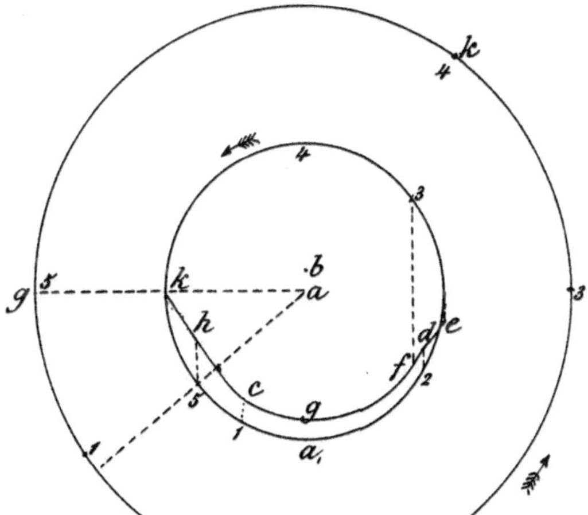

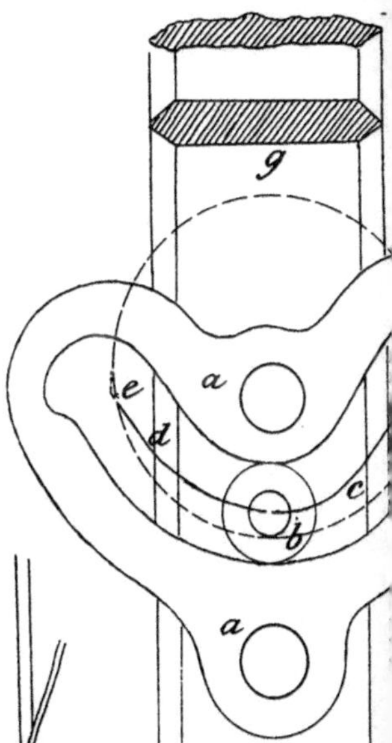

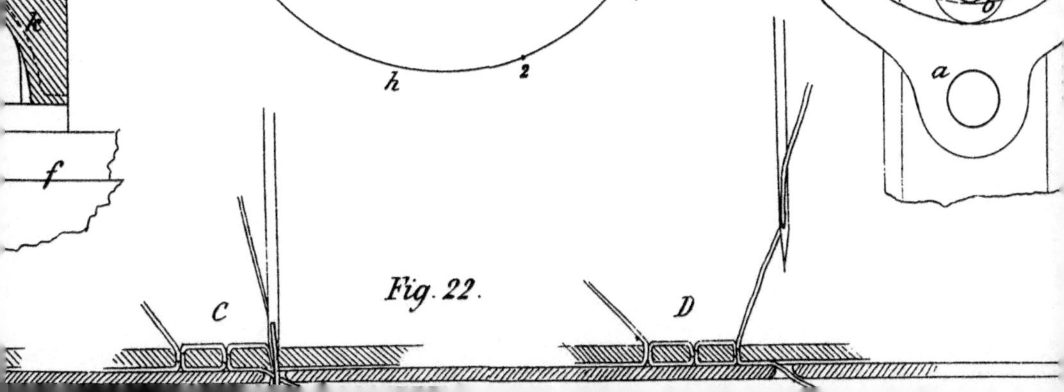

Fig. 22.

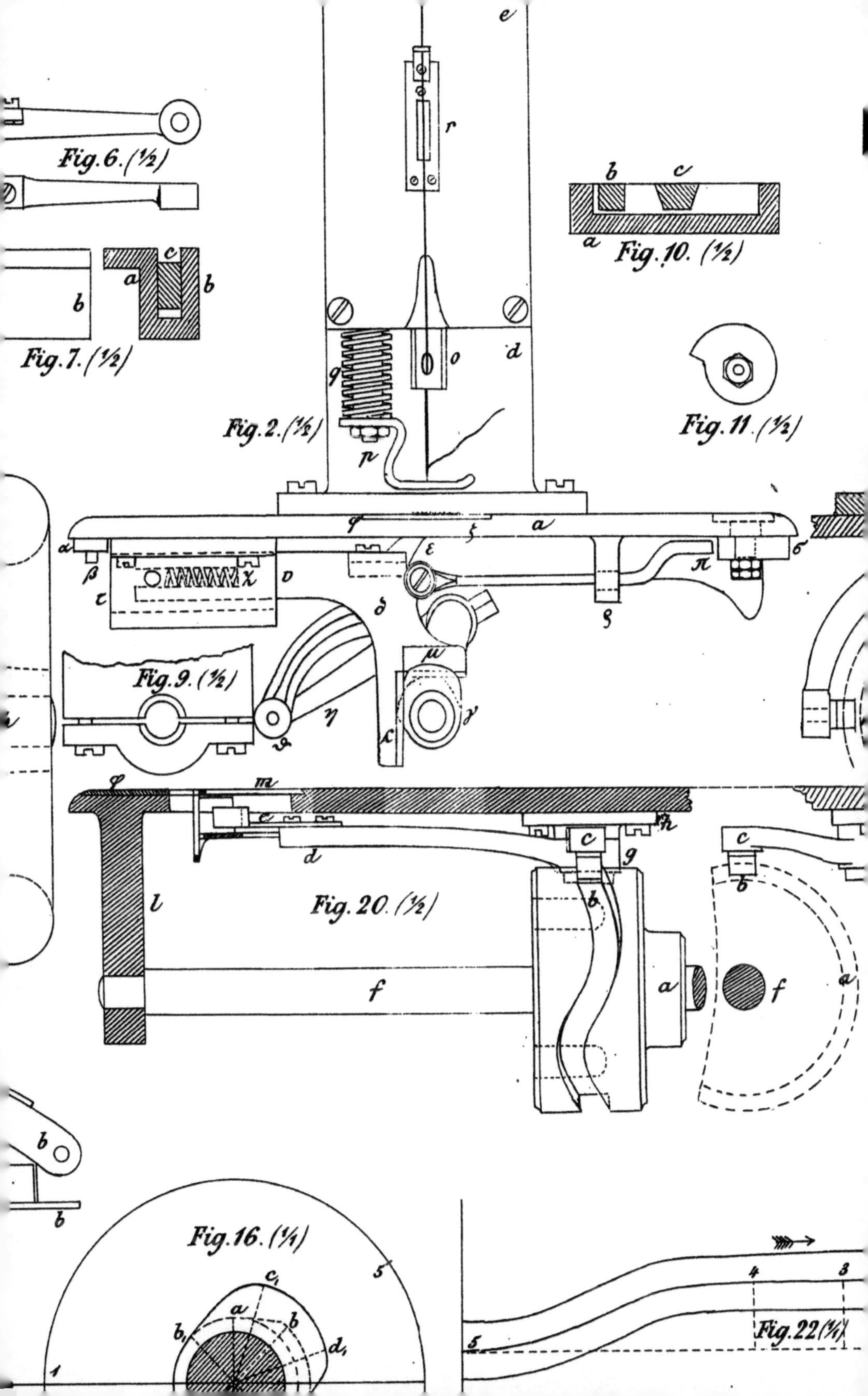

Fig. 6. (½)

Fig. 7. (½)

Fig. 10. (½)

Fig. 2. (½)

Fig. 11. (½)

Fig. 9. (½)

Fig. 20. (½)

Fig. 16. (1/1)

Fig. 22 (1/1)

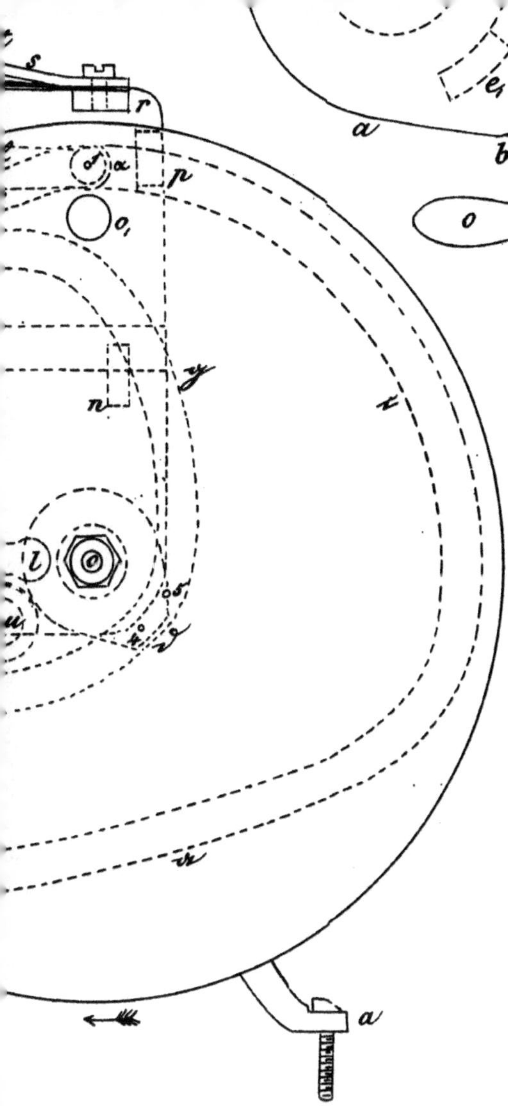

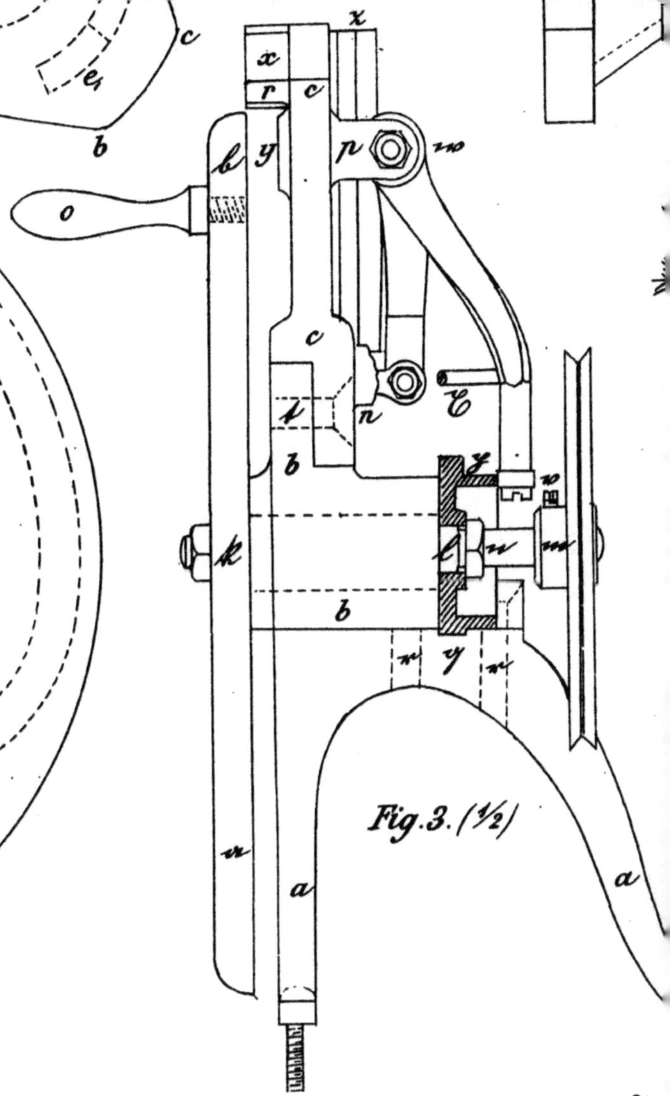

Fig. 3. (1/2)

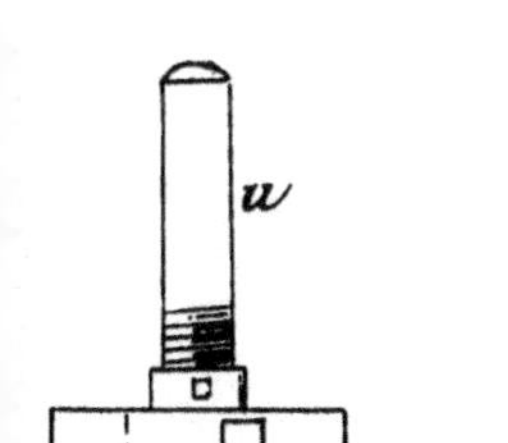

Fig. 14. C. (1/2)

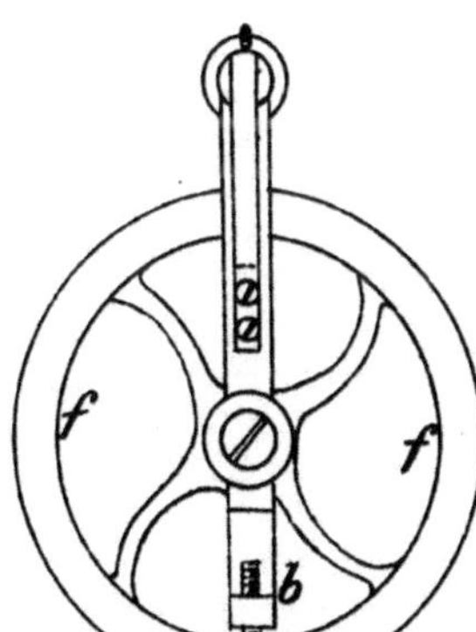

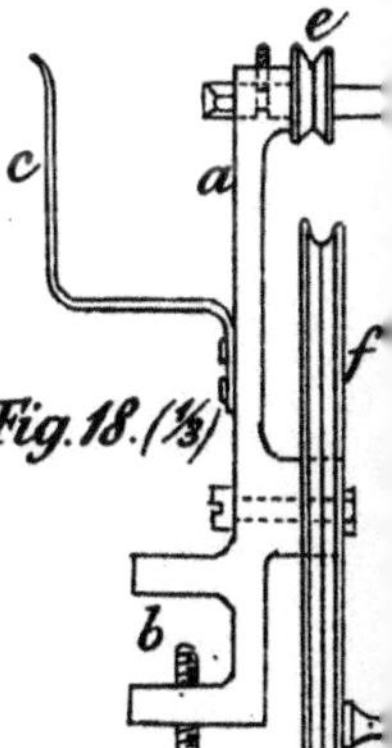

Fig. 18. (1/3)

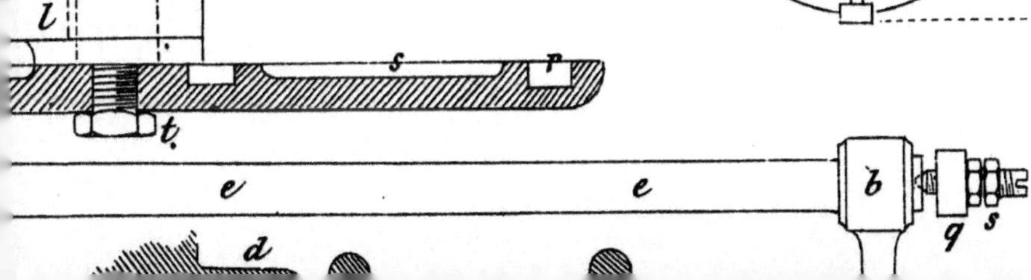

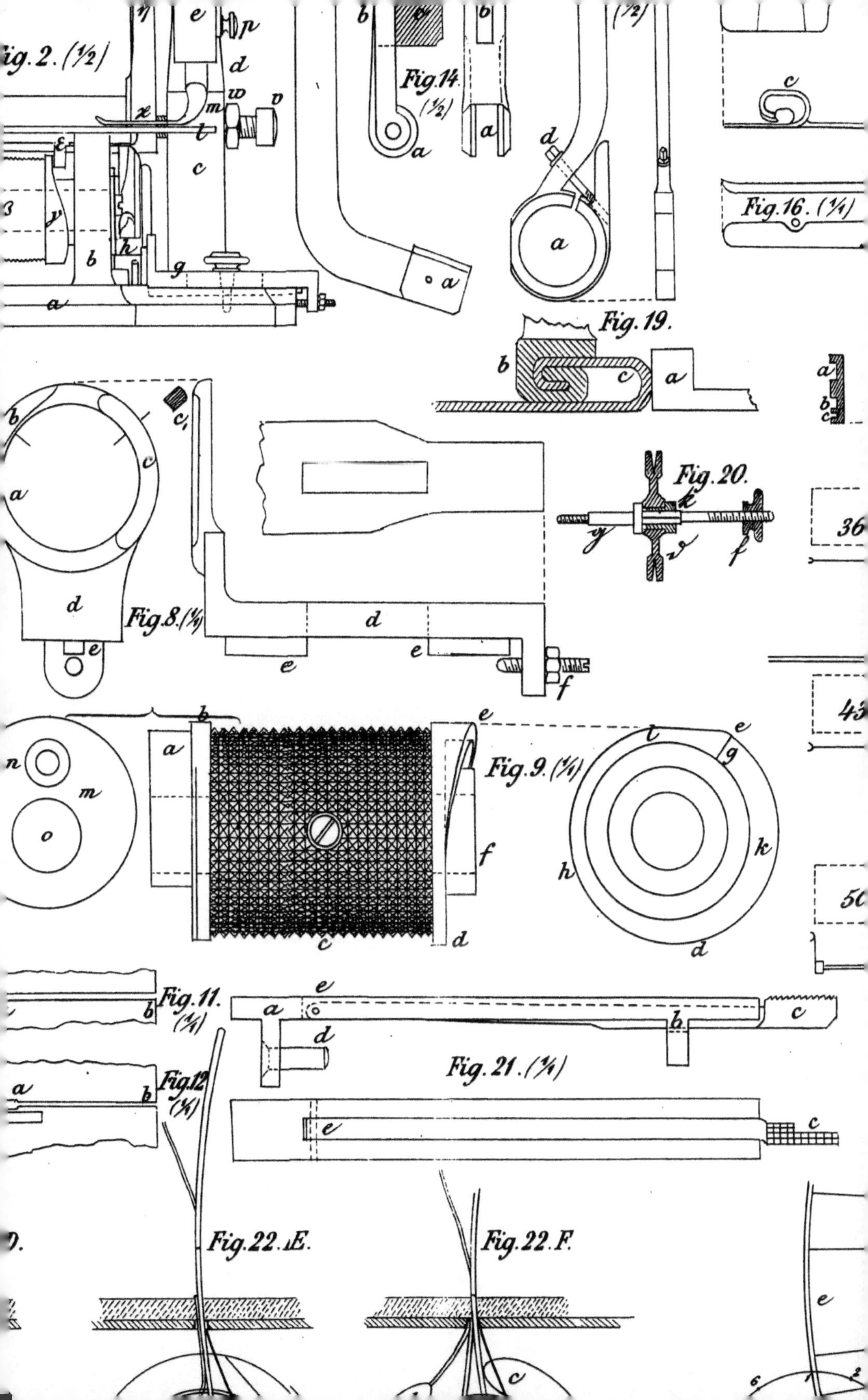
Fig. 2. (1/2)
Fig. 14 (1/2)
Fig. 16. (1/1)
Fig. 19.
Fig. 20.
Fig. 8. (1/1)
Fig. 9. (1/1)
Fig. 11. (1/1)
Fig. 12 (1/1)
Fig. 21. (1/1)
Fig. 22. E.
Fig. 22. F.

GPSR Compliance

The European Union's (EU) General Product Safety Regulation (GPSR) is a set of rules that requires consumer products to be safe and our obligations to ensure this.

If you have any concerns about our products, you can contact us on ProductSafety@springernature.com

In case Publisher is established outside the EU, the EU authorized representative is:

Springer Nature Customer Service Center GmbH
Europaplatz 3
69115 Heidelberg, Germany

Batch number: 10682411

Printed by Printforce, the Netherlands